实用养兔手册

（第3版）

庞　本　马秀芹　主编

河南科学技术出版社

·郑州·

本书编者名单

主　　编：庞　本　马秀芹

副 主 编：申国印　段天奎　庞高尚　庞晓涵
宋培龙

编写人员：（以姓氏笔画为序）
马秀芹　申国印　刘瑞娟　李宗锋
闵国建　宋培龙　初安庭　张玉峰
庞　本　庞晓涵　庞高尚　段天奎
禹淑梅

图书在版编目（CIP）数据

实用养兔手册/庞本，马秀芹主编．—3 版．—郑州：河南科学技术出版社，2018. 7（2024. 8 重印）

ISBN 978-7-5349-9265-0

Ⅰ. ①实…　Ⅱ. ①庞…　②马…　Ⅲ. ①兔-饲养管理-技术手册　Ⅳ. ①S829. 1-62

中国版本图书馆 CIP 数据核字（2018）第 139237 号

出版发行：河南科学技术出版社
地址：郑州市经五路 66 号　　邮编：450002
电话：（0371）65737028　65788631
网址：www. hnstp. cn

策划编辑：杨秀芳
责任编辑：申卫娟
责任校对：刘逸群
封面设计：张　伟
版式设计：栾亚平
责任印制：朱　飞
印　　刷：永清县晔盛亚胶印有限公司
经　　销：全国新华书店
开　　本：890 mm×1240 mm　1/32　　印张：9. 25　　字数：266 千字
版　　次：2018 年 7 月第 3 版　　2024 年 8 月第 16 次印刷
定　　价：68. 00 元

如发现印、装质量问题，影响阅读，请与出版社联系并调换。

第3版前言

改革开放40年，兔业大发展。在广大科技工作者和养兔企业、养兔农户的共同努力下，我国养兔业由原来的小农户家庭饲养方式，向工厂化、规模化、产业化健康发展，特别是獭兔，经过近40年努力，由原来的观赏动物，形成了今天的育种、饲养、屠宰、兔肉加工、兔皮鞣制、服装加工销售出口的产业链条。国内市场消费的拉动，改变了我国兔产品单纯依赖出口的状况，形成了国内消费、国外出口两步走的产业化格局。进入21世纪，我国由兔皮原料出口国变为世界上最大的兔皮服饰加工生产出口基地。

养兔走进的是农村，贴近的是农民，增加的是农民收入。在我国部分地区已成为支柱产业，小兔子为化解“三农”问题，建设和谐富裕新农村做出了新的贡献。

养兔业是投资少、风险小、见效快、经济效益高的产业，可根据自身和当地条件小规模家庭饲养，也可大批量规模化生产。其经营模式可自繁自养，自产自销，也可以“公司+基地+农户”或“兔业专业生产合作社”的形式有计划、有组织地生产、收购、加工和销售；有条件的地方，可以依托大型龙头企业进行订单生产，这样更便于相关部门进行技术培训服务指导，可统一产品质量标准，便于出口创汇。

《实用养兔手册第2版》的发行，给养兔从业者在饲养技术等各方面都提供了有益的帮助。但是由于科学技术和经济的快速发展及市场的千变万化，独具特色的养兔业在潮起潮落的兔产品市场激流中经历了时代的洗礼和检验，使得养兔业的特色化、差异化更加明显，相当一部分中、小企业和养殖农户被淘汰出局，只有部分实践经验丰富、设施先进齐全，管理完善，经营有方且经济实力、技术实力较强的企业在奋力拼博，辟浪前行，并探索出了成功的经验，逐步实现了养兔技术现代化，取得了很好的经济效益。

在严峻的市场形势下，很多人给笔者打来电话，咨询养兔怎样才能赚钱？养什么兔赚钱？怎样才能使养兔业立于不败之地，稳定健康发展？怎样才能适应扶贫攻坚建设美丽乡村的需要，使养兔业真正成为一项投资小、见效快、经济效益高的特色产业。

笔者根据自己养兔40年的实践深刻体会到，养兔业要有特色化、差异化、并且要有规模化；现代化生产和传统的农户家庭养殖要共同发展，各自发挥优势，共担市场风险；舍弃老套路，面对新时代采取新措施，在养兔领域闯出一条全新的路子来，逐步实现我国养兔现代化。建成一条全新的产业链，要在兔产品加工和营销方面有所作为，有土地资源的企业要把养殖、种植、餐饮、休闲有机地结合起来，创造自己的特色，适合社会不同消费者的嗜好，整合社会资源，调整产业结构，与农庄，酒店、民宿有机地结合起来，建设美丽兔场，使养兔业成为休闲农业、观光农业的一个亮点，才能立于不败之地。

因此，在本次修订中，给读者介绍了几个适于大规模生产商品兔的家兔新品种，在这些新品种中，虽然个别还存在某种不足，但都是适合环境保护，减小污染的绿色健康养殖发展方向的。

同时我们还增加了集约化，自动化养兔设备的介绍。集体化、自动化养兔设备一次性投资较大，一些地区的养兔企业及农户一时还难以实现，但实现农业现代化、养兔自动化是我国农村振兴的大趋势，最后必然要取代传统的饲养模式和家庭模式。除此之外，还增加了生态循环养兔及兔肉烹饪加工的内容。改变传统观念，面对新时代采取新措施，在养兔领域探索出一条全新的路子来，在兔产品加工和产品营销上有所作为。实现生态循环养兔，掌握兔肉烹饪加技术，使兔肉走向平常百姓的餐桌，拉动市场消费，必然会给兔业发展带来新的生机。

在本书的编写过程中，我们得到了山东滨州华宏生物有限公司以及谷子林教授的具体指导，在此一并致谢。

由于作者水平有限，书中难免有不妥之处，恳请行家和读者提出批评意见。

编　者

2018年4月

目　录

一、发展养兔业的经济效益和重大意义

我国地大物博，人口众多，但可耕地的比例较小，历来是个缺粮大国。由于此国情，党和政府主张我国农民发展节粮型畜牧业，鼓励和引导农民发展草食畜，来解决粮食不足和发展畜牧业的矛盾。养兔业走进的是农村，贴近的是农民，增加的是农民收入。养兔业是解决“三农”问题的好办法。

养兔具有投资少、见效快、成本低、经济效益高的优点。不用油，不用电，家家户户都能干，既可小规模饲养，又可规模化、工厂化大批量生产，在我国部分地区，如河北、山东、浙江等省已成为当地的主导产业，很多人已尝到了养兔致富的甜头。实践证明，养兔业是一项利国富民的家庭养殖业。养兔是振兴农村经济，使农民尽快脱贫致富的好门路。

（一）养兔业的经济效益

家兔是草食性小动物，它的主要饲料是野杂草、树叶以及作物秸秆等农副产品下脚料。养兔不像养鸡那样需要严格的饲料配方和大批粮食，却能把草类变成肉、皮、毛等商品。而且家兔生长发育快、性成熟早、繁殖力强，通常仔兔满月可达 0.5 千克左右，3 月龄可达 2.5 千克左右，4~5 月龄开始性成熟，7~8 月龄即可配种，繁殖生产。一般一只母兔一年可产 5~6 胎，共计产下仔兔 30 只以上。如果将一只母兔在 24 个月内生下的后代都留下用以繁殖，经过 2 年便可发展到 1 000 只左右。如果每只仔兔都养 4 个月，在体重 3 千克以上时出售，那么 2 年就是 3 吨左右的活重，这种繁殖速度和产肉重量是任何家畜都不能相比的。

我国是养兔大国，具有悠久的养兔历史。我国农民有多年的养兔实践经验，并形象地对其进行了客观的评价，早在 20 世纪 80~90 年代群众把养兔的效益归纳为："家养一只兔，三年变成万元户""养兔不缺油和盐，月月都有活便钱""兔子吃的是青草，不掏分文就得宝"，等等。改革开放 40 年来，兔业大发展，小兔子已经形成了大产业，小兔子已由小农户家庭养殖逐步向工厂化、规模化、产业化发展。"养兔不缺油盐醋"的顺口溜变成了"规模化养兔，经济顶梁柱"。这些流传在群众中的顺口溜，充分显示了养兔业的优越性。

多年的养兔实践证明，养一只肉用母兔，一年产下 30 多只仔兔，便可获得 300 元以上的纯收入。一个农户在不误农业生产的情况下，如果能养上 10 只母兔、2 只公兔，每只母兔每年产仔 5 胎，每胎平均产 6 仔，每年便可获纯收入 3 000 元以上。如果饲养獭兔，10 只母兔、2 只公兔，每只母兔年产仔 30 只，按近几年兔皮价格，10 只母兔的后代可获 6 000~10 000 元的纯收入。同时还为农业生产提供大量的高级有机肥料。通过实践和比较又证明，同是草食畜，一头母牛一年只能生产约为自身体重 0.6 倍的牛犊，一只母羊只能生产约为自身体重 0.8 倍的羔羊，而一只母兔，则能生产约为自身体重 30 倍以上的仔兔。

就这些草食畜的妊娠期而言，家兔只有 30~31 天，比牛、羊分别短 254 天和 120 天（牛 285 天，羊 150 天）。家兔的哺乳期也短，仅 30~45 天，比牛、羊的哺乳期短 1/5~1/4。肉兔 2~2.5 千克便可出栏宰杀，出栏期仅为 70~100 天，比牛、羊提前半年以上。养兔真正具有"高产、低耗、优质、高效"四大经济优势和"生产率高、商品率高、经济效益高"的三高特点。

人多地少畜争粮，基本国情记心上。

发展养兔意义大，节粮民富国家强。
低成本创高效益，家家户户都能养。
小兔子成大产业，化解“三农”奔小康。

（二）发展养兔业有利于提高人民生活水平

随着城乡人民生活水平的日益提高，人们已经开始注重营养水平的要求，开始讲究各种肉类食品中蛋白质和其他营养元素的含量，特别是由于疯牛病、口蹄疫、禽流感等对人类的威胁，全球兴起绿色消费的情况下，人们在选择肉类消费时非常警惕，在这种情况下，越发显得发展养兔业的重要性。

俗话说：“飞禽莫如鸪，走兽莫如兔。”兔肉细嫩，易消化吸收，营养丰富。国内外专家研究表明，鲜兔肉中蛋白质的含量在21.2%，比猪、牛、鸡肉高出2.4%~5.3%，各种氨基酸（如赖氨酸）的含量均高于其他肉类，兔肉中脂肪和胆固醇的含量也比其他肉类都低。所以兔肉是老年人和动脉硬化、冠心病、高血压和慢性胃病等患者十分理想的营养保健食品。常吃兔肉有益于儿童骨骼和智力发育及老年人的身体健康。兔肉的主要功能是补中益气、凉血解毒，治疗消渴羸瘦、胃热呕吐、便血尿血等。由于兔肉有其独特的美食疗效，公元6世纪就有兔肉美食文化的记载。

由于兔肉具有美容、益智、滋补保健功能，国外称兔肉为“美容肉”“益智肉”“长寿肉”。近年来我国食用兔肉已成为一种消费时尚。所以，兔肉被世界粮农组织誉为21世纪人类的最佳肉类食品（表1）。同时，家兔又是医药生产和检验部门必不可少的实验动物，兔的胎、脏、肝、睾丸及小脑都是贵重的制药原料。

表1　卫生部公布兔肉与其他畜禽肉营养成分对照表

项目	兔肉	猪肉	牛肉	羊肉	鸡肉
蛋白质（%）	21.0	15.7	17.4	16.5	18.6
赖氨酸（%）	9.6	3.7	8.0	8.7	8.1
脂肪（%）	2.2	26.7	25.1	21.3	9.9

续表

项目	兔肉	猪肉	牛肉	羊肉	鸡肉
胆固醇（毫克/千克）	60	126	106	70	90
消化率（%）	85.0	75.0	55.0	68.0	50.0

世界环保组织对野生动物保护力度加大，任何国家和地区不得再捕猎野生动物做裘皮服装，这条保护野生动物的世界法规，给獭兔发展提供了极好的机遇和发展空间。獭兔皮具有“轻、柔、细、密、短、平”的特点，以其美观、保暖、轻柔、美丽而受世人青睐，獭兔皮取代野生动物皮势在必行，其各式服装，在我国已开发成功上市，并已出口，给人们生活增添了色彩。兔毛轻纺技术已解决了缩水难题，兔毛制品成功上市、出口，养兔业将为改善人们生活做出更大的贡献。

兔肉营养三低高，长寿美容又健脑。
古代医学有记载，多种疾病能食疗。
补中益气凉血毒，脉硬心病降压好。
世界环保定法规，野生动物禁猎招。
抓住机遇搞养兔，生产优质肉皮毛。
兔胎五脏都有用，为人健康来制药。
食用兔肉成时尚，国人体质能提高。
出口创汇利国民，“三农”问题自然消。

（三）发展养兔业有利于促进农业生产

发展养兔业，可以提供大量的高级有机肥料，可促进农业生产。实践证明，每10只成年兔的积肥量，相当于1头成年猪的积肥量。每100千克兔粪尿，约相当于11千克硫酸铵和1.8千克硫酸钾，它的氮、磷、钾含量均比其他畜肥高（表2）。

表2　兔粪与其他畜粪的氮、磷、钾比较

粪便类别	氮（%）	磷（%）	钾（%）
兔粪	2.3	2.3	0.8

续表

粪便类别	氮（%）	磷（%）	钾（%）
猪粪	0.6	0.4	0.4
牛粪	0.3	0.3	0.2
羊粪	0.7	0.5	0.3
鸡粪	1.5	0.8	0.5

笔者通过多年的实践证明，棉田里施上兔粪，能有效地控制地老虎对棉花幼苗的危害，而且棉花蕾多、铃大、产量高。西瓜地里施上兔粪，不但西瓜个大、产量高，而且含糖量也高。小麦地施兔粪，秸秆硬、产量高，亩产达500千克，不倒伏。花生田里施上兔粪效果最明显。例如笔者的4亩麦套花生，亩产量过去一直在150~200千克徘徊（其他农户100~150千克），麦收后中耕时每亩增施2立方米混合兔粪，则连续5年亩产突破300千克，而且果大粒饱。实践证明，用兔粪作花生肥料，是解决花生因连年重茬产量逐年下降、果粒变小的有效措施。

用兔粪作农业肥料，不但能增产，而且还具有灭菌杀虫、改造盐碱地和土壤结构的作用。

兔粪高含氮磷钾，胜过牛羊猪鸡鸭。
改良土壤地肥沃，种田不把化肥撒。
生产粮食无公害，能将地下菌虫杀。
麦超千斤不倒伏，西瓜个大瓤甜沙。
棉花絮长棉铃大，花生高产抗重茬。
建沼气池节能源，做饭不再把煤拉。

（四）发展养兔业可充分利用自然资源，解决农村剩余劳动力问题

我国幅员辽阔，农村养兔饲草资源丰富，荒山、丘陵、河滩及农田里各种野草比比皆是，都可以采集用以喂兔；各种树叶、作物秸秆、农副产品下脚料，如花生秧、红薯秧、麦秸、豆秸、玉米秆、麦麸、饼类、糖渣等都是家兔较好的饲料。这些饲料，适口性好，家兔

爱吃，不但可以青喂，而且可以晒干，加工制成混合料。

农村人多地少，有大量剩余的劳动力。随着农业机械化水平的不断提高，大量劳动力被解放出来，就河南省各地而言，每年农业作业时间累计不超过半年，特别是 10 月种上小麦之后至来年 5 月以前，地里农活较少，冬季及早春大都无所事事，这段时间又恰是家兔繁殖的黄金季节，可以让这些剩余劳动力集中精力发展养兔，还增加收益。再者，农村大都有宽敞的院落，可以利用闲房、旧屋做兔舍，养兔不污染环境，无噪声，男女老少都可以饲养。这就是常说的不出家门就挣钱。

农业机械化提高，剩余劳力农活少。
下岗职工再就业，养兔致富路一条。
农村有草可喂兔，变废为宝草换钞。

（五）养兔业市场行情好，发展前景广阔

进入 21 世纪，我国兔业生产虽然受国内外经济形势不利因素的冲击和影响，但是，随着农业产业结构的进一步调整和生产方式的转变，兔业生产在行业组织和有关部门协调和引导下，基本保持相对稳定的理性发展态势。2002 年中国畜牧业协会兔业分会成立以来，各省市、县兔业协会及兔业专业合作社相继成立，社会化服务机构和组织不断健全和完善。这些地区的养兔企业和养殖农户不断得到技术性指导和信息化服务，产品得以及时销售流通，“公司+基地+农户”“协会+农户”和兔业专业合作社的生产经营模式日趋成熟，小农户单打独斗的生产方式得以改变，经营管理水平得以提升。特别是中国畜牧业协会兔业分会连续举办七届兔业技术研讨会、七届兔肉节、两届兔文化节，中国农村专业技术协会等相关组织连续举办 25 届兔业交易大会和兔业大赛，使养兔业知名度提高，养兔技术得到普及和推广，人们的消费观念有了转变，有力地推动了我国兔业的健康发展。外向型企业、大型龙头企业不断涌现，使规模化、产业化、区域化生产日趋明显，并带动了相关企业产生和发展，兔业科技实力不断加强，使我国家兔育种、疾病防治、饲料营养、生产环境、笼舍建造及

相关机械配套设施方面的研究都有了新的进展和新的突破，兔产品数量和质量明显提高，兔产品加工进一步深化。在拓展国际市场巩固出口的同时拉动了国内市场消费，形成了“巩固向外出口，拉动内需消费”两步走的产业格局。使小兔子形成了大产业，为我国兔业发展提供了巨大的市场空间和广阔的发展前景。

多年来，我国兔业生产和产品贸易都居世界首位，2005 年，我国家兔存栏量 1.98 亿只，全年屠宰 3.43 亿只，兔肉产量 51.1 万吨。三项指标均居世界首位。山东青岛中国康大食品有限公司、山东盈泰食品有限公司、山东海达食品有限公司、山东百草兔业有限公司、黑龙江省齐齐哈尔隆亿食品有限公司、浙江嵊州市畜产品有限公司、广东省中山市齐顺贸易有限公司等外向型、规模化龙头企业不断涌现，为我国兔业生产注入了新的活力，不但拉动了国内市场消费，而且使兔肉贸易出口量增加。2006 年出口兔毛 2 400 吨，比 2005 年增长 20.7%，出口创汇 4 415.5 万美元，同比增长 18.9%；出口兔肉 10 251吨，比 2005 年增长 14.86%，出口创汇 2 296.2 万美元，同比增长 9.05%。

兔肉国内消费成为时尚。就河南开封而言，由于旅游业的兴起拉动了市场消费，传统名吃“风干兔肉”“五香兔肉”畅销不衰。一些饭店、酒店、宾馆想经营兔肉食品而时常没有货源保证；一些食品加工厂想生产兔肉食品，都因货源不足而“望兔兴叹”。

据有关资料统计，我国从事裘皮服饰加工的企业有 1 200 余家，年销售收入 500 万元以上的企业有 260 多家，使我国由獭兔皮原料出口国成为毛皮服装消费和加工出口国。为了满足国内外市场对獭兔皮服装的需求，广东沿海地区等 10 多家龙头毛皮加工企业，专门从事来自世界各地的獭兔皮等毛皮服装的精加工，使我国成为世界上最大的毛皮服装加工基地。这些裘皮服装加工企业为了满足国内外市场的需求，除选用部分国产优质獭兔皮外，每年还要从国外进口大量优质獭兔皮。国家海关总署信息中心提供的资料显示，2004 年我国进口优质獭兔皮高达 18 532.31 吨，而出口仅 412.38 吨，进口量是出口量的 44.94 倍；2006 年我国进口优质獭兔皮28 067.42吨，而出口量仅

664.23吨，进口量是出口量的42.26倍。从上述我国裘皮服装加工企业进口优质獭兔皮的数量来看，我国优质獭兔皮的缺口很大，目前我国獭兔养殖数量并非供大于求，市场并没有饱和，关键是兔皮的质量问题。只要我们遵照行业标准和市场要求，只要质量好，就不愁销售；养兔业商机无限，发展前景是非常广阔的。

养兔市场已成熟，内销出口两条路。
齐头并进市场广，不再发愁难卖出。

(六) 养兔行业组织必须做到的几点

兔业公司、兔业专业合作社及兔业协会，都是国家大力提倡和支持的农业专业化生产形式。其共同特点是组织和带领专业户进行专业化生产，便于经营管理和社会化服务，便于形成规模，便于对外联系，根据市场需求组织加工销售，形成产业品牌，提高经济效益。实行“公司+基地+农户”和“养兔专业合作社”的生产形式，克服了专业户单打独斗、生产规模小、难以应对市场需求的变化、抗风险能力差、经济效益低的缺点。无论哪一级兔业协会、兔业公司和兔业专业合作社，都必须做到以下几点。

(1) 大家要在自愿的基础上联合，要制定合法有效的章程和协议，以便在生产经营中共同遵守。

(2) 要选举自已信赖的有文化、懂技术、会经营且肯为大家真诚服务的人当领导人和负责人。

(3) 养兔行业组织要为农户提供质量可靠、经营对路的优良种兔，实现管理科学化、品种优良化、防疫系列化、设备规范化、饲料全价化。

(4) 要提供技术培训、技术指导和技术服务，推广和普及养兔新方法、新技术，突出培训和服务职能应是各种兔业组织的共同特点。

(5) 以公平合理的价格按时收购养殖农户生产的商品兔，积极组织对外加工销售。统一品种、统一标准、统一价格、统一销售。

(6) 及时提供可靠的市场信息，使农户有应对市场变化的思想准备。

（7）经常组织召开经验交流会、研讨会、赛兔会，使大家能够取长补短、互相学习，共同提高经营管理和技术水平。

（8）对外签订销售供货合同，根据合同订单组织养殖户生产，一定要确定本组织的兔产品经济类型，如是皮用兔还是肉用兔，肉用兔是白色兔（新西兰兔、大耳白兔等）还是有色兔（比利时兔、青紫蓝兔、豫丰黄兔等）。根据经济类型和国家有关准则、行业规范、质量标准，为市场提供无公害的优质兔产品，提高市场竞争力和经济效益。

（9）养兔行业组织要利益共享、风险共担，经常向本组织成员公布收支情况，定期分红，使大家心中明白，并不断总结经验，共同提高。

（10）要不断进行资源整合，提升服务质量，拓展销售渠道，依托大型企业和外向型企业，以养殖专业户和中小型兔场为基础分散管理，避免贪大求洋。要小规模大群体、集约经营、总量增收，以增加兔业生产的后劲，一步步将兔业生产向前推进。

（七）专业户养兔的经营与管理

1. 专业户养兔的特点 实践证明，专业户养兔是一种最适合我国农村特点的饲养方式之一，可以说是养兔生产的主力军。它与传统的小农户粗放饲养方式及规模化、专业化、工厂化养兔相比，有其优点和缺点。

（1）专业户养兔不耽误农业生产，不影响其他种植业和养殖业，不与其他行业争夺劳动力，且与其他行业联系密切，如用兔粪喂猪、养鱼、种菜、生产沼气等。

（2）专业户大都离城市、乡镇较近，获得信息广而快，城乡联系密切，能及时地向城市的宾馆、饭店、消费加工单位（如肉联厂、食品加工厂、医学院校、医药生产企业及外贸出口企业）提供原料，便于形成市场，满足生产和消费者的需要。

（3）其缺点是专业户往往单打独斗，形不成批量生产，难以应对市场变化和满足较大客户、加工企业的需要。

2. 专业户养兔的优势

（1）专业户养兔一般都有较成功的经验，设备比较规范，技术比较成熟。

（2）饲养管理比较精细，有比较科学的饲养管理制度。

（3）有一定的生产繁殖计划，有一系列防疫制度和投药防病措施。能科学地配制混合饲料，改进了饲料单一粗放的饲养方式。

（4）与大规模工厂化养兔相比，各种饲料便于采集和储备，饲料来源问题容易解决。各种作物秸秆及农副产品下脚料能得到充分利用，降低饲养成本。

（5）专业户往往全家人齐心协力参加管理，责任心强，减少了工厂化养兔的工资支出和管理办公费用支出。

（6）专业户养兔能起到科技示范作用，便于总结交流经验，带动周围群众发展养兔业。以一户带十户，十户带百户，壮大养兔队伍，小规模，大群体，集约经营，总量增收，为成立养兔专业合作社或兔业协会打下了基础。

（7）吸取了零星散养不防疫、疾病得不到控制，不注意种兔质量，乱交滥配导致品种退化，兔产品质量低、价格低且不易销售的教训，便于相关部门提供服务和技术指导。

（8）专业户养兔能较快地形成生产群体，为走公司+基地+农户的生产模式，或组建养兔专业合作社打下基础。近年来在养兔业发达地区，由专业户组成的养兔专业合作社和兔业协会、兔业公司等，形成了供种—回收—加工—销售为一体的产业链，为兔业发展注入了活力，增添了后劲，解决了专业户单打独斗卖兔难、卖兔贱的问题。不但打造了兔业品牌，满足了市场需求，同时也提高了经济效益。

3. 专业户养兔的规模效益　专业户养兔的规模效益，是指一个专业户养多少兔、多大规模、获得多少经济效益。现阶段我国农村养兔技术水平仍然较低，特别是现代化生产水平较低。部分地区有关部门协调不力，社会化服务不够健全，产销市场尚未成熟。专业户从事大规模养兔生产还有一定难度。因此，要根据自身各方面的因素来确定和选择生产规模和品种，根据当地的销售市场情况来确定饲养的经济类型。如当地有很好的兔肉消费习惯或收购单位，可饲养肉用兔；如果当地或周边地区有从事兔皮鞣制或獭兔皮服饰加工的企业，则可选择饲养獭兔。要克服保守思想，转变思想观念，但也要避免超越自身条件而盲目上马或追求数量，使自己的生产和当地市场不相适应，造成不必要的经济损失。专业户养兔要讲效益，生产要定规模，产品要有销路，这是当前商品经济生产中必须遵循的一条规律。

通过生产实践，根据我国各地农村的实际情况，在一个农村家庭不误农业生产的情况下，具有一般技术水平，饲养完全自理，饲料全部利用自产的作物秸秆及农副产品下脚料，笼具设备自建这样的条件可饲养肉用或皮肉兼用兔种母兔 15 只、公兔 3 只，常年繁殖，存栏数保持在 100~150 只，年出栏商品兔 300 只，纯收入可达 5 000 元以上；若饲养獭兔母兔 15 只、公兔 3 只，常年繁殖年纯收入可达万元左右。

如果交通便利，饲养者具有中等文化水平和一般饲养管理技术，笼舍齐全，饲料充足，能投入部分劳动力从事养兔生产，可饲养肉用或皮肉兼用兔种母兔 30 只，种公兔 5~6 只，存栏数保持在 200~300 只，年出售商品兔 600 只，年收入可达万元以上；饲养同量獭兔可获 2 万元左右的纯收入。

如果一个农户家庭，有青壮年劳动力 2~3 人，文化素质较高，管理技术先进，笼舍设备及防疫条件较好，信息联系广泛，精粗饲料不足部分可购买储备，交通便利且销售渠道较好，可饲养皮肉兼用种母兔 50~100 只，种公兔 10~15 只，保持存栏 300~600 只，年出栏商品兔 1 000~2 000 只，年纯收入可达 2 万~3 万元；如果饲养同等数量的优质獭兔，年可获利润 3 万~5 万元。

4. 养兔专业户必须做到的几点

（1）根据农村经济结构的调整及市场日益增加的需要，传统的小农户饲养方式已不适应养兔业的发展，要克服单打独斗的保守思想，走联合生产经营的路子；要提升服务、整合资源，专业户之间联合起来，打造兔业品牌，组织养兔专业合作社，或以兔业协会的形式，有计划、有组织、有目的地参与市场经营和竞争。

（2）要积极参加各种形式的养兔培训班、报告会或技术讲座，学习新技术，使用新方法，学习别人的先进经验、取长补短，不断提高养兔的技术水平。积极参加省、市及全国举办的兔业技术研讨会、产品交易会、学术交流会，开阔视野，增长见识，捕捉和发布信息，广交朋友，拓展销售市场。

（3）根据掌握的兔业信息和国内外市场的需求，确定生产规模，选择养殖类型，生产市场需要的优质兔产品。

（4）到正规兔场，最好到有“种畜禽生产经营许可证”的种兔场购买兔种，不要到市场购买商品兔或已退化的品种。选择优良品种，制订可行的生产繁殖计划，做到品种优良化、管理科学化、防疫系列化、饲料全价化、设备规范化，进行绿色无公害饲养。

（5）掌握一定的饲养管理技术，要更新观念，要有成功的信心，有较强的养兔事业心，持之以恒，年投入养兔生产管理的时间在60%以上，或至少有一个劳动力专门从事养兔生产。

（6）制订切实可行的生产销售计划，保证饲料供应来源和饲料品质。能科学地配制全价配合饲料，不滥用抗生素，不使用国家违禁药物，并能掌握一些药品的休药期，为市场提供优质无公害的兔产品。

（7）与外界进行广泛的业务联系，建立可靠的销售渠道，或依托当地的龙头企业、加工企业进行订单生产，保证及时出售商品兔。

（8）积累资金，创造条件，逐步向规模化、工厂化发展，或进行公司化即公司+基地+农户的生产发展模式，将养兔业向前推进，以满足市场对各类兔产品的需要，提高经济效益。

家兔引种歌诀

农民朋友要记清，购买种兔谨慎行。
引种要到种兔场，各类品种有特征。
就近可找专业户，一般防疫无疾病。
别找倒兔二道贩，别到市场胡乱找。
别找炒种兔公司，品种健康无保证。

高价回收作幌子，牟取暴利把人坑。
若把定金交给他，牌子摘掉人无踪。
了解对方信誉史，是否炒种和坑农。
不怕引种价格贵，注意质量第一宗。
不懂就要请内行，帮你选择好品种。
切记一句老俗话，不见兔子不撒鹰。
兔业协会合作社，技术培训不放松。
专门兔业研究所，全面帮助您成功。
引种别买老龄兔，最好选择幼和青。
见兔先要测形态，前观鼻眼后鉴孔。
呼吸平稳不咳嗽，肛门鼻眼都洁净。
眼球活泼毛色亮，耳蹄无癣不跛行。
非公羊兔耳不垂，骨不嶙峋背腰平。
獭兔毛密个体大，不但毛密要平整。
防疫时间出生日，档案系谱都查清。
引种还要多注意，事前先要建好笼。
笼舍地面都消毒，备好饮水放笼中。
索取材料学技术，饲料过渡逐步更。
减少惊扰防应激，逐步适应新环境。
倘若引种数量大，双方责任要讲明。
要求对方技术员，技术服务搞跟踪。
首次引种别贪大，一般八母二只公。
实践技术学到手，再上规模攀高峰。

二、家兔的生理特性

要养好家兔，就必须对家兔的生理特性有一个充分的认识和了解，只有这样，才能根据家兔的生理特性对家兔进行科学的饲养管理，才能实现养兔致富的愿望。

（一）家兔的外貌

观察家兔的外貌（图 1），不仅能分辨出不同的品种，而且能分析出家兔的健康状况、发育情况和生产性能。不同的品种具有特定的外貌特征。在我国千家万户分散养兔的情况下，以外貌作为家兔的购买和后代选留的依据之一，具有一定的现实意义。观察外貌应注意主要特征部位。

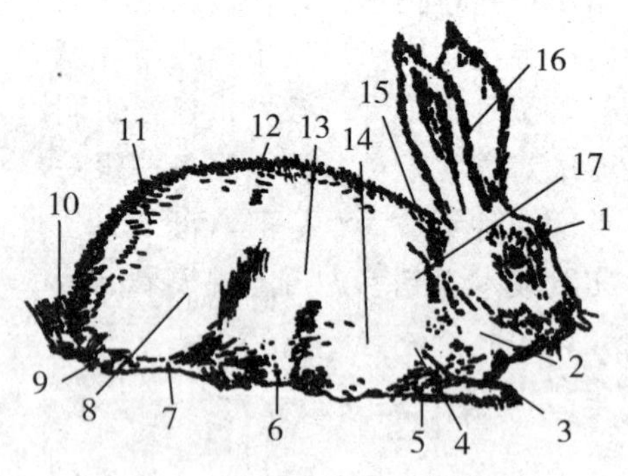

图 1　家兔各部位的名称

1. 头　2. 肉髯　3. 爪　4. 胸　5. 前脚　6. 腹　7. 后脚　8. 股　9. 飞节　10. 尾　11. 臀　12. 背　13. 体侧　14. 肩　15. 后颈　16. 耳　17. 颈

1. 头部 头部外形能说明家兔的体质和类型。发育正常的健康兔，头和躯干的大小成正相关；同一品种中，公兔的脑门一般比母兔宽、圆和粗。

2. 眼睛 家兔的眼睛大而有光泽，不同品种的家兔具有不同颜色的眼珠。如中国家兔、大耳白兔的眼珠呈红色，青紫蓝兔的眼珠呈灰褐色，公羊兔的眼珠呈黑色，力克斯兔的眼珠呈灰色，安哥拉毛用兔的眼珠呈粉红色等，白色肉兔和獭兔的眼睛应是红色或粉红色的。

3. 耳朵 家兔的耳朵大、宽、薄，血管明显。家兔耳朵的形状、长度和厚薄也是品种特征之一。大耳白兔耳朵高大，形如柳叶，呈“V”字形；中国家兔耳短而厚，直立；公羊兔耳阔且下垂，呈“八”字形；喜马拉雅兔两耳棕褐色；巨型兔两耳深黑色；丹麦兔两耳短小，向前倾斜；加利福尼亚兔的两耳为黑色。

4. 臀部 家兔的臀部是长肌肉的主要部位，宽而圆的臀部表示家兔健壮、肉多。如新西兰兔、大耳白兔、丹麦兔、伊拉兔、公羊兔臀部均厚实肉多。

5. 脚 家兔的脚应强健，肢势端正。脚的长度、粗细应与躯体成一定比例。母兔的脚比公兔略细。脚弯曲和过于纤细，表明骨骼纤弱，体质不强。

6. 爪 爪的色泽应与被毛色泽一致。爪的形态和长短是鉴定家兔年龄的一个标志。爪越长和越向趾外弯曲，表明家兔年龄越大。趾爪短而平直，隐在脚毛中的为青年兔；后趾逐渐从脚毛处露出，色泽由白转黄，表明年龄已大。

7. 乳房 乳头数目与母兔的发育情况相关，反映着母兔的泌乳能力。母兔乳头一般为 4～6 对。产仔多、泌乳力强的母兔一般有 4 对以上发育良好的乳头。

8. 公兔生殖器 公兔睾丸应发育正常。阴茎稍有弯曲，两只睾丸大小基本均匀，无隐睾现象。

9. 被毛 毛色是品种特征之一。不论何种家兔，被毛都应浓密、柔软、富有弹性和光泽。被毛有光泽，表示体质强壮；被毛粗糙，表示体质稍弱；被毛稀疏，表示体质纤弱；被毛蓬松无光泽，表示有病。

豁嘴殷睛银须稀，长耳圆臀毛稠密。
母兔乳房排两行，公睾匀称茎弯曲。
经济类型不相同，饲养管理有差异。

（二）家兔的习性

1. 昼伏夜动 家兔是由野生穴兔驯化而成的，它的祖先在大自然中常被肉食兽和其他动物伤害，为了生存，它们只好打洞藏身，白天藏在洞穴中睡眠，夜晚出来活动，寻找食物。经过长期的自然演变，直到现在，我们所养的兔子仍保留着这种习性。根据这种习性，我们在养兔时，白天应尽量让家兔安静休息，夜间多喂草料。特别是炎热的夏季，由于天热兔子食欲不佳，必须在夜间多喂草料。

2. 胆小怕惊 家兔对外界各种刺激反应非常敏感。两只耳朵一旦竖起，便能监听八方，时刻保持着高度的警惕性。如果遇到其他动物或听到强烈声响，就会在笼中乱撞乱跳，惊恐不安，严重时会碰死在笼里或墙上，怀孕母兔则会因突然受惊吓造成死胎或流产。根据家兔的这种习性，平时一定要保持兔舍安静，尽量不要惊动它，更不要让狗猫和其他家畜进入兔舍，以免给家兔带来伤害或不良影响，造成不必要的经济损失。

3. 喜干厌湿，怕污爱净 在家兔的日常管理中，我们常会看到家兔总是在一个固定的地方排粪，又总是卧在清洁干燥的地方，并常常用舌舔它的四肢和被毛，打扮自己。这是家兔喜欢清洁干燥、厌污厌湿的又一习性。

家兔抗病力差，不洁净和潮湿的环境里有病原微生物存在，容易引起家兔感染发病。所以，养兔的一个重要原则就是保持家兔笼舍器具的清洁卫生，给家兔创造一个良好的生活环境。

4. 同性好斗，爱打地洞 无论是野兔还是家兔，只要撵它，就会东奔西跑，很难像羊和其他动物一样聚拢在一起。这是因为它的群居性差，又胆小易惊，一遇到不利情况就各顾各奔跑逃命。兔子喜欢单独活动，不爱群居，常互相争夺地盘，力图赶跑对方，同性殴斗和咬伤时有发生，特别是新组合在一起的兔，常相互咬得遍体鳞伤。因此，在饲养管理时要特别注意，对于那些特别爱斗和凶猛的成年公兔，要单笼饲养管理。

野生母兔为了防止其他动物的伤害，常常打洞产仔。公兔打洞则是为了自己在里边安静地休息。所以饲养家兔时，还要充分认识家兔打洞的习性。笼养家兔在母兔分娩前几天就应放入产箱并垫些柔软干净的垫草，让其在里面衔草营巢；散养兔也要让其进行筑巢做窝。

根据家兔同性好斗的习性，在饲养中应根据不同性别和年龄的兔子，采取不同的管理措施。如 3 月龄以上的家兔群养则弊多利少，所以应当分笼饲养。即使群养，也应注意同窝的兔养在一起，每笼养 2~3只，公兔则应阉割。为了便于管理和防病，散养家兔的兔舍地面应硬化并人工筑巢。

5. 喜欢啃咬，怕热耐冷 家兔属于啮齿目动物，门齿终生生长。为了保持上下齿的吻合，家兔需要经常啃咬其他东西，以磨损不断生长的牙齿。根据这一特性，为了防止笼具遭到破坏，在建笼时，应注意选择坚固耐用、能防止啃咬的材料。应经常给笼养兔喂些优质干草、树枝、胡萝卜等饲料让其啃咬磨牙，一来可以转移它啃咬笼具的注意力，二来可以补充营养。

家兔的汗腺退化，主要靠呼吸来散热。在高温的环境中，家兔呼吸加快、心跳加速、食欲减退、饮欲增加，营养物质消耗增多，致使体重减轻。根据这一特点，在饲养过程中，夏季要注意做好防暑工作，多供给清洁的饮水，或给家兔喂些西瓜皮以防止中暑。同时，要周密安排繁殖计划，使家兔的繁殖避开炎热的夏季，这样对母兔、仔兔的生长都有利。

（三）家兔的消化特点

家兔属于单胃草食动物，肠道很长（为体长的 10 倍左右），特别是盲肠和胃比较大，对消化利用饲草十分有利。家兔的盲肠和胃壁很薄，有很大的渗透性，易患胃肠疾病而引起死亡。特别是刚断奶的小兔，由吃奶转变为吃草料，由于贪食，很容易患胃肠疾病。因此，喂小兔时应注意定时定量，少给勤添，这样既可预防胃肠道疾病，又可提高仔兔成活率。

家兔的肝脏较大，有分泌胆汁帮助消化、储存营养物质和解毒的功能。这是有些饲草其他家畜不能吃而家兔能吃的一个主要原因，同时这也是家兔最怕患球虫病的原因。因为球虫通常寄生在肠壁和肝脏里，使这两个主要器官受到损害，常引起发病而死亡。

家兔排出的粪便有两种，一种是软而黏的粪便，在夜间排出；一种是颗粒状的粪便，在白天排出。家兔有一个特别的习性叫食粪性，即夜晚排出的软粪便自己会全部吃掉，因为粪中含有较多的蛋白质和维生素。家兔的食粪性是一种正常的生理现象，可以使饲料再次消化后被吸收，提高饲料的利用率。如果发现家兔不吃软粪，就是一种患病的征兆，应当及时查明原因。也正是家兔的食粪性，使粪便成了球虫病传染的主要媒介。因此，为了防止球虫病的发生，除了药物防治以外，还应改散养为笼养，这样既便于管理，又可防止疾病的传播。

家兔的胃和盲肠比较发达，对粗饲料的消化能力极强。因此，喜欢吃植物性饲料，而不喜欢吃动物性饲料。所以，在家兔饲料中添加动物性饲料的比例不宜过大，否则会引起家兔食欲下降或拒食。

实践证明，家兔特别喜欢吃叶性饲草，如红薯叶、白菜叶、豆叶等，而对条状和叶脉平行的饲草采食性较差；喜欢吃颗粒状饲料，而对过细的粉料采食性较差；喜欢吃带有香味、甜味的饲料，而对有酸味或发霉的饲料采食性较差。因此，我们在饲养中，一定要根据家兔的采食性选择饲料。家兔虽然喜欢吃胡萝卜等多汁饲料，但这些饲料含水量较大，采食多了易引起腹泻，因此，饲喂时应限制喂量。

（四）家兔的生长特点

初生仔兔双眼紧闭，全身无毛，白色兔全身红润，有色兔有色素沉着于皮肤内。仔兔初生体重取决于品种和母兔个体发育及产仔数。以新西兰兔为例，一般初生体重 50~65 克，5 天开始长毛，11~12天开眼，15~18 天开食。一般情况下，母兔乳汁多的仔兔开食晚，母兔乳汁少的仔兔开食早。仔兔成活率的高低及生长快慢与母兔的泌乳情况有极大的关系。

仔兔1月龄内是一生中生长发育最快的时期，1月龄体重可达0.5千克左右，是初生体重的10倍。2月龄体重可达1.5千克左右，3月龄体重可达2.5千克左右。

家兔性成熟早，一般母兔4~5月龄就有发情表现。但由于饲养条件、饲养方式及品种不同而有很大差异。家兔有发情表现之后，生长开始缓慢，一般月增重0.5千克左右，7~8月龄才达到体成熟，这时才可以配种繁殖。

家兔的换毛有两种情况，一种是年龄性换毛，一种是季节性换毛。年龄性换毛50日龄开始为第一次，5月龄时为第二次。季节性换毛为每年春秋各换一次。由于饲料的营养水平及其他因素的影响，换毛的快慢和时间长短不一致。一般情况下，喂蛋白质含量高的饲料时，换毛快、时间短；反之，换毛较慢，时间也较长。连续生产的母兔换毛也较慢，这与母兔消耗蛋白质较多有很大关系。

（五）家兔的繁殖特点

公兔初生时睾丸在腹腔里面，2月龄下降到腹股沟管内，3月龄才能完全降到阴囊里。公兔的睾丸随气候的变化而变化，在天气炎热的七八月，睾丸缩小，而且精液品质不好，浓度较低，死精子较多。这时公兔性欲不强，配种效果不好。公兔的阴茎呈圆柱状，顶部稍向下弯曲，顶端没有膨大的龟头，平时包在包皮内。只有遇到母兔时才产生性欲，阴茎勃起并朝向前方。

母兔属双子宫动物，同时有两个子宫颈开口于阴道。母兔在4~5月龄时，卵巢内即有卵泡产生，此时便有发情表现。母兔的发情一般为15天左右一次。

母兔属于刺激排卵型，必须通过与公兔交配刺激之后才能排卵。母兔的排卵时间，一般在交配后10~12小时。如果发情期不交配，母兔就不排卵，成熟的卵泡就逐渐老化并被机体吸收。所以，笼养兔要经常检查其阴部的变化和平时活动表现，一旦发情就要及时配种。母兔发情的表现是外阴部发红、湿润、肿胀，举止活跃，食欲减退，常常用下颌摩擦食槽和笼门。

公兔的精子在交配后 15~30 分钟即可到达母兔输卵管的受精部位。精液在母兔输卵管内保持有效的受精时间为交配后的 6~30 小时，一般在母兔受精部位等候 10~15 小时才能与排出的卵子相遇，结合受精。

公兔精液保持活力的时间，与气温、饲料营养及公兔的体质有密切关系。在炎热的夏季，存活时间短，受精率低；春秋季温度适宜，精子存活时间长，这是家兔在春秋季发情率、受胎率、繁殖率都比较高的一个重要原因。

家兔的妊娠期一般为 30~32 天。胎儿不足 29 天为早产，超过 32 天为异常妊娠，33 天不产应人工催产。一般产仔多的为 30 天，产仔少的常推迟到 31~32 天。

家兔属双子宫动物，母兔分娩后即可交配，这种配种方式称为血配。血配后母兔既要体内养胎，又要哺乳仔兔，还要自身生长发育，所以长期血配，既有害于母兔的身体健康，又不利于仔兔的生长发育。一般肉兔和獭兔一年产 4~6 窝为好，毛兔一年产 3~4 窝为宜。

母兔每天的哺乳次数，一般是每天一次。人工饲养时，以每天哺乳两次为好，即早晚各哺乳一次。实践证明，每天哺乳一次和哺乳两次效果相同。

家兔习性生理歌诀

各种动物有习性，家兔特征有不同。
性情温顺胆子小，昼伏夜动最怕惊。
喜欢啃咬食粪便，毛密怕热不怕冷。
不肯群居喜干燥，嗅觉灵敏爱打洞。
繁殖生理也特别，刺激排卵双子宫。
发情表现阴红肿，下颌常把笼门蹭。
自然繁殖打洞穴，家养筑巢靠人工。
妊娠三十一二天，生出仔兔裸体红。
吞食胎盘为通乳，产时拔毛盖仔用。
五天之后毛生长，十一二天把眼睁。
十五六天会吃食，一月龄内最增重。

幼兔贪食消化弱，贪食易患腹泻病。
四五月龄性成熟，产后血配又能生。
幼龄公兔睾在腹，仨月才降阴囊中。
炎热盛夏睾缩小，高温往往多死精。
同性之间好争斗，换毛分季和年龄。
兔子肝大耐毒强，胃肠发达草食性。
多胎繁殖是特点，人为控制别滥生。
根据特性定管理，饲养目的不落空。

三、家兔的品种

家兔的品种很多，全世界有 60 多个品种、300 多个品系。根据经济用途的不同，又将家兔分为肉用兔、皮肉兼用兔、皮用兔和毛用兔四大类型。我们这里主要介绍近几年流行的品种。

（一）肉用兔

肉用兔生长速度快，出肉率高，其宰杀胴体在 54%以上，瘦肉多，肉质细嫩，营养丰富。

1. 新西兰兔 该品种原产于美国，为世界著名的肉用兔和实验用兔。新西兰兔（图 2）是由比利时佛兰德兔、美国白兔、安哥拉兔等几个品种杂交培育而成的，毛呈白色，眼红色，头大方圆，粗腰大臀，四肢强壮有力，后躯发育优良，因而出肉率高。早期生长发育

图 2 新西兰兔

快，2 月龄可达 2 千克以上，75~90 日龄可达 2.5~3 千克出栏。成年兔体重4~5千克。经笔者自 1989 年进行专门培育，成年兔体重已达 5~6千克，最大个体重 7 千克。该品种因生长发育快，耐粗饲，抗病力强，产仔多（年产 6~7 胎，胎产仔 7~9 只），备受饲养者的青睐。河南省开封市兔业工程开发研究所（法人代表：庞本）是河南唯一一家新西兰兔育种单位。

2. 比利时兔 俗称比利时野兔。原产于比利时佛兰德，后输入英国选育而成，是一个比较古老的大型肉兔品种。比利时兔（图 3）的毛色属野生类型，酷似中国野兔，毛色为棕黄色，或深或浅。眼珠黑色，耳大直立，耳尖带有光亮的黑色毛边，身躯及四肢较长，头似马头，胸腹紧凑。成年兔体重 4.5~6.5 千克，最高可达 9 千克。年产 6~7 胎，胎产仔 7~9 只。该品种生长发育快，耐粗饲，抗病力、适应性强，易粗放饲养。骨骼细小，肌肉丰满，肉质细嫩，味道鲜美。在当前人们追求绿色消费的情况下，是一种理想的肉用兔品种，是当前我国出口兔肉最受欢迎的品种之一。

图 3 比利时兔

3. 加利福尼亚兔 该品种原产于美国加利福尼亚州，利用俄罗斯兔、喜马拉雅兔、青紫蓝兔和新西兰白兔杂交而成。加利福尼亚兔的毛色属喜马拉雅兔的白化类型，全身被毛白色，只有两耳、鼻端、四脚和尾部为黑色或深褐色，所以又称“八点黑”兔。这八点部位的色泽在一生中随着季节和条件的不同而发生变化：哺乳期为浅色，换毛结束后逐渐变黑，夏季由深变浅，冬季由浅变深。眼睛呈粉红色，体型略小于新西兰白兔。性情温顺，泌乳力强，产仔率高，平均每窝产仔 7~8 只。成年兔体重 3.5~4.5 千克，肌肉丰满，屠宰率高，具有早熟易肥的特点。由于该品种母性好，泌乳力强，又称保姆兔。

4. 丹麦白兔 该品种原产于丹麦。被毛纯白，眼呈红色，体型短粗，两耳小而竖立，肌肉丰满，被毛浓密，板皮品质优良，体质强壮。缺点是头小，嘴尖，外观不美。成年兔体重可达 3.5~4.5 千克，屠宰率为 50%左右。

5. 公羊兔 又名垂耳兔。该品种已有近百年的历史，一般认为首先出现在北非，以后分布到法国、英国、德国及其他国家。通过选育形成了法、英、德三个品系，其毛色有白、棕、黄等色。近年来我国所引进的属法系公羊兔，较英系、德系的体型大。毛色为棕色或褐色。成年兔体重 6~8 千克，最大可达 10~12 千克。该品种的特点是两耳特别大，肌肉发达，可下垂至胸的两侧，其头形像公羊头，故名公羊兔。优点是耐粗饲，性情温顺，抗病力强，易饲养；缺点是过于迟钝，不爱活动，受胎率较低，泌乳力不强。

6. 伊拉（Hyla）配套系 是法国欧洲兔业公司在 20 世纪 70 年代末培育成的肉兔杂交品系，90 年代引入我国。它是由 9 个原始品种经不同杂交组合和选育试验，由筛选出的 A、B、C、D 4 个品系组成的。各系独具特点，在配套生产中，杂交优势的充分利用，使其具有遗传性能稳定、生长发育快、饲料转化率高、抗病力强、产仔率高、出肉率高及肉质鲜嫩等特点。

伊拉配套系的 4 个品系中 A、B 二系的特征为耳、鼻、四肢和尾巴均为黑色（八点黑型），其余全身为白色；C、D 二系全身均为白色。A 系成年兔平均体重，公兔为 5 千克，母兔为 4.7 千克；平均胎产仔 8.35 只，日增重 50 克；饲料转化率 3.0∶1。B 系成年兔体重，公兔为 4.9 千克，母兔为 4.3 千克；平均胎产仔 9 只，日增重 50 克；

饲料转化率 2.8 : 1。C 系成年兔体重，公兔为 4.5 千克，母兔为 4.3 千克；平均胎产仔 8.99 只。D 系成年兔体重，公兔为 4.6 千克，母兔为 4.54 克；平均胎产仔 9.33 只。

（二）皮肉兼用兔

1. 青紫蓝兔 是最早引入我国的皮肉兼用兔之一（图 4），现已几乎遍布全国。最初的青紫蓝兔是在 20 世纪初由法国育种家用蓝色贝韦伦兔、嘎伦兔和喜马拉雅兔杂交育成的。当时育成的青紫蓝兔体型较小，后来又由美国育成了中型和巨型青紫蓝兔。这三个品系的共同特点是：眼蓝色，身长耳大，耳尖，毛色为灰蓝色，尾背为黑色，眼周围、尾底面、腹下和后颈的毛色较浅，呈灰白色。每根毛从基部到毛梢，分为深灰、乳白、浅灰、雪白和黑色五段颜色。所不同之处在于中型青紫蓝兔颜色较深，呈灰蓝色，并有明显的黑白相间的波浪纹；两耳直立，颌下无肉髯。其他两个品系毛色较浅。中型青紫蓝母兔和巨型青紫蓝公母兔均有发达的肉髯，巨型青紫蓝兔又有一耳竖立、一耳下垂的特点。成年兔体重，小型母兔为 2.7～3.6 千克，公兔为 2.5～3.4 千克；中型母兔为 4.5～5.4 千克，公兔为 4.1～5.0 千克；巨型母兔为 5.9～7.3 千克，公兔为 5.4～6.8 千克。屠宰率可达

图 4 青紫蓝兔

48%以上。该品种兔的优点是：耐粗饲，好管理，繁殖力和泌乳力较强，是当前最受欢迎的绿色无公害皮肉兼用兔品种。

2. 大耳白兔 又称日本大耳白兔，原产于日本，系1868~1912年期间，由中国白兔和日本当地兔杂交选育而成（图5）。本品种的主要特点是：体型中等，全身被毛纯白，眼为红色，两耳向后直立，耳根细，耳端尖，形同柳叶。母兔颌下有肉髯。成年兔体重一般可达4.0~5.0千克，最高可达6.5千克。屠宰率为44%~47%。这一品种的优点是：泌乳量大，母性好，耐粗饲，适应性强。由于具有耳大皮薄、血管清晰等特点，是理想的实验动物。

图5 大耳白兔

3. 花巨兔 又称德国花巨兔，原产于德国，由比利时佛兰德兔等品种杂交育成。本品种的主要特点是：鼻、嘴环、眼圈及耳朵为黑色，从颈至尾根沿背有黑色长条背线，体两侧有对称蝶状斑块，其余被毛为白色。体型高大，体躯较长，呈现弓形。骨骼较粗重，腹部距地面较高。成年兔平均体重为5.0~6.0千克。性情活泼，行动敏捷，善于跳跃。繁殖力较强，每胎平均产仔11~12只，最高可达17~19只。本品种的缺点是：母性不强，泌乳力不好，毛色的遗传不稳定，繁殖中常出现灰色和黑色个体。

4. 中国家兔 是我国长期培育而成的一个优良品种，分布于全国各地。毛色以白色最为普遍，间有黑色、灰色、麻色和咖啡色。白色兔的眼睛是红色，有色兔的眼睛与毛色相同。体型较小，结实紧凑，被毛短而紧密，皮板较厚。外貌特征明显，头小、嘴尖、颈短、双耳短小直立、耳尖圆厚。本品种兔最大的特点是对自然条件要求不高，耐粗饲，抗疾病，易管理；母兔母性强，乳头多，繁殖力强。一般成年兔体重为 1.5～2.5 千克，一年可繁殖5～6胎，每胎可产 6～7 只，多的可达 15 只，而且成活率较高。缺点是体型小，生长慢，产肉性能较差。

5. 黑优兔 该品种是山西、河北等地的群众利用银灰兔和青紫蓝兔杂交一代横交，经多年培育而成。毛色为黑褐色，个别毛略带黄尖。头大、额宽、嘴圆。两耳宽厚直立，稍倾向两侧，耳根较粗。背腰长，四肢粗壮，后躯发育良好。一般具有生长发育快，成熟早，耐粗饲，繁殖力强等特点。成年兔体重 4.0～6.0 千克，一年可繁殖5～6 胎，每胎平均产仔 6～7 只。

6. 安阳灰兔 是近代的新品种，由河南省畜牧局和安阳、濮阳两市农牧局以当地群众长期饲养的青紫蓝兔、大耳白兔为亲本杂交选育而成。全身被毛青灰而发亮，浓密而柔软。眼呈灰色，体型中等，大耳朵，长背腰，后躯较发达。成年兔体重可达 4.0～5.0 千克，每胎可产仔 8～13 只。该品种具有性成熟早，繁殖力、泌乳力较强，耐粗饲和抗病力强的特点。

7. 虎皮黄兔 是近代的新品种，原产于河北省井陉、栾城一带。眼为红色，体型中等。该品种的突出特点是被毛呈黄色，耳边、尾尖、眼圈周围有黑色线条。头部黄、黑色毛混生，腹部毛呈灰白色。背腰平直，后躯发育较好。成年兔体重 3.5～4.0 千克，每胎可产仔 7～12只。该品种具有早期生长发育较快，耐粗饲，抗病力强的特点。

8. 哈白兔 即哈尔滨大白兔，由哈尔滨农业科学院畜牧兽医研究所 1976～1986 年用近 10 年的时间，以比利时兔、中国白兔、新西兰兔和德国花巨兔为亲本，经过多次杂交选育而成。哈白兔为大型品种，成年兔体重 6.0～7.0 千克。身腰细长，耳大直立，被毛纯白、紧凑有光泽，毛皮质量较好，肌肉丰满，体质结实。该品种的优点是抗寒力强，繁殖率高，耐粗饲，适应性强。缺点是怕热，外貌不如新西兰兔好看，遗传体型不稳定。

9. 塞北兔 该兔是张家口农业专科学校1978～1986年，利用法系公羊兔和佛兰德兔杂交培育出来的大型皮肉兼用型兔。毛色以黄褐色为主，个别还有纯白和米黄色；一耳直立，一耳下垂；头略粗稍方，鼻梁有黑色山峰线；颈短粗且与前躯衔接良好；体躯匀称，发育良好，体型较大，外形略似公羊兔和比利时兔。成年兔体重5～7千克，最高达8千克。窝产仔7～8只，多者15只。在同样饲养管理的条件下，其发病率较低，耐粗饲，增重快，适应性强。

10. 豫丰黄兔 是河南省农业科学院畜牧兽医研究所与清丰县科委，利用动物遗传理论和家兔杂交优势，历经8年努力，杂交培育出的地方优良肉兔新品种（图6）。因该品种全身被毛黄色，且在河南

图6 豫丰黄兔

清丰县育成，1994年12月通过省级鉴定，被命名为“豫丰黄兔”。该品种先后荣获“河南省星火科技二等奖”“河南省农村科技博览会金奖”“全国星火科技博览会银奖”等荣誉称号。

豫丰黄兔以其独特的外貌特征区别于其他肉兔品种。全身被毛黄色，腹部白色，毛短平光亮，靠板皮有一层茂盛的短绒，兔毛不易脱落，是上等的裘皮服装原料。头椭圆形，面目清秀，耳大直立，两眼

有神，齐嘴头，背腰长，后躯丰满，四肢强壮有力，成年母兔颌下有明显的肉髯。年产 6~7 胎，胎产仔 8~10 只。泌乳力强，育成率高，耐粗饲，抗病力强。早期生长发育快，肉质佳，无腥味，是目前较受欢迎的天然无公害皮肉兼用兔新品种。由于市场原因，现社会存栏量仅有少量保种。

（三）皮用兔

皮用兔是以取皮为主。主要品种是力克斯兔（俗称獭兔）。獭兔的毛皮具有“美、平、轻、柔、细、密、短”的特点，其毛皮价格很高，是贵重的裘皮动物。但其对饲养水平要求较高，对疾病的抵抗力弱，不耐粗饲，如果不加强饲养管理，毛皮质量低劣。

力克斯兔原产于法国，分多个品系，因其毛皮可与珍贵的毛皮兽水獭相媲美，所以俗称獭兔。我国饲养的獭兔主要从美国和法国引进。

獭兔是珍贵的毛皮用兔，其全身被毛短密而平整，细腻柔软，光亮如丝，枪毛少而不突出毛表面，被毛不易脱落，保暖性强。该品种的典型特征是眼珠灰褐色，须眉细而卷曲，体型中等，结构匀称，肌肉丰满，胸宽，背长且直，臀圆，四肢强壮，头部适中，耳中等直立。平均体长42~50 厘米，胸围33~35 厘米，平均毛长1. 6~2. 2 厘米，年产3~4 胎，胎产仔6~8 只，成年体重3~4. 5 千克。

根据人们的商品需要和近年服装加工的要求，经不断杂交改良和培育，除将獭兔毛长由原来的 1. 2~1. 3 厘米提高到 1. 6~2. 2 厘米外，獭兔毛色也有了十几种颜色，如当前我国饲养的就有白色、黑色、棕色、黄色、灰色、蓝色、紫色、红色、巧克力色、咖啡色等，或有黑斑、棕斑，所以又称“彩獭”。

1. 法系獭兔 原产于法国，是世界著名的良种獭兔（图 7）。该品系体型大，头形方圆，嘴巴平齐，前肩较宽，与后臀几乎相等，身体接近长方形。被毛浓密、平齐，分布均匀，枪毛含量少，毛长 1. 8~2 厘米，被毛密度 2. 5 万~3 万根/厘米^2。成年兔体重 4. 5 千克。生长迅速，100 日龄可达 2. 5 千克，150 日龄取皮时体重可达3~3. 5

千克，板皮面积 0.14 平方米，95%可达一级皮标准。初配年龄：公兔 6 个月，母兔 5 个月。年产 4~6 胎，胎产仔 7~8 只，泌乳力强，母性好。目前，我国法系獭兔可靠的供种单位有山东莱州市獭兔良种研究所（法人代表：初安庭）。该单位在第 22~24 届全国兔业大赛上连续 3 次获得金奖。

图 7　法系獭兔

2. 中系獭兔　又称金星獭兔，是我国目前唯一一种通过国家认定，达到 AAA 级质量标准的良种獭兔（图 8）。该品系是在全国著名兔业专家南京农业大学徐汉涛教授主持下，江苏太仓市金星獭兔有限公司经 8 年努力，选用纯种美系、德系、法系獭兔的优秀后代作为杂交选育亲本，经几个世代杂交选育而成，于 2003 年通过国家鉴定并推广，被称为“中系獭兔”。

该品系的特征是：中型偏大，成年兔体重 4 千克，颈部、胸部、腹部及臀部有皱褶，皮面宽松，被毛洁白，富有光泽，手感丰厚，被毛平齐，枪毛不外露，全身毛密度 2.5 万~3 万根/厘米^2，毛长1.8~2 厘米。年产 4~5 胎，胎产仔 7~9 只。耐粗饲，抗病力强，商品性能好，是目前我国大力推广的獭兔新品系。中系獭兔（金星獭兔）已被列为国家级星火计划项目，在全国历届兔业大赛上连获金奖。

图8　中系獭兔

3. 银狐兔　原产于智利，有蓝色、黑色、巧克力色及黑貂色4种颜色，被毛柔软浓密，其外貌很似银狐故而得名。体型中等，前肢和后躯发达，成年兔体重3~4.5千克，年繁殖3~4胎，窝产仔6~8只，生长发育快，皮毛价值高。

4. 海文那兔　原产于荷兰，有蓝色和巧克力色两种。被毛浓密，呈巧克力色，且有紫色光泽，毛的基部为灰蓝色。体型短，腰宽，后躯发达，两耳相距较近，且短而直立。眼大而突出，所以又称"大眼兔"。眼色往往和毛色一致，被毛浓密而有光泽，体躯小而结实，成年兔体重2.5~3.5千克，年繁殖3~4胎，窝产仔6~7只，皮毛价值较高。

5. 美系獭兔　是我国引进时间最早、次数最多、数量最大的獭兔品种（图9）。其主要特征是：头小嘴较尖，面目清秀，眼大而圆，目光有神，耳长直立，耳壳较薄，颈部稍长，肉髯明显，胸部较窄，背腰略呈方形，腹部、臀部较发达，体格相对较小，1周岁体重3.0~4.0千克，绒毛细密，密度为2.5万~3万根/厘米^2，毛长1.4~1.8厘米，枪毛较少且不外露。体型匀称，胎产仔6~8只。

图9　美系獭兔

（四）毛用兔

安哥拉兔亦称长毛兔，是唯一的毛用兔品种。原产于土耳其的安哥拉城附近，故而得名。当前各国饲养的长毛兔都来源于安哥拉兔。在不同的自然气候和饲养条件下，采用不同的饲养管理和选育方式，各国又培育出了若干个品质特性各异的安哥拉兔品系，也就是说，当前世界各国饲养的毛用兔品种都属安哥拉兔品系，这些不同品系的长毛兔，体型外貌和生长性能等又表现出相当悬殊的差异。

安哥拉长毛兔品系在当前主要分为法系、英系、德系、日系及中系等，近几年在这些品系的基础上，我国兔业科技工作者又培育出了镇海巨型高产长毛兔品系、豫系长毛兔品系和沂蒙长毛兔品系。

1. 法系安哥拉兔　头部偏尖削，面长鼻高，耳大而薄，耳背无长毛，欲称“光耳板”。额部、颊部和腿部均为短毛，腹部毛也较短，体质强壮，毛质粗硬，适应性好，在我国农村易于饲养。成年兔体重3~4千克，年产仔3~4胎，窝产仔6~8只，年产毛800~1 000克。

2. 英系安哥拉兔　头较圆，鼻子缩入，耳短而薄，耳背顶端有缨穗状长绒毛，飘出耳外，甚是美观。四肢及趾间亦密生绒毛，被毛洁白浓密，蓬松似雪球，被毛较长时从背部中央自然分成一条线向两侧披下，区别于其他品系。绒毛如丝状，有光泽，枪毛较少。抗病力较差。成年兔体重3~4千克，年产4~5胎，窝产仔4~6只，年产毛量400克左右，易结毡。

3. 德系安哥拉兔 我国群众亦称“西德长毛兔”，是安哥拉兔中品质最好、产毛量最高的一个品系，1978年引入我国后很受欢迎。

西德长毛兔被毛密度大，有毛丛结构，不易缠结。其毛洁白细长柔软，有明显的波浪形弯曲。抗病力较强，适应性好。成年兔体重3.5~4千克，年繁殖4~5胎，窝产仔6~7只，年产毛800~1 000克。

4. 日系安哥拉兔 头呈方形，额部、颊部、耳尖及两耳外侧均有长绒毛，且额部长绒毛有明显的分界线，呈“刘海状”。全身绒毛细密。该品种1979年引入我国，体型中等。成年兔体重3~3.5千克，年繁殖3~4胎，窝产仔7~8只，年产毛量500~800克。抗病力、适应性一般。

5. 中系安哥拉兔 俗称“全耳毛兔”，是用英、法两系杂交，并掺入中国白兔血统，经长期改良选育而成。它的代表类型是全耳毛、狮子头，所以又称全耳毛兔。

中系安哥拉兔的主要优点是耐粗饲，适应性强，繁殖力高。其外貌特征为周身如球，双耳如剪，两眼如珠，脚与趾间生有绒毛，脚如虎爪，头毛丰满，耳毛浓密，被毛和腹毛齐全，枪毛少，毛细而柔软，但易缠结。

中系安哥拉兔体型较小，成年兔体重2.5~3千克，年繁殖3~4胎，窝产仔7~8只，年产毛量400克左右。

6. 镇海巨型高产长毛兔 该品种是浙沪一带兔业科技工作者和镇海种兔场在安哥拉兔的基础上，经多年杂交培育而成，是当前闻名国内外的“优质、高产、高效”长毛兔新品种。其单个产毛量、群体产毛量均打破世界纪录，所产兔毛绒毛粗，密度大，不缠结，1991年荣获全国家兔育种委员会颁发的“创世杯”金杯奖。镇海“巨高”牌长毛兔为中国农业名牌产品，是农业部畜牧兽医局中国农学会推荐的“优质、高产、高效”良种兔，先后在首届“创世杯”擂台赛、“千禧年千只兔测定”中公母兔、群体产毛量打破世界纪录，荣获中国专利新技术新产品金奖。

镇海巨型高产长毛兔适应性、抗病力都比较强，成年体重5千克以上，高者达7千克，年繁殖3~4胎，窝产仔5只左右，年产毛量1 500~2 000克，最高有年产毛2 800克的。2007年4月在浙江嵊州市第十九届长毛兔比赛中，曾以养毛期73天，单次剪毛，公兔756克、母兔952克，群体平均单只剪毛769.5克，年产毛量3 847.5克，创公、母、群体三个新的世界纪录。

7. 豫系长毛兔 是河南省台前县良种长毛兔总场，以德系安哥拉长毛兔为基础，引进优秀法系、鲁系、浙系等多系粗毛型安哥拉兔作父本，历经20年多代品系杂交培育成的地方优良长毛兔新品系，2005年12月通过河南省级鉴定，被命名为“豫系长毛兔”。

（1）体型特征：成年公兔平均体重5.13千克，平均体长56厘米，胸围37.7厘米，最大个体体重达6.3千克。成年母兔平均体重5.56千克，平均体长59.9厘米，胸围38.9厘米，最大个体体重达7.8千克，在全国居首位。

（2）产毛量：成年公兔单次采毛量389.5克，最高个体达550克，平均年产毛量1 925克，最高年产毛量2 750克。成年母兔单次采毛量平均403克，最高单次采毛量达593克，平均年产毛量2 015克，最高年产毛量2 965克，居全国之首。

（3）母兔繁殖率：年产4~6胎，平均胎产仔6~8只。断奶时平均成活6~7只，成活率92.5%。出生仔兔平均体重55.2克，断奶时平均单只重0.88千克，居全国第一位。

（4）幼兔生长发育：8月龄公兔平均体重4.66千克，平均单只一次采毛量404克。8月龄母兔平均体重4.67千克，平均单只一次采毛量416克，属全国最高。

在全国长毛兔6项相关指标比较中，豫系长毛兔除粗毛型和毛料比方面，有4项指标居全国长毛兔领先地位，是当前很受欢迎的长毛兔新品系之一。

8. 彩色长绒兔 是美国兔业科技工作者利用DNA转基因技术培育而成。主要做宠物观赏。当初体重仅2~2.5千克，年产毛100克左右。引入我国后做有色长毛兔饲养研究。经山东烟台天彩兔服饰有限公司多年来不懈的优选培育，终于获得成功，并列入国家星火计划在全国推广。彩色长绒兔服饰亦开发成功，因其色泽纯天然、无公害，备受国内外市场的欢迎和消费者青睐。其彩色兔绒售价比普通白色兔毛高 2~3 倍，且供不应求，具有很大的开发潜力。

我国培育饲养的彩色长绒兔抗病力强，产仔量高，生长快，成年兔体重 4~5 千克，母兔窝产仔 5~6 胎，平均胎产仔 7~8 只，年产兔绒 1~1.2 千克，最高可达 1.5 千克。色泽有黑、灰、棕、蓝、红、黄等近十种颜色。其饲养方法与普通长毛兔一样。

彩色长绒兔的主要特点是，色彩天然而成，不需化学原料染色，无污染，无公害，其服饰轻柔滑爽、华贵典雅，保暖性好，产品售价高，是进行绿色无公害饲养最具竞争力的毛用兔品种。

（五）我国自主培育或引进的家兔新品种

1. 浙系嵊州白中王长毛兔 白中王长毛兔是浙江兔业科技工作者经 10 多年培育而成，是我国培育出的第一个长毛兔新品种。2010 年浙系白中王长毛兔通过国家畜禽新品种审定，[（农 07）新品种证字 2 号]，是浙江省首个通过国家审定的畜禽新品种，2013 年 6 月 5 日获得 2012 年度浙江省科学技术一等奖。从此改变了我国长毛兔养殖长期依赖从国外引进的局面，为我国长毛兔可持续发展提供了品种保证。

白中王长毛兔生产性能优良，体型大，兔毛品质优，繁殖性能好，适应性广，抗病力强，遗传性能稳定。年产 3~4 胎，平均每胎 6.8 只。平均成兔体重，公兔 5 282 克，母兔 5 459 克。平均年产毛量，公兔 1 957 克，母兔 2 178 克。浙系嵊州白中王长毛兔各项生产指标都处于世界长毛兔领先水平。

2. 彩色獭兔 彩色獭兔是山东中梁农业集团兔业科技工作者采用群体继代结合分子辅助育种方法经多年努力，提纯选育而成，现已初步培育出黑色、灰色、青色、蓝色、海狸色、猞猁色、咖啡色、红棕色等 12 个色系，其中 6 个色系已相对稳定。彩色獭兔具有繁殖能力强，生长发育快，抗病力强，体型大，毛绒平整度好的特点，彩色獭兔平均年产 6~7 胎，胎产 7~8 只。公兔成年体重 4.2~4.5 千克，母兔成年体重 3.5~4.2 千克。平均毛绒长 1.7 厘米，密度为 1.2 万~1.6 万根/厘米^2。150~160 日龄为最佳取皮时机，各项生产指标都达到了种兔质量评估标准。彩色獭兔的育成填补了我国獭兔养殖项目的一项空白。毛色天生而成而且美观靓丽，做服装时不需要人工染色，对人体无刺激性健康损害，不会因染色造成环境污染，是獭兔绿色无公害养殖的发展方向，养一只彩色獭兔利润是养一只肉兔的 3 倍。在獭兔皮市场价格低迷的形势下，彩色獭兔皮成了新宠，价格比白色獭兔皮高出 1 倍以上，而且非常抢手，供不应求。彩色獭兔皮及服务已在国际市场受到广泛推崇和应用，我国的彩色獭兔皮服装及制皮已远销西班牙、瑞士、希腊、迪拜等多个国家和地区。发展彩色獭兔养殖是我国养兔业发展的新趋势，具有很大的潜力和广阔的市场前景。山东中梁农业发展有限责任公司（法人代表：宋培龙）目前是我国彩色獭兔的育种研发和推广单位。

3. 伊普吕配套系肉兔 伊普吕兔由法国克里莫集团海法姆公司于 20 世纪育成，由河南济源市阳光兔业科技有限公司于 2014 年底引进我国。该品种有多个品系配套，其显著特点是：体型大，产仔多，生长快，出肉率高，抗病力强，适应性强。母兔平均有 9.5 个奶头，70%的母兔有 10 个奶头，其泌乳力强，高峰泌乳可达 23 天，比普通肉兔品种多 2 天。平均年产仔 8.7 胎，胎产仔 10~11 只，初生体重 50~65 克，70 天活重达 2.25~2.35 千克，成活出栏率达 95%以上。臂部肌肉发达，出肉率 58%~60%（酮体去头）。该品种是目前世界上最优异的肉兔新品种，是集约化养兔场实行人工授精技术进行全进全出商品生产的首选品种。河南省济源市阳光兔业科技有限公司（法人代表：段天奎）获法国克里莫集团海法姆公司授权负责中国及亚洲地区的育种及推广工作。

伊普吕配套系肉兔的配套模式如图 10 所示。

父母代伊普吕母兔（PS19）
表型：白色毛皮手足有黑色
育种周龄：17周
每窝产仔：10~11只
70天活重：2.25~2.35千克

×

父母代伊普吕母兔（PS40）
表型：白色皮毛手足有黑色
育种周龄：20周
70天活重：3.1~3.2千克
酮体出肉率：58%~59%
（预冷后，去头，去前腿）

父母代伊普吕公兔（PS59）
表型：白色皮毛
育种周龄：22周
70天活重：3.4~3.5千克
酮体出肉率：59%~60%
（预冷后，去头，去前腿）

父母代伊普吕公兔（PS119）
表型：兔灰色皮毛，黑眼睛
育种周龄：22周
70天活重：3.4~3.5千克
酮体出肉率：59%~60%
（预冷后，去头，去前腿）

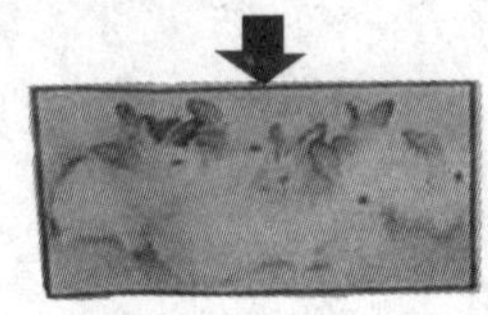

标准品系商品代
表型：白色皮毛手足有黑色
70天活重：2.5~2.55千克
出肉率：57%~58%
平均每窝（人工授精）
产肉17~18.5千克

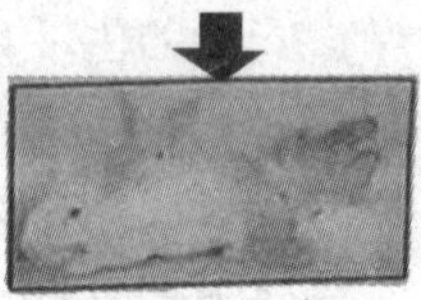

巨型品系商品代
表型：白色皮毛手足有黑色
70天活重：2.6~2.65千克
70天出肉率：57%~58%
平均每窝（人工授精）
产肉17.5~10千克

巨型黑眼睛品系商品代
表型：黑色，兔灰色皮毛，
黑眼睛70天活重：2.6~2.65千克
70天出肉率：57%~58%
平均每窝（人工授精）
产肉17.5~19千克

图 10　伊普吕三种商品代配套模式

四、家兔笼舍的建造

养兔用的房舍笼具等设备是搞家庭养兔或工厂化养兔的基础设施。农家养兔应本着因地制宜、就地取材、因陋就简的原则，做到既要顾着眼前利益，又要有长远规划；既要减少投入，又要便于家兔生长和人员管理。规模化、工厂化笼舍则要按国家有关准则要求建造。

（一）建造笼舍的基本要求

为了有利于提高家兔的生产性能，提高生产效率，加强防疫保健，就必须科学合理地利用庭院，搞好家兔笼舍的建造。

无论建造什么样式的兔舍，都必须充分考虑家兔的生理特性，使家兔有一个通风、透光、干燥、安静的生活环境。

1. 通风 通风可以使兔舍空气对流，保持空气新鲜清爽。如果不通风，兔粪尿就会产生大量的有害气体，如硫化氢、氨气等，严重污染空气，使兔舍氧气不足，容易引起各种疾病发生。

2. 透光 兔舍如果不明亮，就不利于观察兔体的生长和健康状况，不便于对兔舍的清扫和消毒，给生产管理带来不便，同时也影响兔体的生长发育。因此，要求兔舍内有一定的自然采光条件。

3. 清洁干燥 兔舍内清洁干燥，可以使家兔周身清洁舒适。家兔本身就有喜干厌湿的生理特性，兔舍干燥，可以大大降低兔疥癣病和脚皮炎等疾病的发生。只有兔舍干燥，家兔才能长出光滑细密的被毛来。

4. 环境安静 安静的环境，有利于兔的生长发育和母兔的繁殖生产。因为家兔胆小易惊，如果环境不安静，有狗、猫等其他动物出入，就会使家兔心理和精神处于紧张、恐惧和戒备状态，不利于家兔的正常发育。特别是强烈噪声、突然的声响，易引起孕兔死胎或流产。因此，兔舍应建在地势高燥、平坦并稍有坡度、背风向阳、冬暖夏凉、雨雪后不积水的地方。严禁兔场靠近公路、铁路、屠宰场、农药厂、化工厂等。

农村养兔，可以利用闲房旧屋、东西厢房等，也可以利用院墙搭设斜坡式简易兔舍。

兔舍的建造形式及结构，既要注意安全防盗，又要有利于饲养管理。兔笼离地面要有 20～30 厘米的高度，兔舍内应设有冲刷消毒和排尿排水设施。

（二）农村常用兔舍的建造形式

我国幅员辽阔，东西南北气候条件千差万别，农村经济条件及庭院样式各有差异，所以兔舍的建筑形式和结构也不尽相同。但不论是庭院养兔，还是建有一定规模的养兔场，兔舍建筑的基本结构还是一致的。

1. 室内单列式兔舍 这种兔舍四周有墙及门窗，房顶呈双坡式或单坡式，双坡式呈“人”字顶，单坡式呈道士帽形。三层兔笼建在离后墙 60 厘米的地方（离后墙距离视房深浅而定），笼后为排尿沟及清粪道，笼前为人行道，便于饲养员操作管理（图 11）。

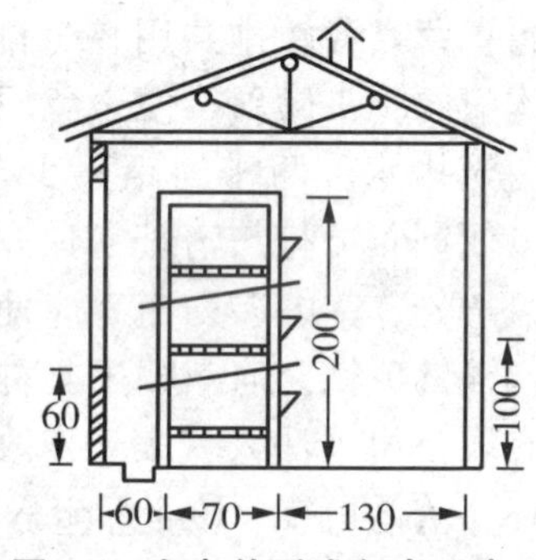

图 11 室内单列式兔舍示意（单位：厘米）

2. 室内双列式兔舍 这种兔舍呈双坡式屋顶，两列兔笼背靠背或面对面排列。背靠背排列的兔舍，两排兔笼中间为一个清粪道及排尿沟，靠前后墙各有一条喂料人行道。面对面的兔舍，中间为人行道，靠前后墙各有一条清粪道及排尿沟。这种兔舍，前后墙应设有较大窗户，室内通风采光要好。由于这种双列式兔舍饲养密度较大，冬季要注意通风换气（图 12）。

另外，还要注意的是室内双列兔笼的排列距离问题。如面对面排列，两排间距要有 150~180 厘米，这样便于饲喂草料，摆放产箱。如果背靠背排列，使用一个清粪道及排尿沟，两排间距不应少于 100 厘米，这样便于饲养员清粪打扫卫生。而每排兔笼的前面离墙不应少于 100 厘米，以便饲养员饲喂时能弯下腰。

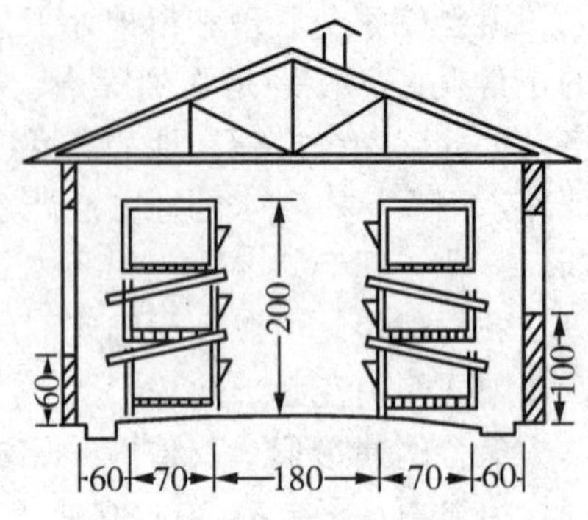

图 12　室内双列式兔舍示意（单位：厘米）

3. 室内多列式兔舍　大都是由闲置的旧厂房或旧仓库改建而成，适合规模化工厂化饲养（图13）。根据厂房的宽窄一般可建 3~6 列甚至 8 列兔笼。面对面或背靠背排列。面对面两排间距应不少于 150 厘米，以方便饲养员操作管理和运送饲料；背靠背两排共用一个排尿沟，排尿沟应向一头倾斜，便于兔尿流出和洗刷兔笼排水，两排间距不少于 120 厘米，以便饲养员打扫清理粪尿。为了便于通风透光，室内多列兔笼应使用新式冷拔丝镀锌兔笼，河南舞阳县神龙养殖设备有限公司（法人代表：陶改鸣）生产的环保清洁兔笼。该企业生产的新型环保清洁兔笼，粪尿排泄是通过笼底下方的接粪尿槽流到接粪盒里，接粪尿槽和接粪盒都是用塑料材料制作而成的，既光滑又无吸附性，清理方便、彻底，又容易冲刷。每天用清粪车清运一次，集中清除的粪尿污物，可使粪尿分离，既可作沼气产气物料和有机肥料，又可作猪、鱼饲料。由于粪尿不接触地面，大大减少了兔舍的氨、硫化氢、二氧化碳等有害气体对人和兔的污染侵害。整个生产过程既方便卫生，又节能环保，是正在全国推广的清洁环保兔笼。

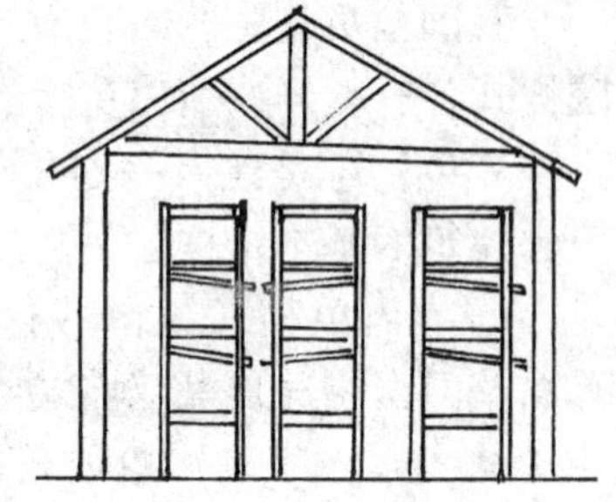
图 13　室内多列式兔舍示意

室内多列式兔舍应当注意的是由于笼位多，饲养密度大，一幢房往往宽一二十米，长几十米，饲养上千只兔，所以不宜使用砖垒或水泥板预制兔笼。兔笼隔墙板的阻挡，会使室内空气流通不畅，采光不足，所以两头应设有对开的门，前后应有对开的窗户，屋顶应开设天窗或排气口，以利通风换气和采光。

4. 室外单列和双列兔舍　室外单列式兔舍最适合农户庭院养兔使用，一般造价比较低，可靠院墙建造，上搭石棉瓦及草帘，各种走向均可。工厂化建造单列式兔舍应坐北向南，间距 3~4 米，笼前可植杨树、桐树遮阴，或种植棚架葡萄、丝瓜、葫芦遮阴。单列式兔舍的优点是光照充足，空气新鲜，没有有害气体污染。

室外双列式兔舍，面对面建造，水泥预制、砖垒均可，两排笼间距 150 厘米，笼顶分钟楼式、斜坡式两种。钟楼式笼顶两面设窗，适合南方冬季不结冰地区推广使用。斜坡式笼顶适合北方寒冷地区推广使用。斜坡式笼顶的建造方法是北面在笼顶前沿垒 2~4 层砖，高 12~24厘米；南面垒 8~10 层砖，高 40~50 厘米，约 300 厘米留一窗户，用 180 厘米长石棉瓦将中间人行道搭住。这种方式不但节省建筑材料，而且也便于冬季搭塑料棚保暖。

（三）兔笼的构造及样式

1. 兔笼的样式　兔笼有单列三层叠式（图 14）、三层固定式、

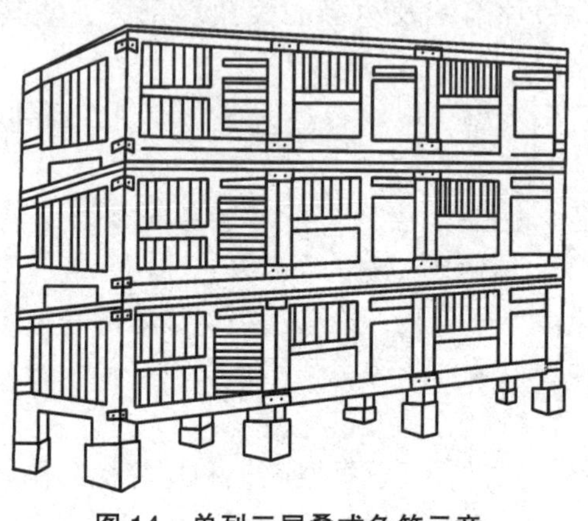

图 14　单列三层叠式兔笼示意

双层组合式、双层固定式和单层移动式五种。

2. 兔笼的规格 要根据原料酌情设计兔笼，如要用砖垒兔笼隔墙，可垒成笼内面积为 62 厘米×70 厘米、62 厘米×80 厘米，或 70 厘米×70 厘米、70 厘米×80 厘米等多种规格。因为 62 厘米长的兔笼隔墙，正好连砖带缝两砖半，不浪费材料。70 厘米长的兔笼墙为三砖长。这种较大规格的兔笼可放置生产母兔，因为生产母兔笼内要放产箱，而产箱的规格一般是长 40 厘米、宽 30 厘米、高 25～28 厘米，正好占兔笼面积的 1/4，还有 3/4 的位置可供母兔活动转身。所以，母兔笼应建成 70 厘米×80 厘米的规格。也可根据兔舍总体规划，酌情扩大或缩小。

3. 兔笼的结构 一般由笼门、笼底、笼壁、托粪板、托板钉组装而成。

（1）笼门：开在兔笼前方，左右启闭，也可单扇向右开启，便于饲养员操作。笼门由门框及门组成，门框垒在隔墙上，笼门用合页或皮子固定在门框上，中间用钢网、铁丝、花铁皮（工厂加工零件的废脚料）或竹片封闭，便于观察兔子的情况和通风透光。

（2）笼底：用光滑平直的竹片做成。竹片宽 2. 5～3 厘米，竹片间隙 1 厘米，两头分别钉在 3 厘米厚的木撑上。钉竹片时，间隙不要过窄或过宽，过窄了漏不下粪球，过宽了兔子的腿脚易掉下去被夹着，造成骨折。竹片节结及边缘的棱角要刮去，使其光滑无刺、平整，以便洗刷消毒，避免兔脚皮炎的发生。

（3）笼壁：兔笼壁可以用砖垒、水泥预制，也可用木板、竹片、铁丝制作。

（4）托粪板：托粪板代替了下一层兔笼顶盖，可以用较薄的水泥板制作，石棉瓦、木板、铁皮也可以。如用木板，上面应垫上油毡或塑料膜，以免被兔尿浸透，造成污染。最好的是加工成 1 厘米厚的平板石棉瓦或硬塑料膜，既经济耐用，又较轻便。若用地板砖，效果会更好。

（5）托板钉：托板钉起承托笼底板和托粪板的作用，可以用硬度较强的竹片做成，直接垒在墙壁上，墙壁外各露出 5 厘米以上即可。

(四) 兔笼的建造方法

1. 三层固定式兔笼 适于室内外建造，笼深 62~66 厘米，笼长 70~80 厘米，前高 45 厘米，后高 38 厘米。如建一排 10 组 30 个笼位的兔笼，共需建笼壁墙 11 道，每道墙用砖 65 块（每层 2.5 块砖，共垒 26 层），11 道墙共用砖 715 块。平均每个笼位用砖不足 24 块。

方法：笼门框架用 3 厘米厚的木料做成，上下总高 45 厘米，口内净高 39 厘米，刚好垒下 6 层砖将门框架卡紧。门框架上垒压一层砖即可放第二层笼门框架。如果建长 80 厘米的笼门时，笼门框架两头应各长出 6 厘米，卡在笼壁墙上。

垒墙时，底下 4 层做笼腿，4 层之上放第一个门框架，同时在离笼框架 5 厘米、后墙口 8 厘米处垒上第一层笼底的托板钉，而后在门口内垒 6 层砖。第一层托粪板，前边放在门框架上，后边放在从下数第九层砖上，便形成托粪板的坡度，以便粪尿流出。

第一层门框架垒结实后，即可在门框上边垒一层砖放第二个门框架和第二层笼底的托板钉，依次向上垒第三层门框架。

笼的后面也可做成门框架，如用花铁皮或钢网竹片钉在框架上，也可用砖垒实（但不适用于室内）。为了防止兔子将前后笼门框架拱下，应用铁丝在靠墙壁处将前后笼门框架拉紧，垒好后即可在其中一扇门上安挂草架，另一扇门上挂食槽。

兔笼底应小于兔笼长、宽各 2~3 厘米，以便于安装或取下刷洗消毒。托粪板两边应用水泥将缝隙抹实，防止粪尿流向下层。竹片或木板拼制的托粪板，应在上边放一层油毡或塑料膜，托粪板的前部后部都应长出兔笼 5 厘米，以免粪尿流向下层笼体上。

2. 无门栏杆式兔笼 这种兔笼的建造方法和上述三层固定式兔笼的建造方法一样，所不同的是没有笼门，只用 3~5 根圆竹竿、木棒、竹片横拦在门框架上。自下而上，每隔 7~10 厘米钉一道栏杆，钉至 2/3 即可，上部留 1/3 便于喂料和捉兔。

这种兔笼的优点是省工省料，没有笼门，喂兔时省去了开启笼门的操作，缺点是个别兔子有跳笼现象，给管理增添了麻烦。

3. 活动式兔笼 活动式兔笼样式比较多，可以单间，也可以双联，还可以组装成两层或三层，室内外都可使用。这种兔笼管理方便，白天可以放到室外，晚上可以抬到室内，也可在笼子的四条腿上安上轮子推着移动。

组装活动兔笼的用料，可根据自己的条件，笼子的四条腿和横撑可以用木料、圆竹、三角铁、钢筋棍做，四周及笼门也可以用铁丝编织网眼，还可以用钢网、花铁皮、竹片、木板制作。无论用什么材料，前边都应设有笼门及草架。双联兔笼可在两笼中间设“V”形草架，使两个笼里的兔合用一个草架。

组装活动式兔笼的规格，无论是单层或多层，一般是宽66厘米、长80厘米、高45厘米。如果是多层，前高45厘米，后高38厘米；上、下笼层间距前为10厘米，后为17厘米；但上层前后均为45厘米高。也可以根据不同类型的兔子和材料，酌情扩大或缩小规格。

4. 新型钢丝镀锌清洁环保兔笼 钢丝镀锌清洁环保兔笼（图15）是广受欢迎的新型兔笼，主要由钢网（2.2~2.8毫米镀锌钢丝制作），圆钢或塑料管架，竹片笼底，塑料接尿板（槽）和接粪盒组装而成，并配备镀锌铁皮或塑料的防扒料槽及自动饮水装置。很适合工厂化、规模化兔场和养殖农户室内使用。其优点是笼体不易生锈，粪尿直接流入塑料尿槽和粪盒，粪尿不接触地面，避免了兔粪尿渗入地下造成污染。粪尿每天由清粪车定时运出，大大降低了有害气体对兔的侵害，降低了兔的发病率；塑料尿槽和粪盒光滑，便于用水冲刷，达到节水、清洁、无污染的环保目的。由于室内没有有害气体（如氨气）的污染，可增加室内笼位的放置数量，即增加饲养密度，充分利用室内场地，同时便于饲养管理，减小劳动强度，提高生产效率。新型钢丝镀锌清洁环保兔笼分两

图15 三层钢丝兔笼示意

层或三层，以及育肥笼、母仔笼多种样式，单笼规格一般前高 40 厘米、宽 50 厘米、深 60 厘米。用户也可根据规模需要，配备自动清粪机，大大降低了劳动强度。

（五）环保水泥预制型兔笼建造技术

使用清洁环保型兔笼（图 16）是实现家兔绿色无公害饲养的物质基础和必要条件。兔笼设计和建造是否合理，不但直接影响着以后饲养人员的操作管理和劳动效率，而且影响着笼的通风透光、冬季保暖及夏季降温防暑功能，还影响着家兔的生长发育和健康。笔者在 40 年的兔业研究和生产实践中，设计生产了适合农户和大型兔场使用的环保水泥预制型兔笼（图 17）。通过实践，取得了很好的效果。其加工制作方法如下。

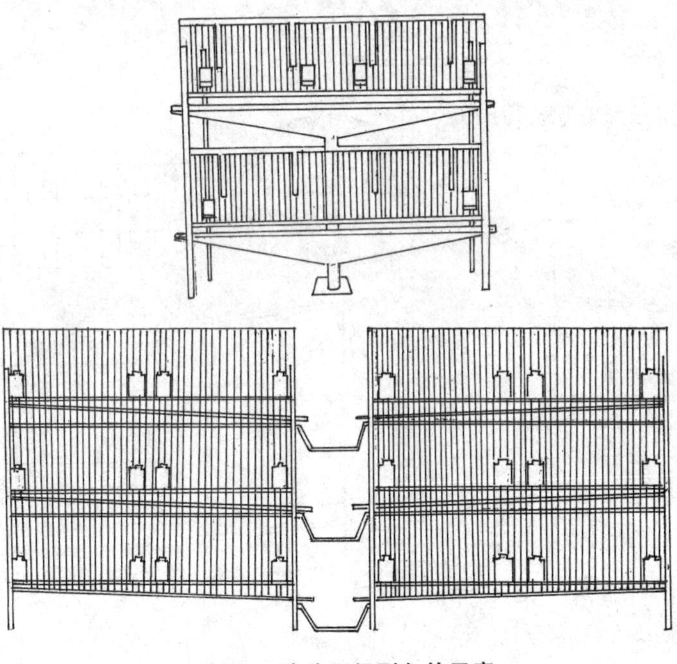

图 16　清洁环保型兔笼示意

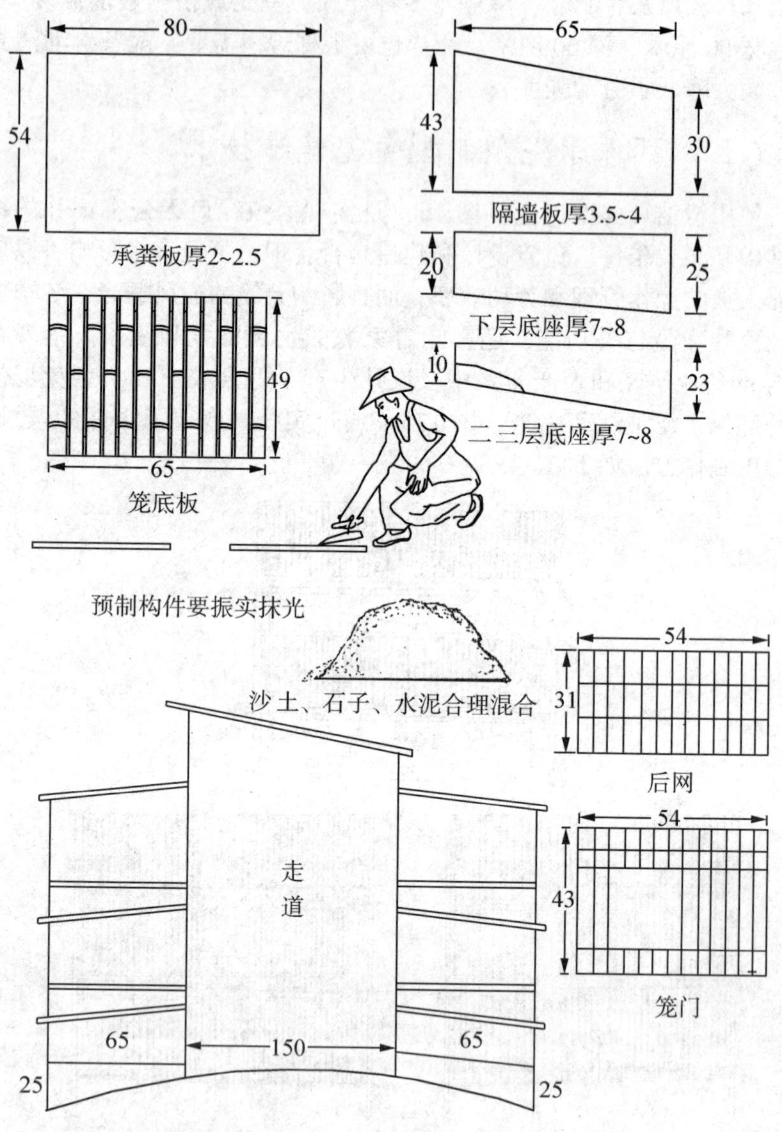

图 17　环保水泥预制型兔笼（单位：厘米）

（1）备料：0.8~1.5 厘米石子、沙土及 500 号水泥。水泥、沙土、石子的比例是 1∶2∶4，即将 1 份水泥、2 份沙土、4 份石子混合成泥状。

（2）模具：共 4 件，即隔墙板、下层底座、二三层底座、承粪板。隔墙板用 3.5～4 厘米角铁焊接，二、三层底座用 7～8 厘米角铁制作（即用 2 根 3.5～4 厘米角铁相对制作），承粪板用 2～2.5 厘米角铁焊接。

（3）制作方法：先搞好地平，铺上农用薄膜或旧报纸，将和好的泥状水泥沙石放入模具，用小型振动磨光机振实抹平。去掉模具前，应在隔墙板前后 2 厘米处各预留眼孔 2～3 个，以备组装时拴绑笼门用。如天气高温干燥，要每天洒水保养，5～7 天后即可竖起组装；若离施工现场较远，需保养 15～20 天方可运输组装。

（4）笼门与隔网：用 2.2～2.8 毫米钢丝焊接制作，可根据笼位大小加工。注意，隔墙板及底座是通用的，笼位的大小取决于承粪板的宽窄。如要制作宽 50 厘米的育肥笼门，笼门宽应加工成 54 厘米宽；如需要加工宽 60 厘米的笼子，笼门应加工成 64 厘米宽。后网相同。钢丝间距 2.5～2.8 厘米。

（5）兔笼底：用 2～3 厘米竹片制作。先刮棱去节，间隙 1 厘米。注意笼底的宽度应比兔笼宽度短 0.5 厘米，否则不易放入。

（6）搞好兔舍地平：地平是弓形，宽约 300 厘米，离边缘 8～10 厘米处做第一层底座，两头拉线校平，逐层用 1∶2水泥浆黏结一头或两头，砌墙留门均可，面对面兔笼需间距 150 厘米，笼后砌 50 厘米排尿沟，平底向一头倾斜，以便兔尿及时流出。

（六）其他设备

1. 草架 草架是专门用于喂草的工具，分为三种类型（图 18）。

（1）大草架：大草架是专门用于散养群养兔吃草用的草架，呈“V”字形，上为长方形口，下为尖角，两头各有一横木底座，防止倾倒。大草架一般由竹片或木料做成，长 80～100 厘米，高 50 厘米，口宽 40 厘米，一般可供 20～30 只兔子吃草。

（2）双联草架：双联草架是用于单层双联兔笼中间的一种草架，呈“V”字形，可供两笼兔子同时使用。草架的长度一般与兔笼的宽度相等。

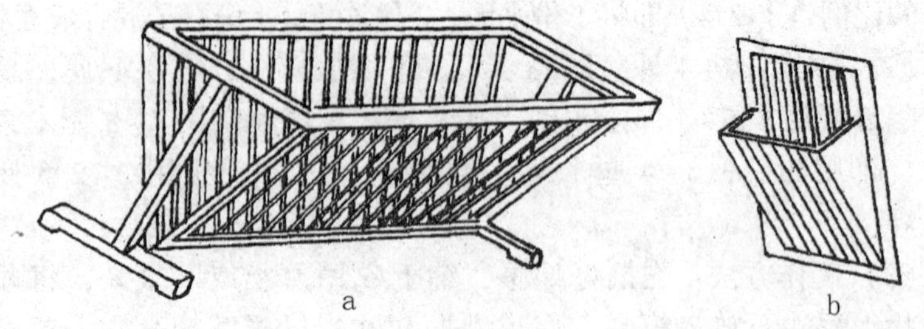

图 18 草架

a. 运动场用的大草架 b. 笼门上安的小草架

（3）小草架：小草架是挂在兔笼门上的草架，分活动式和固定折合式两种。活动式的可以摘下，固定折合式的用时拉开喂草，不用时合上可以防止仔兔钻出。小草架使用方便，用草节约，便于打扫卫生。

2. 食槽 食槽的形式多种多样，可以用破瓷碗、小瓦盆代替，也可用木板做成，还可以将竹筒劈开，去掉中间节，两头各钉一块梯形小木板（防止翻倒）。竹筒做的可大可小、可粗可细。如果喂养群兔，每个槽长可 50~100 厘米，单个用的可长 20 厘米。如喂大兔，可用粗竹筒做；如喂仔幼兔，应用细竹筒做。有条件的地方也可以用白铁皮制作防扒料槽（图 19）。但这些食槽都有它的缺点，如兔子的啃咬、扒翻、在里边排便等。最好用的是开封兔业工程开发研究所设计的瓦缸小口大底专用食槽，既可喂料，也可饮水，兔子啃不动，扒不翻，跳不进去，又不潮湿，且光滑，便于洗刷消毒，结实耐用，很受欢迎。

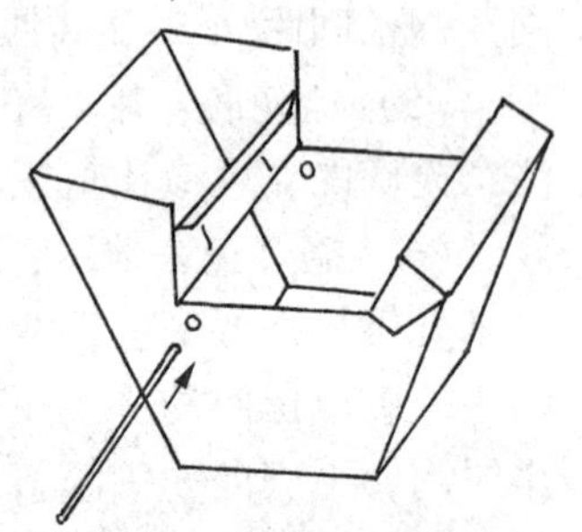

图 19 防扒料槽

3. 产仔箱 产仔箱是专门供母兔产仔和哺乳仔兔用的木制小箱。一般要求用质地坚硬、不易被家兔啃咬的木料做，但如果边缘能包上铁皮，那么一般木材都可以。

产仔箱的规格是长 40 厘米、宽 30 厘米、高 25~28 厘米，靠口的一侧后边钉有 6~10 厘米宽的木板，便于提拿和放倒供仔兔出入，在箱的前面开一个半圆缺口供母兔出入。这种产仔箱一般在母兔怀孕25天时垫上干草后放入兔笼，等母兔分娩后取出；也可不取出，让母兔自由哺乳。冬季也可当保暖箱使用。

另外，也可做成长40厘米、宽30厘米、高20厘米的平口箱，或者用质地较硬的小纸箱临时代替。

4. 自动饮水器 自动饮水器是近年来我国养兔行业大力推广和普遍使用的新设备。使用自动饮水器的好处是饮水干净卫生、没有污染，24小时自动上水；只要兔子啃咬乳头饮水便自行流出，兔子随时都可喝到干净卫生的饮水，彻底避免了兔子粪尿对饮水的污染，减少了每天给兔喂水的麻烦和人员的劳动强度，提高了生产效率。

自动饮水器分一体式和卡口式。卡口式自动饮水器（图20）用六分塑料管固定在兔笼上打眼，将卡口式自动饮水器卡紧就行。一体式全铜或锌合金乳头式自动饮水器又分乳头式（图21）和鸭嘴式（图22）两种。乳头式饮水器整套装置由乳头、固定板、三通、拉簧（图23）和胶管连接组成。在高于笼顶处放一水箱或大水桶即可，也可用带减压阀的水箱连接自来水管组成。使用自动饮水器冬季要注意防止水管冻结影响通水。

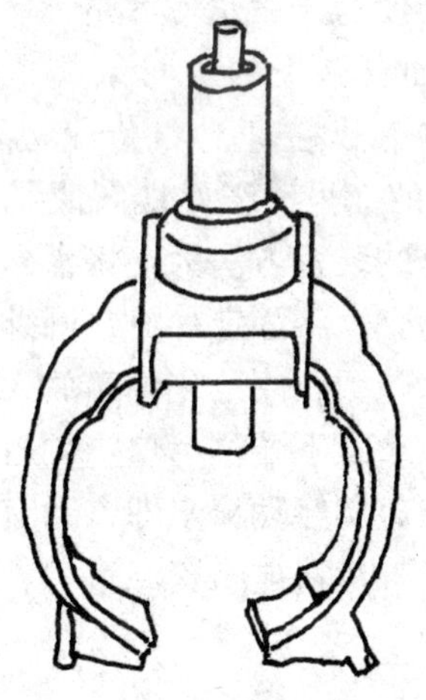

图20　卡口式自动饮水器

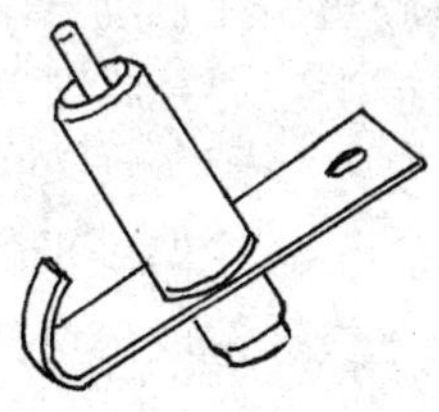

图21　乳头式自动饮水器

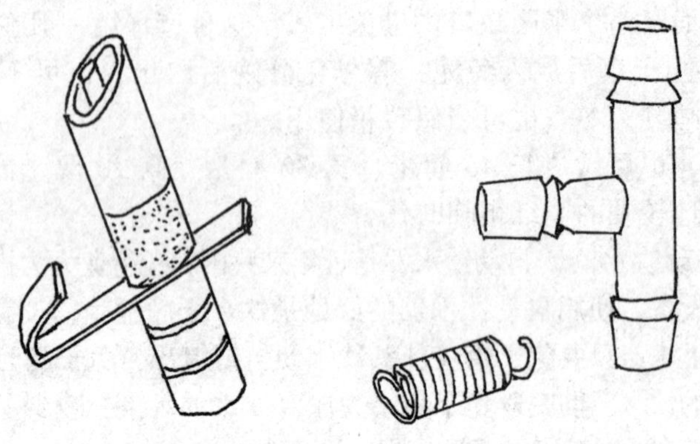

图 22　鸭嘴式自动饮水器　　图 23　自动饮水器三通及拉簧

在生产实践中，白色塑料胶管用时长了易长苔，堵塞胶管，影响水流畅通，故应使用不长苔的黄色、绿色或红色胶管。

5. 防咬节水自动饮水碗　兔用自动饮水碗是一种很受规模化养兔企业欢迎的新款饮水器（图 24），它将代替用铜、合金、塑料制成的传统的乳头式、鸭嘴式饮水器。传统的乳头式、鸭嘴式饮水器，由于兔子不停地啃咬，不停的水流仅能使兔子喝进 1/3 的水，2/3 的水被白白浪费掉。不但造成资源浪费而且漏下的水与兔粪尿混合在一起，造成了环境污染，对地下水质造成破坏，养兔业也面临国家《环境保护法》的制约。自动饮水碗的面世，很好地解决了水资源浪费、环境污染、兔舍潮湿的问题，它的装置方法为：将水碗放在兔笼网左内侧，高度以兔能用嘴喝到水为宜；将固定片放在网外侧与水碗对齐；将胶垫串在触动棒上放入饮水碗圆孔中；将弹簧放入固定螺钉拧紧，并插上三通；将排污堵头塞入水碗下端排污口；用胶管连接三通即可。兔子饮水时把嘴巴伸入水碗碰到触动棒水即自动流出，喝一口留出一点，始终保持半碗水，不会外溢造成水资源浪费，也不会流到地下粉化粪球造成环境污染。

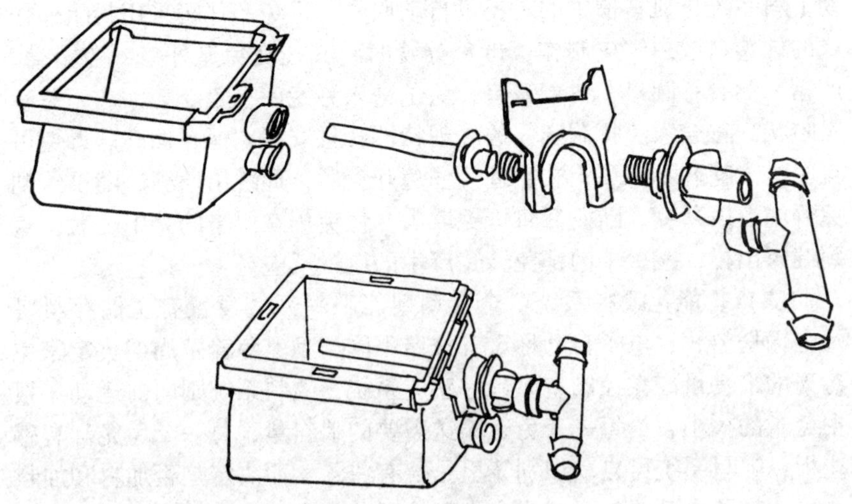

图 24　自动饮水碗

6. 自动化养兔设备系统　随着社会经济的快速发展，各种行业劳动力价格不断提高，特别是工作环境又脏又累、劳动强度高、生活单调乏味的养兔场，很难雇到工人从事养兔工作，即使有人应聘进场，由于不停地弯腰（喂下层兔）仰头（喂上层兔）和又脏又累的清粪工作，干两三个月便要辞职另择门路；即使老板再涨几百元工资也不愿意干，无形中增加了养兔成本，降低了生产效益。

实行养兔生产自动化，不但大大节省了劳动力而且使兔舍环境有很大改善，有利于家兔健康生长，有效地提高了仔兔成活率和商品兔出栏率，大大提高了养殖效益。

（1）自动化养兔系统的笼具：与传统的兔笼有很大的不同，一般采用不锈钢丝、合金钢丝或镀锌钢丝焊接而成，宽敞舒适，笼底采用塑料制作，光滑平整，减少了兔脚疾病的发生。幼兔笼中间用分隔式圆盘立桶料槽，防止兔子跳进拉屎拉尿，立桶上部露出兔笼以外，便于自动上料，一窝兔围一圈吃料，吃一点流下一点，防止扒槽浪费饲料。有的兔笼设有单个料盒或连体料槽。单个料槽带自动感应识别装置，识别到笼里有兔子时，才自动投料。连体料槽配备传送带等自动上料系统，皿料槽中的剩料可自动回收。母兔产仔箱采用封闭外挂式的硬塑料或白铁皮制作，母兔分娩时将其挂在兔笼外口，盖上盖。产箱一侧有一圆口，对着笼口，兔子进入分娩后，盖上盖，产箱里呈黑暗状，符合家兔打洞产仔的生理特性，且安静，保暖性好。母兔可自由进入哺乳不需要人去管理，仔兔开食后，即跳出产箱，随母兔到兔群中自由采食。断奶后将母兔取出，仔兔仍在原来的笼中长大，直到健康出栏，减少了因仔兔转笼产生的应激反应。

（2）智能化喂料系统：全自动智能喂料系统设置有主储存料塔及主输送料线，电子自动称重，按照不同类型家兔养殖周期决定家兔每天的采食量。在控制室设计好感应系统，喂料系统则向前运动，根据兔子的大小，给每一个兔笼输送需要的喂料量，每一个兔笼都有感应板，喂料系统可自动识别笼里是否有兔子，而决定是否加料和加料数量，有了自动喂料系统，大大解放了劳动力。自动喂料系统配备安装自动饮水碗，减少了水资源的浪费，降低了兔舍湿度和粪便污染。

（3）全自动智能清粪系统：传统的兔场清粪是兔场劳动强度最大的工作之一，其清粪方式是人工对承粪板上的粪，一个一个地推，或者一个一个地刮，然后再一锨锨地装到车上运到舍外，其工作又脏又累，加之夏季兔舍难闻的气味，很多人特别是年轻人都不愿干这份工作。还有的是在建兔场时排粪沟向一端形成一个倾斜的坡度，粪尿从兔舍的一头流出，清粪时人工拉着水管，对着兔笼承粪板，一个一个地用水将粪便冲下，然后再从排尿沟人工推出，看起来兔粪冲干净了，可兔笼却冲湿了，有时还会将兔子身上冲湿，增加了兔舍的湿度和潮气。水冲式的清粪不但浪费了水资源，增加了兔舍湿度，而且还人为地污染了环境，即水粪混合在一起向土壤渗透，严重破坏了地下水资源。比较省力的自动化刮粪板，不需要人工先将承粪板上的兔粪推下，或用水冲下，兔笼承粪板上的粪球自动滚下落入排粪沟，然后开启电闸用缆绳牵引，从排粪沟将兔粪刮出。这种牵引或刮板清粪机，虽然省了不少人工，但机械噪声大，开机时对兔子有一定惊扰，不利于家兔的生长。再则传统式饮水器的大量漏水，使兔粪湿透溶化，不利于刮净，残留粪尿多，增加了兔舍有害气体的浓度，特别是氨气，致使兔子呼吸道疾病和眼结膜发病率较高。

智能化全自动兔舍传送带清粪机的推广使用，是我国养兔业的一场革命。智能传送带清粪机配备兔舍自动控温报警系统，为我国兔业发展带来了活力。它省工、省力、省时，大大减轻了劳动强度，等到传送带上的粪便掉落到一定程度和重量，传送带清粪机即根据自动控制系统的指令转动，将兔粪运送到兔舍外的清粪车上。自动控制系统还可以粪尿分离，自动跳闸，没有噪声，减少了应激反应，很适合自动化兔场和一般封闭式兔场改建使用。自动化智能清粪系统不仅可以保持兔粪有机物含量的稳定，不影响其肥力，保持兔舍空气新鲜，不污染环境和水源，而且便于运输包装销售，或堆集发酵制成有机肥，施入农田。

（4）带自动加药装置的饮水系统：这种装置是将从国外进口的加药器和稀释器直接安装在加水管上，无须电源精准合理地调布水压，适应家兔饮水需要。需要加药时将药物投入加药器自动稀释，以达到家兔防病治病的目的，保证健康出栏。

（5）自动化环境调节与智能控制系统：兔舍温度和空气质量是保证家兔健康生长的环境条件，如果兔舍温度超过 30 ℃，就不利于家兔的生长和繁殖，甚至发病死亡。如果兔舍空气不流通，有害气体较重，对兔子的生长更为不利，使家兔呼吸道和眼结膜疾病大量发生，给兔场造成重大损失。规模化兔舍安装智能自动化报警系统，就解决了兔舍温度和空气质量问题。例如夏季，兔舍温度超过 25 ℃，自动报警系统就会自动启动水帘降温；空气质量超过额定指标，自动报警系统就会自动开启风机，排出兔舍有害气体，给兔子一个清洁的环境，使家兔健康生长，适时出栏，提高经济效益。

（6）照明控制系统：规模化养兔场一般都是全封闭式兔舍，跨度较大，有的前后留有窗户，自然采光和人工辅助采光相结合；有的前右左右都不留窗户，兔舍一片黑暗，全靠人工照明。人工控制采光在电脑控制板主机上设置有触摸屏调光控制器，根据地区气候、一年四季变化和不同类型家兔生长发育阶段和繁殖需要调节适当的亮度，这种智能控光调节系统弥补了自然光照的不足，更有利于家兔健康生长出栏。

（6）高压自动喷雾消毒系统：从国外进口高压主机，消毒时间自动控制，设置好消毒喷雾线，配备补偿水箱，用不锈钢管、不锈铜喷头将消毒液雾化后，喷洒到兔舍各个角落，不留死角，带兔彻底消毒，杜绝病菌病毒对兔的危害，保证兔体健康。山东诸城四方新域机电设备有限公司是专业设计生产安装该设备的企业。

五、家兔的一般饲养管理技术

（一）家兔的饲养原则

1. 青粗为主，合理搭配 家兔具有草食动物的消化特点和生理功能，饲喂时应以饲草为主，再辅以其他混合精饲料，这是饲养草食动物的基本原则。实践证明，家兔不仅能食用植物的茎、叶、块根及果实等，而且还能采食占体重10%～30%的青草，同时对粗纤维的利用率也较高。因此，在家兔的日粮中，应根据它在生长发育、妊娠、哺乳等生理阶段中的营养需要，适当补充20%～30%的混合精饲料，其余均用粗饲料喂养即可。

但是，在喂给家兔的混合精饲料中，因每种饲料所含的营养物质不同，若饲喂单一饲料，就不能满足家兔对营养物质的需要，还会影响家兔的食欲，甚至造成营养缺乏。因此，喂给家兔的日粮要由多种多样的饲料组成，并根据饲料中所含的养分，合理搭配，充分发挥各种饲料中营养的互补作用，这样才能保证家兔获得全面的营养物质。

2. 定时定量，少给勤添

（1）定时：就是固定家兔每天饲喂的次数和时间，使家兔养成定时采食和排泄的习惯。久而久之，家兔在每次饲喂之前，既可分泌大量的消化液，提高食欲，又可提高胃肠的消化能力，充分吸收饲料中的营养物质。但是，家兔所处的生理发育阶段不同，则每日饲喂的次数和时间也有一定的差别。例如喂料次数，幼兔多于青年兔，而青年兔又多于成年兔。所以每种家兔都要有一个具体的饲喂安排。

（2）定量：就是根据家兔对营养的需要，从实际出发，规定出每天应喂给家兔的饲料量，使家兔吃饱吃好。特别是喂给混合精饲料时，一定要根据家兔每天的采食量严格控制。既不能喂量过多，造成浪费；也不能喂量过少，使家兔处于饥饿状态，影响生长发育。由于幼兔、青年兔饲喂次数较多，因此，每次喂给的饲料量可以少于成年兔。

少给勤添的优点，一是可使家兔的食欲总有不足之感，不至于因多而挑剔，而且可以防止鼻孔喷出气体和鼻液混入饲料致霉变；二是可以不断观察家兔的采食情况，随时发现抢食、停食、饲料不足或过剩现象，便于及时纠正。

一般夏季中午炎热，家兔食欲降低；早晚凉爽，家兔胃口较好。饲喂时要掌握早上喂得早，中午精而少，晚上喂得饱的原则。冬季夜长昼短，要做到早上喂得早，中午喂得少，晚上喂得精而饱。

3. 更换饲料，逐步过渡 喂兔的饲料保持相对的稳定，是减少家兔应激反应的重要方法。因此，家兔的饲料不论是在夏季以青绿饲料为主，还是在冬季以干草或根茎混合饲料为主，改变饲料时，都应由少到多逐步过渡。即先更换 1/3，过 2~3 天后再更换 1/3，再过 1~2天全部更换完毕，以便使家兔的消化系统有一个逐渐适应的过程。如果饲料突然改变，容易引起家兔食欲下降，或者贪食过多，造成胃肠疾病。

4. 优质饲料，合理调制 家兔对饲料的选择比较严格，凡是被践踏或污染的饲料，或者是腐烂、发霉变质的饲料，家兔一般均不采食，更不喝已经被污染的水。所以，喂给家兔的饲料，一定要优质新鲜，水要清洁。同时，还应按照家兔的消化特点和饲料的性质，进行合理调制，做到洗净、切碎、煮熟、调好、晾干，以增强饲料的适口性，促使家兔增强食欲和提高胃肠的消化吸收功能，防止疾病的发生。

5. 加喂夜草，注意饮水 家兔是由野兔驯化而来的，因此家兔还保留着昼伏夜行的习性。所以，晚上喂给家兔的饲料要多于白天，特别是夜间要喂一次精饲料，对家兔的健康和增膘都有好处。在昼短夜长的冬天，更应如此。

为了保证家兔有旺盛的食欲，喂料时间要掌握早上要早、晚上要晚的原则。因为夏天早上5时之前是家兔采食最旺盛的时候。

水是家兔生命活动的重要物质，对营养物质的消化吸收、体温调节及体内渗透压的维持起着重要作用。家兔体型小，活泼好动，新陈代谢旺盛，需水量较大。因此，要根据家兔的年龄、生理状况、季节、气候，以及饲料的性质及时供水。如生长发育旺盛的幼兔、妊娠母兔、哺乳母兔及在炎热的夏季，饲喂含粗蛋白质、粗纤维及矿物质高的饲料时，都应及时供给饮水；否则，会造成家兔不安定、生长迟缓、打架、异食、便秘，甚至出现食仔兔的现象。冬季最好饮温水，以免引起肠炎。

家兔自动饮水装置如房顶的水桶或水塔，一定要使用隔温材料，防止夏天太阳将水晒热，而冬天水桶结冰造成水管不通。最好使用地下管道，这样进到室内的饮水，夏天不热，冬天不凉。

家兔对水的需要量，因水温、气温、饲料种类不同而有差别（表3）。一般家兔采食块根及青草时饮水相应减少，饮温水比饮冷水多，天热时比天冷时饮水多。如果冬季使用干混合料，水料比一般以2∶1为宜。喂颗粒料时最好采取自动饮水方式，使家兔采食颗粒料后，随时可以喝到干净卫生的饮水。使用水槽饮水时，夏天每天要更换并防止粪尿污染饮水。

表3　家兔对水的需要量

气温（℃）	相对湿度（%）	采食量（克/天）	饮水量（克/天）
5	80	185	335
18	70	160	270
30	60	85	450

6. 适当活动，增强体质　运动能加快家兔体内的新陈代谢，增进食欲，增强抗病能力。让家兔日光浴，可促进体内维生素D的合成，有利于钙、磷的吸收，促进母兔发情，减少母兔空怀和死胎，提高母兔产仔率。因此，笼养兔每周至少应在运动场内自由活动1～2天，笼养种公兔则每天应自由活动1～2小时。运动场地应平整、夯实，四周设1米高的篱笆墙。每30平方米面积的运动场地可放幼兔、

青年兔 20~40 只，或成年兔 10~15 只。但必须将公母兔分开，避免混交。对于分笼编号饲养的家兔，运动后应放回原笼，避免混在一起厮打。

7. 注意卫生，预防疾病　家兔非常喜爱清洁，因此，沾有泥土污物的青饲料应洗净晾干后饲喂；带有冰、霜、露水的青饲料，要晾干后饲喂；霉烂变质的菜叶要剔净后饲喂，以免引起食物中毒。

家兔的抗病能力较弱，一旦得了传染病，不但影响生长发育，而且很快会传染给其他家兔，造成严重的经济损失。因此，平时要做好卫生防疫工作，笼底的粪尿要经常清除，兔笼要定时刷洗消毒，食具要经常用清水洗干净，兔舍要经常打扫。总之，要给家兔创造一个良好的生活环境。

家兔饲养原则歌诀

勤喂少给定食量，精粗搭配食欲旺。
夏天喂草无露水，冬季食料无冰霜。
更换饲料别突然，不断饮水夜草香。
夏防暑热冬御寒，勤灭蚊蝇防鼠脏。
卫生消毒防疾病，适当运动体质壮。

（二）家兔的管理原则

1. 注意卫生，保持干燥　家兔体型小，很爱干燥，但是抗病力较弱。因此，必须每天打扫兔舍、兔笼，清理粪便，洗刷饲喂用具，勤换垫草，定期消毒，保持兔舍的清洁和干燥，使病原微生物无法滋生和繁殖。这是预防疾病的关键措施，也是饲养管理中的一项经常化的工作。

2. 注意安静，防止惊扰　家兔是胆小易惊的小动物，因此，在日常管理工作中，接近兔舍、兔笼和兔群时，都要轻手轻脚，不能大声喧哗，严禁众人围观，以保持安静的环境。此外，要严防狗、猫、鼠、蛇的侵袭。

3. 分群管理，注意运动　为了方便管理，兔场应按品种、生产方向、年龄、性别等分群喂养，以免造成混乱现象。

应适当运动，增强兔子的体质。对于个别瘦弱的家兔，最好单独饲养管理，个别照顾，以利于尽快生长。

4. 做好三防，减少损失 家兔全身被绒毛覆盖，加之汗腺退化，非常怕热，因此，在夏季气温较高时，要注意防暑。另外，家兔也非常怕潮湿，在雨季湿度较大时，不仅会影响家兔的生长发育，而且疾病较多，死亡率高，所以要注意防潮。冬季气温较低，对仔兔的生长威胁较大，因此，要注意兔舍、兔笼的保温和防寒工作。采取以上措施，把损失降到最低限度。

5. 注意观察，发现异常 家兔与其他家畜相比，抗病能力较弱，霉变饲料、潮湿环境和各种应激反应，都能导致家兔发病。因此，每天早、晚都要对家兔进行一次检查。检查的主要项目有：

（1）看家兔大小，确定饲料喂量。家兔的饲料喂量除根据家兔的年龄和体型大小之外，还应根据品种和进食量做必要的调整，以达到供料适当，既不造成浪费，又可避免过食而发病。

（2）看家兔肥瘦，调整饲料比例。家兔的肥瘦应适度，过肥、过瘦都不好。过肥会导致食欲减退，还会影响母兔的繁殖；过瘦则产肉少，经济效益差。因此，可根据家兔的肥瘦程度调配饲料，使家兔的体质得到改善。对于过肥的家兔可酌情多喂些青饲料，少喂些精饲料；对于过瘦的家兔可酌情增加精饲料，促其长膘，如加喂些豆饼等。

（3）看家兔粪便，确定供水量。每天早晨要认真查看兔粪，依其干、湿或结块与否，调节供水量。若粪便烂而稀薄，说明饲料内水分过多，可适当增加干饲料，减少青饲料。另外，还应及时检查肛门，如肛门周围有黏液样的粪便，家兔可能患有痢疾；如粪便恶臭稀薄带脓便血，可能是魏氏梭菌病；如粪球细小干硬，则是便秘，原因是饮水不足或精饲料过多，除需及时治疗外，还应多喂一些易消化的饲料。

（4）看家兔饥饱，采取相应措施。家兔的饥饱主要反映在肚子的大小，肚子瘪缩表明饥饿，应增加喂量，但不宜立即大量饲喂，要由少到多逐渐增加，一般达到八成饱即可。若家兔肚大如鼓，表明很饱，要适当控制喂量。

通过以上观察和检查，及时发现问题，做到无病早防、有病早治。要严格遵守防疫规则，以杜绝各种疾病的发生和蔓延。

（5）看家兔的行为表现。如发现兔子抓耳挠鼻，则可能患有耳螨和鼻炎；如发现兔子拔毛和下颌蹭笼和食槽，可能是发情和临产前兆，要及时配种或放入产箱；如发现兔子跛行和两脚不能负重，则是兔子骨折和脚皮炎等。及时发现这些异常情况，立即采取相应的治疗和防范措施，以减少兔场经济损失。

（6）看家兔尿液。正常兔尿液略黄白或混浊，若尿稍红或黄色，表示兔子有“火”或热症；服用痢特灵或饲喂某种中草药变黄则属正常。尿的次数多且清，表示有寒症；尿的次数多并带血或有氨臭味，则是膀胱炎；尿稍红棕色或带血并有痛感或皮下水肿，可能是肾炎或肾母细胞瘤病等。

家兔管理原则歌诀

注意卫生舍干燥，保持安静别惊扰。
分群管理要有别，公母强弱和大小。
注意运动兔体壮，三防御寒驱暑潮。
坚持巡视勤观察，发现异情解决早。
笼底是否有污染，粪便变化有无胶。
兔体鼻眼是否净，有无跛行和拔毛。
兔尿是清还是黄，是否带血疼痛叫。
勤察饮水采食量，方知兔子饥和饱。
只要管理做到位，兔群健康损失少。
根据情况配饲料，家兔易肥好上膘。

（三）家兔的饲养方式

家兔的饲养方式可根据饲养目的、品种、年龄、管理设备、家庭条件和自然条件而定。其饲养方式大体上可分笼养、放养、圈养和洞养四种。

1. 笼养　笼养就是把家兔放在特制的兔笼内饲养。可分为室内笼养和室外笼养两种方式，是一种比较好的饲养方式。

（1）室内笼养：就是把兔笼放在房舍内饲养家兔。这种饲养方式在雨季管理方便，冬季也容易保温，平时又容易预防兽害，也可有效地防止疾病的发生和传播。

室内笼养一定要注意兔舍卫生，做到粪尿勤清，定期消毒。冬季保暖门窗紧闭时，要注意通风换气，但应避免对流风，防止兔子突然受凉感冒。夏季门窗全部打开通风换气，或安装换气扇，使污浊的空气从天窗排出，同时注意消灭蚊蝇。

（2）室外笼养：就是把兔笼放在室外露天饲养。这种饲养方式可以使家兔在寒冷和炎热的条件下得到锻炼，形成生活力强、抵抗力强、适应性强的优良性能。同时，兔舍通风良好，常受日光照射，不利于细菌繁殖，使家兔既能呼吸到新鲜空气，又能晒到阳光，体格比较健壮，被毛比较浓密；而且应搬动方便，易于管理，节省建筑材料和人力。无论毛兔、肉兔、皮兔都很适宜，因此，应大力推广。

对兔笼的要求是保证通风透光，夏季要防止强烈日光直射，冬季要防止寒风袭击。幼兔和青年兔活动量大，最好附设运动场，经常让幼兔、青年兔外出运动，以促进其身体健康。为了扩大饲养量，也可将兔笼固定成两层或者三层，不但管理方便，也可提高场地利用率。

笼养的优点是：饲养管理比较细致，家兔的饲喂、配种、繁殖和管理完全可以控制。单笼饲养便于隔离，避免疾病的传播。可以有计划地进行配种，防止乱配，有利于改良和培育新品种。对毛用兔和皮用兔来说，定时清理与打扫兔笼能保持兔体清洁卫生，使兔毛洁白，保证毛皮的品质。笼养还有利于集积粪尿，便于积肥。

笼养的主要缺点是：使用建筑材料多，造价高，管理比较费工，特别是室内笼养，每天把大部分时间用在清扫卫生工作上，若不能坚持彻底清理，就会导致室内潮湿、污秽，不仅会影响兔群健康，而且对饲养管理人员的健康也不利。

2. 放养 放养就是把兔群长期放在草场上放牧，任其自由采食，自由活动，自由交配繁殖。这是一种最粗放的饲养方式，适用于饲养商品性肉兔。对于采用放养的家兔，最好选择抵抗力强、繁殖率高的肉用兔或皮肉兼用兔，如比利时兔、虎皮黄兔、青紫蓝兔、黑优兔等，这样能取得较好的效果。放养的家兔，在春、夏、秋季，繁茂的牧草已能满足其营养需要，可不用另外补饲，每天只需供给充足的饮水即可，但是每周要喂一次盐水。冬季要看牧草的生长情况，酌情补加饲料。

放养的主要优点是：节省人力和财力，家兔能自由采食新鲜的饲料，呼吸新鲜的空气，并能获得充足的阳光。因此，家兔生长比较迅速，繁殖率也高。

放养的缺点是：公、母交配无法控制，乱交混配，容易使品种退化，传染病多，而且无法积肥，公兔与母兔之间容易发生互斗咬伤现象。皮毛用兔因被杂草、泥土污染，毛的质量下降，且易缠结，黏附杂质较多。

家兔放养时要注意以下几个问题：

（1）一定要根据兔子大小、公母、强弱分开放养，商品用公兔一定要阉割去势，防止殴斗。

（2）放养场内一定要放草架，防止兔粪尿污染饲草。

（3）一定要放足饲料和饮水。

（4）放养场内要有兔子防寒避雨的设施。可放置一些废旧木箱或靠围墙搭设简易棚室，以便兔子避雨防寒。

（5）放养场内一定不能积水。

（6）防止狗、猫和其他有害动物进入。

3. 圈养　圈养就是在室外空地或室内就地架起栅圈，把兔放在圈内饲养。这是一种比较好的饲养方式，它适用于饲养肉用兔或皮用兔。为了防止公兔殴斗，除种用公兔单独笼养外，其余可全部去势。为了保持环境的清洁卫生，场地应每天清扫，室内3~5天换一次垫草，并打扫干净，定期消毒。

为了提高兔群质量，在圈养的同时，要进行分群饲养。即把好品种的公兔和妊娠母兔分圈饲养，其他各生长阶段的兔也按公、母分开饲养，这样可以杜绝杂交乱配现象。此外，为了减少疾病的传播，特别是寄生虫病，有条件的养兔户应设隔粪板。

圈养的优点是：节省人力物力，便于管理，可有计划地进行繁殖，也能使家兔获得充足的运动，呼吸新鲜空气和沐浴充足的阳光，促进其生长发育。

圈养的缺点是：不能定量饲喂，传染病较难控制，易发生咬斗现象。

4. 洞养 洞养就是在雨量少、土质坚硬的地区，选择地势高、南面有坡的地方，挖一个长方形的地洞进行饲养。一般洞深250厘米、宽100厘米、高50厘米，可饲养幼兔、青年兔10余只。在洞口做个门，晚上关上，防止野兽侵入。

洞养的优点是：不仅能大大节省基建材料和费用，而且也能适合家兔穴居的习性，还可避免或减少一般疾病的传播。另外，由于地下温度变化幅度较小，无论冬季或夏季都能保持一定的恒温，有利于正常繁殖生产。冬季，可避免仔兔冻死。

洞养的缺点是：在春、夏季，洞里潮湿，家兔易发生疥癣病，不利于家兔产仔；皮用兔、毛用兔放入洞后头2~3天因打洞其头部及前肢沾污泥土，影响兔毛、兔皮质量。洞养的母兔，由于在洞的深处产仔，不便于检查产仔的数量和调整每只兔所带仔兔的只数。所以洞养要人为控制家兔打洞的深度，以利于管理检查。另外，阴雨天气洞穴灌水，常把仔兔淹死。因此，洞养家兔夏季必须在洞口筑一围堰，防止雨水流入造成不应有的损失。

家兔饲养方式歌诀

家兔饲养方式多，因地制宜自选择。
靠山打洞或放养，注意防雨搭栖窝。
规模养殖要用笼，室内室外都可做。
人为控制搞繁育，能防兔子病传播。
圈养一定有栅栏，注意别让兔逃脱。

5. 工厂化饲养 工厂化、规模化饲养，应按照国家农业部关于《无公害食品　肉兔饲养管理准则》的要求去做。

（四）家兔的引种和运输

掌握了养兔技术，确定了饲养类型之后，还要注意种兔引种单位的选择和种兔运输问题。

（1）家兔引种单位的选择。要到品种优良、商业信誉好、技术服务完善、产品回收有保证的种兔场或兔业研究所引种。不要轻信一些打着××兔业开发公司高价回收的虚假广告宣传，以免上当受骗。到了某种兔场或研究所，还要了解其专业技术人员的基本情况，最好能看到其是否持有国家、省、市有关部门颁发的“种畜禽经营许可证”或“科研单位资格证书”，否则不要盲目引种。

（2）引种前的准备。必须建好兔舍笼具，并进行严格消毒，备好饲料、饮水，做好种兔接应工作。

（3）运输笼具。要求夏能通风换气，冬能保暖。一般种兔或商品兔的运输笼具都是专门制作的，竹子、花铁皮、木板均可。一般专用的大号运输笼规格是100厘米×70厘米×20厘米，用竹子或木板制作，中间和四角有立柱，在火车、汽车或飞机上可以垒放5层以上，每笼装兔子15只左右。小笼可用花铁皮、塑料、硬纸制作，规格一般为70厘米×50厘米×20厘米，每笼可装兔子5只左右。笼子装运前一定要严格消毒。

新型钢丝镀锌运输笼是当前推广最多、使用最方便的笼具，用2.2~2.5毫米钢丝焊接而成，长60厘米、宽40厘米、高20厘米，中间隔四格，正好装4只兔子。

（4）运输时注意事项。夏季在夜间凉爽时运输，并备有防雨设施；冬季要在笼里加垫草，用布篷将车覆盖防寒，后部能通风换气。停车时要平稳，注意不要急刹车。若路途较远，还要备些植物块根饲料，途中休息时饲喂。

（5）一定要办好运输手续。如果购买的种兔或商品兔需跨省过县，运输前要到当地畜牧动物检疫部门办理“出县境动物检疫合格证明”和“动物及动物运输工具消毒证明”，两个证明缺一不可。无论商品兔还是种兔，其数量及运输车辆牌号要填写准确，并在有效期内运达目的地，以免在途中引起不必要的麻烦，因耽误时间而造成损失。

（五）兔场工作技术管理规范（参考）

（1）养兔场要建在远离铁路、交通干道、屠宰加工厂、农药厂、化工厂及人口密集、声音嘈杂的地方。场地应地势高燥，排水良好，背风向阳。兔舍建筑要东西走向，坐北向南，通风透光。

（2）生产要专业化，种兔要优良化，设施要规范化，防疫要制度化，饲料要全价化，管理要科学化。

（3）养兔场要设立生产区和管理生活区，门口要建消毒池，谢绝不必要的参观。对必要的视察和采访、拍照、摄像者，要先请进消毒室严格消毒后方可进入，但不允许抓摸兔子；非饲养人员，不得随便进入生产区。

（4）禁止在养兔场饲养猪、羊、鸡、鸭、狗、猫等其他畜禽。

（5）坚持早晚对兔舍的巡视制度，发现异常情况及时查找原因并妥善处理。

（6）合理安排兔场的繁殖、生产及销售计划，做好兔场饲料的采集、加工和储备工作，加强兔场安全防卫。

（7）坚决执行种兔交配、母兔分娩、仔兔护理、断乳分群及防疫的制度，保证兔群健康出栏。

（8）认真贯彻执行国家畜禽防疫条例，搞好兔场系列防疫，适时注射各种疫苗；兔舍粪尿要勤清扫并堆积发酵；食具要勤刷洗并在烈日下暴晒；换下的垫草要及时焚烧。

（9）坚持每月 2~3 次的消毒制度，严格按照各类消毒药的使用说明和配比浓度使用。兔场用具要专管专用，不乱拿乱放，机动车辆严禁进入生产区。

（10）种兔场生产严禁近亲交配、双重交配和杂交繁育，认真做好配种和产仔记录，建立严格规范的种兔系谱档案。

（11）坚持严格的隔离检疫制度，不从疫区引进种兔；新引进的种兔必须隔离观察检疫，经 1 个月后确系健康无病，方可入群配种使用。已调出的种兔严禁再送回兔舍，种兔场严禁对外配种。

（12）养兔场要保证“四稳定”：一是饲养管理人员稳定；二是饲料配方稳定；三是饲喂时间稳定；四是生态环境稳定。

（13）养兔场要做到“六不喂”：一是已被污染的脏料不喂兔；二是来源不明的草料不喂兔；三是带泥沙、地膜、发霉变质的草料不喂兔；四是夏季的剩料不喂兔；五是有毒的草料不喂兔；六是带冰霜、露水的草料不喂兔。

（14）严禁在生产区解剖或宰杀兔子，病死兔子要深埋或焚烧，污染场地要严格消毒。

（15）保持兔舍安静，各车间饲养人员不互串兔舍，不在兔舍大声喧哗、酗酒、打架斗殴。

（16）饲养人员外出要请假，回场后要及时消毒，穿戴专用鞋帽及工作服工作。爱护公物，节约水电，笼具损坏要及时修理，按时关灯休息。

（17）不断改进饲养方法，改善饲料供应，建立良种繁育体系，开展家兔良种测定工作，防止良种退化，提高品种质量。

（18）健全学习制度，不断提高饲养管理人员的业务技术水平。

（19）树立爱岗敬业精神，以场为家，爱兔如子，与家兔和睦相处。

（20）要有专业人员负责兔场的日常生产管理及各项记录统计工作，监督兔场综合生产防疫等工作的实施和执行，做好月、季、年终总结，及时向上级汇报。

（六）兔场工作使用表格（卡）

为了便于饲养管理，考察种兔繁殖生产情况，做到种兔防疫、接种、治疗、健康状况等心中有数，制订表格记录在案很有必要。认真记录、填写各类表格，不但可以使兔场日常工作管理一目了然，也便于以后查找利用和总结。

1. 母兔配种产仔记录表（表 4）　是兔场负责种兔繁育生产的饲养技术人员每天必用和认真填写的表格，是以后查找种兔档案的原始资料。每交配一只种兔或每产下一窝仔兔，饲养员都要随时认真填写，记录母兔耳号、与配公兔耳号、配种日期、产仔日期、产仔数量等。

表4　母兔配种产仔记录表　　20　年　月

笼号	品种	母兔耳号	与配公兔耳号	配种日期	产仔日期	产仔数	成活数	记录

2. 种兔母仔记录卡片（表5）　是一张在母兔繁育工作中方便管理和哺乳的卡片。母兔每产一窝即检查填写，一式二份，一张贴在产仔箱上，一张贴在所产母兔的笼门上。认真记录产箱号、笼位号、母兔耳号及产仔数量、产仔日期，以便在母兔定期哺乳时不至于将产箱放错。

表5　种兔母仔记录卡片

品种		笼号		产仔日期	
耳号		产箱号		产仔数量	

3. 母兔个体配种生产卡片（表6）　是一张详细记录母兔全年产仔情况的卡片，母兔每产一胎都要将与配公兔耳号及产仔数量、产仔日期填写清楚。从此卡片中可以考察每只母兔的生产成绩和性能。

表6　母兔个体配种生产卡片

耳号________　品种________　出生年月________

	第一次	第二次	第三次	第四次	第五次	第六次
配种时间						
与配公兔耳号						
分娩日期						
产仔数量						
母兔卡片编号						
备注						

4. 种兔场每日增减记录表（表7）　主要记录兔场每日生产、销售、宰杀、出栏及死亡情况，每晚记录一次，月底便可从此表中对本月生产出售及存栏有全面了解。

表 7　种兔场每日增减记录表

记录：　　　　　　　　　　　　　　　　　　　　　　　　　　　　20　　年　　月

月	日	原存只数	增加数					减少数							现存只数
			购入	生产	转入	其他	合计	售出	淘汰	宰杀	转出	死亡	其他	合计	
	1														
	2														
	3														
	4														
	5														
	6														
	7														
	8														
	9														
	10														
	11														
	12														
	13														
	14														
	15														
	16														
	17														
	18														
	19														
	20														
	21														
	22														
	23														
	24														
	25														
	26														
	27														
	28														
	29														
	30														
	31														

5. 种兔防疫记录表（表8） 用于记录全场兔群疫（菌）苗接种情况、接种只数、疫苗种数、注射方法及剂量等。有了该表，可以确定下次防疫时间，做到心中有数，避免遗漏。

表8 种兔防疫记录表

饲养员：

防疫日期		兔号	性别		日龄	使用疫苗	用量（毫升）	注射部位	反应情况
月	日		♂只	♀只					

6. 种兔健康巡视记录表（表9） 用于饲养管理人员坚持早晚巡视制度中对兔群发生的异常表现及发病治疗情况、使用药物的记录，从中可以总结出一套成功的兔病治疗经验。

表9 种兔健康巡视记录表

20 年 月 饲养员：

月	日	笼号	发病兔号	性别	症状	治疗措施	用药情况	康复情况

续表

月	日	笼号	发病兔号	性别	症状	治疗措施	用药情况	康复情况

7. 种兔血统卡片（表 10） 主要记录种兔的血缘关系。种兔场出售种兔时，必须一兔一卡认真填写，交引种单位或个人保管备查。

表 10 种兔血统卡片

<table>
<tr><td colspan="2">品种</td><td>性别</td><td>耳号</td><td>产地</td><td>出生年月</td><td colspan="2">备考</td></tr>
<tr><td colspan="2"></td><td></td><td></td><td></td><td></td><td colspan="2"></td></tr>
<tr><td colspan="8">血统</td></tr>
<tr><td colspan="4">父</td><td colspan="4">母</td></tr>
<tr><td colspan="4">耳号
产地</td><td colspan="4">耳号
产地</td></tr>
<tr><td colspan="2">祖父</td><td colspan="2">祖母</td><td colspan="2">外祖父</td><td colspan="2">外祖母</td></tr>
<tr><td colspan="2"></td><td colspan="2"></td><td colspan="2"></td><td colspan="2"></td></tr>
<tr><td colspan="2">耳号
产地</td><td colspan="2">耳号
产地</td><td colspan="2">耳号
产地</td><td colspan="2">耳号
产地</td></tr>
</table>

（七）兔场饲养管理人员的稳定及兔场安全生产

“兔场工作技术管理规范”几乎包括了兔场技术管理工作的全部内容。其中第十三条是：养兔场要保证“四稳定”，即饲养管理人员的稳定，饲料配方的稳定，饲喂时间的稳定，生态环境的稳定。为什么要将饲养管理人员的稳定放在第一位呢？因为饲养管理人员是兔场管理的关键，是搞好兔场安全生产，也可以说是关系兔场工作成败的重中之重。

无论养兔场大小，种兔场也好，商品兔场也好，专业户也好，特别是繁育室（也可称繁育车间），其主要工作目的都是保证家兔健康，并保证繁殖培育成理想健康的优质兔群。繁育室不能饲养患病和怀疑患病的家兔。繁育室饲养管理人员的首要工作是做好繁育室的安全生产，要熟悉管理下的每一只种兔的健康状况，包括年龄、性别、采食、配种、怀孕、产仔、哺乳情况，等等。要经常观察巡视家兔的各种行为表现，如呼吸、姿态、眼神、采食及排泄情况等，设法减少家兔患病的可能性。在一定意义上讲，就是要设法做到兔场的安全生产。要做到兔场安全生产的首要条件是要保证兔场饲养管理人员的稳定。

有经验的饲养员对饲养的兔子的情况非常了解，如哪一个笼位的兔子已经发情需要配种；哪一个笼位的兔子已怀孕，何时需要放产箱；哪一个笼位母兔缺奶需要对其采取措施或对其仔兔寄养等，都心中有数。相反，如果偶尔因故换一个缺乏经验的饲养员去管理他不熟悉的兔舍和兔群，就难免要出问题。比如已经临产的母兔笼内没能及时放产箱，那么母兔就会因为没有产箱而将仔兔产到笼底上，最后掉进排尿沟淹死或冻死；或冬季产箱的垫草已被母兔吃完没及时补垫，或因冬季没有垫草而将产下的仔兔冻死。尽管兔舍笼门上标有♀、♂、⊕、○等必要的标记符号，他要熟悉这些符号的位置，起码需7~15天的时间，等他对环境熟悉后，问题往往已经发生了。如一只母兔发情没有及时配种，就要延误 14 天时间，等下次发情时再配种势必影响全年生产计划。前边讲过不及时放产箱而使母兔在笼底上分娩，会造成不应有的损失。还有某只母兔有食仔癖或奶水不足、母性不好的情况，他就不能马上知道。特别是将产箱端出笼外，每天定时放入母笼哺乳的兔舍，尽管产箱笼门上都贴有母兔产仔记录卡片，而新饲养员往往因一时疏忽没有注意笼号、箱号、母兔耳号三对照而将产箱放错母兔笼。产箱放错了兔笼，这只母兔往往会将不是它的仔兔咬死。还有，某只兔子粪球上带有透明的胶冻物，这是兔大肠杆菌病的初期症状，老饲养员发现后会马上为其投服痢特灵或注射链霉素控制病情。而新饲养员若没有及时发现，错过了治疗投药的最佳时期，当引起注意时粪便已经变成脓性，那么这只兔子就会腹泻、脱水致使肠黏膜脱落，很难治疗，甚至死亡。还有新饲养员没能及时发现兔场暴发大肠杆菌的隐患，使大肠杆菌病在兔场传染开来造成严重损失。所以说，保持饲养管理人员的稳定是非常重要的。

笔者发现有些兔场管理混乱、失败的一个重要原因就是频繁更换饲养员，或没有优秀的高素质的饲养员。前一个饲养员走了或去干别的工作了，临时找一个去喂兔，由于没有经验，兔场出了问题。当老板的就说这个人不办事（没技术），又换了一个，又换的一个还不如前一个。换来换去，谁也没管好。饲养管理人员不稳定，使兔场存在严重的不安全因素。若老板不懂技术，就会说兔子难养，最后以失败而告终。

那么如何保持兔场饲养管理人员的稳定，搞好兔场安全生产呢？

（1）要选好饲养员。要选有一定畜牧兽医知识，年龄适当，事业心强，并能在兔场持久工作的人当饲养管理人员。

（2）选好的人员一定要接受业务技术培训，培养一支高素质的技术队伍。不经过全套技术培训，仅靠摸着石头过河，临时找个人去替代喂兔，难免要出问题。

（3）饲养管理人员确实需要换时，要有一个师傅徒弟的帮带交接过程。这不是一般换班的交接手续问题，要有一个时间过程。使新饲养员对每一排、每一笼及每一只家兔都熟悉了解后老饲员再离岗。笔者常听一些兔场负责人讲：某某在这里的时候没事，一换某某，事故就不断发生。出问题的原因就是因为突然更换饲养员。

（4）要尊重饲养管理人员的劳动，不要频繁更换饲养员，要留住人才，不断提高技术人员的工资及福利待遇。培养人才，培养饲养管理人员的爱岗敬业精神，提高饲养管理人员的积极性。

一个优秀的饲养管理人员在兔场安全生产中必须做到的几点。

1. 坚持早晚对兔舍的巡视制度 饲喂和管理家兔，是一个饲养员的分内工作。他除了每日几次饲喂家兔、搞好环境卫生、给家兔一个舒适的生活环境外，还要处理母兔发情检查、配种、产仔、哺乳、分群、防疫等一系列工作。饲养员每天要接触家兔，即使他特别精心、特别负责、特别有技术，即使他管理的家兔得到了最好的照料，但从繁殖车间来讲，家兔仍然会发病，每时每刻都有不安全的因素存在。这是因为养兔场繁殖车间饲养了太多的家兔和受环境及外界各种因素的影响。为了排除家兔发病隐患和兔场不安全因素，饲养员就要为自己制订一个操作规程或工作体系。根据这个操作规程或工作体系，坚持早晚对兔舍的巡视制度。养成这一工作习惯，就能及时发现兔舍的异常情况，及时查找原因，解决问题。因为早晚特别是早上是最容易发现兔场异常情况的时间。一个优秀的饲养员必须懂得这样一个道理。

(1) 观察家兔采食情况有无变化，食槽中有无剩料。家兔有一个我们大家都知道的生理特性——昼伏夜动。夜间采食量大，我们每天晚上给的饲料到早上都能吃完。如果在早起巡视中发现兔子的饲料没有吃或没有吃完，你就要对其做出准确的分析判断。

①是否给的饲料太多或改变了饲料的配方及口味。

②母兔是否发情，公兔是否频繁配种。母兔发情，公兔频繁配种都有食欲减退或饲料吃不完的情况。

③母兔是否临产，母兔临产前两三天有吃食减少和停食现象。

④家兔是否更换了笼位。家兔更换笼位属于生活环境的改变，因为在一个新的环境中家兔往往情绪不安定，所以食欲不佳。

⑤如不属于上述几种情况，根据其行为表现，如孤立一隅、精神萎靡、缩头、闭眼、流泪等做出患病的判断，采取及时有效的治疗措施。

(2) 观察巡视家兔粪便变化。家兔的正常粪便是颗粒状的，扁圆而有光泽，在白天排出。还有一种是软粪在夜间排出，且家兔有一个吃自己软粪的习性，夜晚排出的软粪全部被吃掉。因为粪中含有较多的蛋白质和维生素，特别是核黄素，家兔的食粪性是一个正常的生理现象，可以使饲料再次消化吸收，提高饲料利用率。如果早上发现家兔排出的软粪没有被吃，就要检查原因。母兔不吃临产前排出的软粪，如果不是母兔临产，就要考虑其是否患了肠道疾病。如果发现家兔的粪便突然带尖变小，就要考虑是否由饲喂混合料改喂了青草，是否精料过多，是否缺乏饮水或便秘等。有时大肠杆菌病也有细小带尖的情况。如发现粪球上有透明的胶冻物或黏液成串，要考虑是否患有大肠杆菌病。如发现粪球变小成串，考虑是否患有毛球病。如果发现家兔粪便稀薄如糊且肛门周围沾有粪便，兔子又勾头舔食肛门，可判断为普通性拉稀。如果发现家兔肚子发胀，排出的粪便湿烂且有臭味，而家兔仍采食，可判断为伤食性拉稀。如发现家兔粪便稀薄、恶臭、发黑，且带有脓血可判断为魏氏梭菌病。总之，一个富有经验、高素质的饲养员，要对其巡视时发现的不同粪便变化，做出准确的判断，采取及时的治疗措施，把疾病隐患消灭在萌芽状态。

（3）及时发现家兔有无拔毛现象。如果发现家兔拔下自己腹部的毛，一般有三种情况：一是发情的表现；二是临产营巢的行为；三是产后泌乳过多，奶头胀疼而拔毛。发现这三种情况要及时检查，或配种，或放入产箱垫草，或让其他仔兔吸吮，或减少其饲料喂量。

（4）检查巡视家兔是否有“吊奶”现象，是否有产到笼底上或掉落到排尿沟里的仔兔。吊奶原因一是母兔奶少或无奶，母兔拒绝哺乳而将仔兔吊出；二是奶多肿胀，仔兔吸吮奶头母兔猛感疼痛，突然跳出产箱将仔兔吊出；三是患有乳腺炎。找出吊奶原因，才能及时防范应对。

（5）检查巡视家兔的呼吸变化。家兔打呼噜、打喷嚏、呼吸急促、喘气等都是肺部和呼吸系统出了毛病。要从感冒、肺炎、巴氏杆菌病、波氏杆菌病方面做出准确的判断，然后根据症状和判断进行隔离治疗。

（6）巡视和观察家兔行动表现。在巡视时如发现家兔跛行，要检查是否有脚皮炎或骨折。如发现歪头转圈，要考虑是否患中耳炎或李氏杆菌病。如果发现家兔不停地抓挠耳朵，要检查是否患有耳螨病等。总之，一个优秀的饲养员，是能在他每天的巡视中做出各种准确判断，采取有效的安全防范措施的。

2. 掌握家兔患病的症状　一个饲养员在完成了喂料、喂水、配种、接生、哺乳、分群、防疫、卫生等一系列工作之后，是能够捕捉到兔场有关生产和安全的信息的。一个高素质的饲养员必须学会识别家兔患病时的症状和它某一个部位不舒服的行为表现。例如：家兔患了脚皮炎或者骨折时会感到疼痛，此时不敢大胆行走，就连休息时也是交替换脚而不敢挨地。如果患脚皮炎或骨折的脚负重，它会感到很疼，当试图行走时就发生了跛行。饲养员必须看到它的这种疼痛。

饲养员工作的一个重要内容就是要根据家兔的异常表现和特殊症状学会识别家兔的疾病。下面所讲的一些症状，就是从那些患病家兔身上观察的表现的总结。学会识别这些症状，就能对症治疗减少损失，从而保证兔场安全生产。

（1）斜颈或转圈：通常患中耳炎的家兔因中枢神经失调会发生斜颈，不方便采食，严重者倒地滚动；而患李氏杆菌病的兔不但斜颈，而且朝着斜颈方向转圈。

（2）抓耳或挠鼻：通常情况下，家兔患了耳螨病，因耳内奇痒而用前爪不停地抓挠。挠鼻是因感冒、鼻炎、波氏杆菌、巴氏杆菌病，引起鼻腔发炎或脓性分泌物堵塞了鼻孔。家兔啃爪则一定是脚癣。

（3）食毛或拔毛：家兔自拔其毛或啃食别的兔毛，一般是发情或临产营巢或体内缺少某种微量元素的表现。啃毛挠痒是家兔患皮肤病或外寄生虫病对皮肤的刺激所引起的。

（4）被毛粗糙或脱毛挠痒：健康家兔的被毛洁白而有光泽，如变得暗淡粗糙、蓬乱无光，常由营养不良、维生素缺乏、寄生虫病、球虫病、慢性消耗性病引起。脱毛或频繁用爪挠痒是皮肤病或外寄生虫病的表现。

（5）瘫痪或跛行：瘫痪的表现是家兔的后肢或体躯的某一部位不能移动，往往是神经失调或受阻，饲料霉变中毒、中暑、农药中毒都可引起瘫痪。跛行往往是骨折、脚皮炎引起的四肢不能负重，当试图行走时的一种动作表现。

（6）呼吸困难：努力而快速的呼吸多见于肺炎。

（7）打喷嚏：通过鼻腔快速地压迫性地喷出气体，多见于波氏杆菌病、鼻炎及粉尘（如飞扬的生石灰粉、灰尘及颗粒饲料的粉末等）对鼻腔的刺激。

（8）咳嗽：多见于重感冒、咽喉病等。

（9）流涎或吐白沫：流涎多见于口腔炎或炎热夏季兔子喘气时，中暑和中毒时都有口吐白沫的现象。而冬季口吐白沫就一定要排除中暑。夏季口吐白沫判断中毒或中暑时应从眼睛上区别，农药中毒会引起家兔瞳孔缩小，而中暑往往使家兔眼球突出。

（10）发育迟缓：比同胞或同龄兔都小，发育迟缓和其遗传有关，再者是寄生虫病和贫血。

（11）萎靡不振：双目微闭，动作迟缓，反应迟钝，一般与发热和病痛有关。

（12）弓脊曲背：家兔弓脊曲背或勾头舔食阴部、肛门，大都与肠道病有关。如拉稀、便秘、毛球病等。

（13）母兔吊奶：母兔常常将仔兔吊到箱外称吊奶。一般是由于突然受到惊吓或乳腺炎、缺奶、仔兔咬破奶头所致。有时奶水太多乳头发胀，仔兔一吮有疼感时，母兔会突然跳出产箱，也会发生吊奶。

（14）分泌物：眼流泪有分泌物一般是结膜炎或感冒发烧。鼻涕往往是鼻炎、波氏杆菌病所致。鼻孔出血可以判定为兔瘟病，阴部分泌物一般是生殖道炎症所致。

（15）打滚尖叫：是球虫病、巴氏杆菌病的濒死症状。

（16）各种拉稀：家兔拉稀分三种情况，即普通性拉稀、伤食性拉稀、细菌性拉稀，而细菌性拉稀还有大肠杆菌性拉稀和魏氏梭菌性拉稀之分，这是饲养员应掌握的最起码的常识。

（17）流行性腹泻：近年来使兔业界倍感头痛的流行性腹泻病，主要是饲料草粉中泥沙过多和霉变所致。

（18）食量减少或停食：食量减少或停食原因前边已讲过，这里不再重复。

3. 掌握和了解家兔发病的原因

（1）发病原因：引起家兔发病的原因很多，一个高素质的饲养员能在平时饲养管理时了解他管理下的家兔发病症状和各种行为表现，那么他一定能找出家兔发病的原因和采取及时有效的防治方法。他对家兔疾病了解得越多，就越容易从日常管理中发现兔舍中存在的致病隐患和不安全因素，从而加强各方面的管理工作，保证兔场的安全生产。这就是饲养管理人员稳定的重要性。下面是引起家兔患病的因素。

①环境因素：温度、湿度、噪声、气体、光照等都能对家兔产生应激，从而使其各种生理功能发生变化而致病。

②遗传因素：后代抗病能力差，死亡率高，生长缓慢或变异都和遗传因素有关。

③营养因素：家兔日粮中蛋白质、碳水化合物、脂肪、维生素缺乏时常引起家兔抗病能力差或发病。

④微生物因素：细菌、病毒或其他微生物病原体引起家兔发病。

⑤寄生虫因素：内外寄生虫，如原虫、线虫、蛔虫、绦虫、豆状囊尾蚴、螨虫等大量吸取家兔体内营养而致病。

饲养员认识和了解家兔发病的原因是很重要的，他可根据家兔发病的单一因素或综合因素，积极地采取防范措施，来保证兔场安全生产。要特别注意，任何能引起家兔患病的易感因素都要设法减少到最小限度，防患于未然，这一点是非常重要的。

⑥饲料霉变因素：家兔对霉变饲料非常敏感，采食发霉变质的饲料可引起黄曲霉菌中毒，致使家兔拉稀、死亡等。

（2）防止发病：一个优秀的饲养员，要了解以下因素对家兔患病的影响。

①密度：几只家兔长期养在一个狭小的笼子里，对家兔是一种应激。特别是炎热夏季，过分拥挤会使家兔发生咬斗，生长受阻或中暑。夏天要减少密度，减少了密度，就等于减少了热源，家兔患病的概率就会减少。

②温度：家兔耐寒怕热，过于炎热和寒冷，都会影响家兔的健康。夏天要防止家兔中暑，减少热应激；冬天则应采取适当的保暖措施，这样才有益于仔幼兔的成活生长和成年兔的健康。

③湿度：家兔喜干厌湿，在清洁干燥的环境中感到比较舒服；过于潮湿的环境易滋生螨虫，使家兔得疥癣病、脚皮炎。

④噪声：家兔喜欢安静，胆小怕惊，对于强烈噪声、突然音响非

常敏感，常因惊恐狂跳引起孕兔流产或死胎。饲养员要设法给家兔营造一个安静的生活环境。

⑤光照：家兔喜欢半阴半阳的光线，注意夏季要避免阳光直射，防止中暑。相反，冬天温和的天气要设法使家兔多晒太阳，这样不但能促进生长发育而且有益健康。

⑥空气：通风不好的兔舍，会使空气污浊，氨气加重，刺激眼睛流泪。氨气中毒，是使家兔发病的主要原因。因此兔舍内应保持空气流通。

⑦污物：兔舍里堆积污物会发酵产生有害气体，招致蚊蝇和病原微生物的滋生，对家兔健康不利。

⑧其他：在一个养兔场或育种车间还有许多其他产生疾病的因素需要饲养员注意。例如不恰当的操作方法和不正确的随意捉拿都可能给家兔造成伤害；冬季取暖时煤气中毒、饲料配合不合理、搅拌不均匀、用药不当，则属人为造成的原因。

4. 掌握和了解家兔疾病的传播途径 当家兔传染病发生时，它是如何传播的？在种兔繁育车间，疾病从一只家兔传染给另一只家兔有多种途径。在众多疾病的传播方式中，有一种很常见的传播方式应当引起大家注意，那就是通过饲养管理家兔每天与家兔打交道的人来传播的，饲养员必须认识到他在家兔疾病传播过程中所充当的潜在角色。禁止饲养员解剖病死兔是至关重要的。

那些由病菌病毒和微生物引起的疾病很容易在家兔之间互相传播。如苍蝇和蚊子都是传染媒介，因为它们本身就带有病菌病毒，传播媒介通过患病家兔物理性接触感染了致病微生物，然后将病原传染给健康家兔使其感染发病。如果一种疾病很容易地直接传染给健康家兔，就说明这种疾病有传染性，如兔球虫病、疥癣病、兔瘟等。例如，一只患有疥癣病的或因兔瘟死亡的家兔从笼里转出，而把另一只健康家兔放进这个没有经火焰、氢氧化钠或来苏儿严格消毒的笼子，那么这只健康兔就很容易传染疥癣病或得兔瘟而很快死亡。因为这个被污染的兔笼为病原微生物和病毒的生存及传播提供了场所；饲养员没有对兔笼进行彻底清洗消毒，是疾病传播的真正原因。病原微生物可经饲养员的手、鞋底，以及空气、垫料、笼具、饮水、老鼠、狗、猫、鸟类、昆虫和其他途径传播。豆状囊尾蚴病是狗、猫的粪便污染兔的饲草饲料所致，而兔伤寒病则是老鼠污染兔的饲料所致。

有许多办法可以减少疾病在兔舍传播，例如严格遵守兔场工作技术管理规范，饲养员进入或离开兔舍更换工作服，经紫外线灯或用消毒液严格消毒；病死的兔子马上取走焚烧或深埋；病兔与健康兔隔离；新进兔经严格检疫观察等，这样做的目的都是为了兔场安全生产。要做好兔场安全生产，保证饲养管理人员的稳定是非常重要的。

5. 一个优秀的合格的饲养员必须具备的素质

（1）能够熟练养兔场工作的各种操作方法，熟悉和掌握“兔场工作技术管理规范”而不随心所欲。

（2）注意熟悉家兔的生活环境及家兔的各种行为表现，注意能引起家兔患病的各种变化。

（3）能发现并及时报告在他饲养管理下的家兔所出现的任何患病前兆和任何危害兔场生产的不安全因素。

（4）会控制和避免家兔疾病的蔓延传播。

（5）严格合理使用各种药物。

（6）会根据家兔的不同生育阶段及不同的饲料原料，制订物美价廉、效果好的饲料配方。

（7）乐于奉献、爱岗敬业精神，用心养兔，是规模化、工厂化兔场饲养管理人员必备的素质。

附　无公害食品 肉兔饲养管理准则

（NY/T 5133—2002）

1　范围

本标准规定了无公害肉兔生产过程中引种、兔场环境、兔舍设施、投入品、饲养管理、卫生消毒、废弃物处理、生产记录应遵循的准则。

本标准适用于生产无公害肉兔的种兔场和商品兔场的饲养与管理。

2 规范性引用文件

下列文件中的条款通过本标准的引用而成为本标准的条款。凡是注日期的引用文件，其随后所有的修改单（不包括勘误的内容）或修订版均不适用于本标准，然而，鼓励根据本标准达成协议的各方研究是否可使用这些文件的最新版本。凡是不注日期的引用文件，其最新版本适用于本标准。

GB 16548　畜禽病害肉尸及其产品无害化处理规程

NY/T 388　畜禽场环境质量标准

NY 5027　无公害食品 畜禽饮用水水质

NY 5130 无公害食品 肉兔饲养兽药使用准则

NY 5131 无公害食品 肉兔饲养兽医防疫准则

NY 5132 无公害食品 肉兔饲养饲料使用准则

种畜禽管理条例

饲料和饲料添加剂管理条例

3 术语和定义

3.1　肉兔 meat rabbit

在经济或体型结构上用于生产兔肉的品种（系）。

3.2　投入品 input

饲养过程中投入的饲料、饲料添加剂、水、疫苗、兽药等物品。

3.3　兔场废弃物 rabbit farm waste

包括兔粪尿，病、死兔，垫料，产仔污染物，过期兽药、疫苗和污水等。

4 引种

4.1　生产商品肉兔的种兔应来自有种兔生产经营许可证的种兔场，种兔应生长发育正常，健康无病。

4.2　引进的种兔应隔离饲养30~40天，经观察无病后，方可引入生产区进行饲养。

4.3　不应从疫区引进种兔。

5 兔场环境

5.1　兔场应建在干燥，通风良好，采光充足，易于排水的地方。

5.2　兔场周围1千米无大型化工厂、采矿场、皮革厂、肉品加工厂、屠宰场或其他畜牧场污染源。

5.3　兔场应距离干线公路、铁路、居民区和公共场所0.5千米以上，兔场周围应有围墙。

5.4　生产区要保持安静并与生活区、管理区分区。

5.5　兔场应设有病兔隔离舍，避免传染健康兔。

5.6　兔场应设有焚尸坑及废弃物储存设施，防止渗漏、溢流、恶臭等污染。

5.7　兔场内不应饲养其他动物。

6　兔舍设施

6.1　兔舍建筑应符合卫生要求，内墙表面光滑平整，地面和墙壁便于清洗，并耐酸、碱等消毒液，兔舍建筑能保温隔热。

6.2　兔舍内通风良好，舍温适宜，舍内空气质量应符合NY/T 388的要求。

6.3　按兔体型大小和使用目的配置不同型号的饲养笼。

6.4　兔笼底网设计应防止脚皮炎发生。

7　投入品

7.1　饲料

7.1.1　饲料、饲料原料和饲料添加剂应符合NY 5132的要求。

7.1.2　青饲料应清洁、无污染、无毒，晾干表面水分后饲喂。

7.1.3　根据兔的不同生长阶段，按照营养要求配制不同的饲料。

7.1.4　不使用冰冻饲料或被农药、黄曲霉毒素等污染的饲料。禁用肉骨粉。

7.1.5　使用药物饲料添加剂时，应执行休药期规定。

7.2　兽药使用

7.2.1　饮水或拌料方式添加的兽药应符合NY 5130的规定。

7.2.2　育肥后期的商品兔，使用兽药时，应执行休药期规定。

7.3　防疫

7.3.1　防疫应符合NY 5131的规定。

7.3.2　防疫器械在防疫前后应消毒处理。

8 卫生消毒

8.1 消毒剂

应选择对人和兔安全，对设备没有破坏性，没有残留毒性的消毒剂，所有消毒剂应符合 NY 5131 的规定。

8.2 消毒制度

8.2.1 环境消毒

每 2~3 周对周围环境消毒 1 次。每月对场内污水池、堆粪坑，下水道出口消毒 1 次。兔场、兔舍入口处的消毒池使用 2%的氢氧化钠或煤酚皂等溶液。

8.2.2 人员消毒

工作人员进入生产区，要更衣、换鞋，踩踏消毒池，接受 5 分钟紫外光照射。

8.2.3 兔舍消毒

进兔前应将兔舍打扫干净并彻底清洗消毒。

8.2.4 兔笼消毒

用火焰喷灯对兔笼及相关部件依次瞬间喷射。

8.2.5 用具消毒

定期对料槽、产仔箱、喂料器等用具进行消毒。

8.2.6 带兔消毒

用消毒液喷洒兔体本身及周围笼具。

9 饲养管理

9.1 饲养员

应身体健康，无人畜共患病，并定期进行健康检查，有传染病者不得从事养殖工作。

9.2 喂料

9.2.1 青绿饲料不应直接放在笼底网上饲喂。

9.2.2 保持料槽、饮水器、产仔箱等器具的清洁。

9.3 饮水

9.3.1 水质应符合 NY 5027 的要求。

9.3.2 饮水设备应定期维修，保持清洁卫生。

9.4 日常清洁卫生

及时清扫兔笼粪便，保持兔舍卫生。

9.5 防鼠害

兔舍应有防鼠的措施，及时清除死鼠。

10 废弃物处理

10.1 兔场废弃物处理应实行减量化、无害化、资源化原则。

10.2 兔粪及产仔箱垫料应经过堆积发酵后，方可作为肥料。

10.3 兔舍污水应经发酵、沉淀后才能作为液体肥使用。

11 病、死兔处理

11.1 传染病致死的兔尸或因病捕杀的死兔应按 GB 16548 要求进行无害化处理。

11.2 兔场不应出售病兔、死兔。

11.3 病兔应隔离饲养，由兽医进行诊治。

12 生产记录

12.1 所有记录应准确、可靠、完整。

12.2 生产记录，包括配种日期、产仔日期、产仔数、断奶日期、断奶数、出栏数等。

12.3 种兔系谱、生产性能记录。

12.4 各阶段使用的饲料配方及添加剂成分记录。

12.5 免疫、用药、发病和治疗记录。

12.6 资料应最少保留 3 年。

六、不同生理阶段家兔的饲养管理

（一）种公兔的饲养管理

1. 种公兔的选择 俗话说：母兔好，好一窝；公兔好，好一坡。饲养种公兔的目的，就是用它与母兔交配，繁殖高质量的仔兔。一只公兔采取本交，能配6~8只母兔，一年能产200余只小兔；而一只母兔年产5~6胎，只能生产30余只小兔。所以，公兔质量的好坏，决定着一个兔群的质量。在选留种公兔时，应根据品种特征，选择个体大、性欲旺盛、外表雄壮的作种兔。肉用种公兔要选择头大胸宽、四肢稳健、强壮有力、臀背圆、性欲旺盛的作种兔。皮用兔除具备上述条件外，要选择被毛稠密平整、枪毛少、个体大的作种兔。毛用兔品种，除具备上述标准外，要看其产毛量的情况来选择；产毛量高的种公兔，遗传性能稳定，其后代产毛量也一定会高。

有下列现象的公兔不能留作种用：无睾、隐睾、单睾；还有的虽能交配，但所配的母兔只产1~2只仔兔，生产能力低下；个别的产仔虽多，但发育不良，成活率低，品质不好。应将生产力高、品质好的选为种公兔。

2. 种公兔的饲养管理 种公兔生长发育较快，3个月就要单笼饲养，所用的笼具要宽敞、坚固耐用，以半阴半阳为好。每天应让兔在运动场活动2小时，以增强体质，提高精液的品质。

在饲养方面，要注意种公兔饲料中必须有充足的蛋白质和维生素A。选择饲料时，应根据情况，因地制宜，就地取材。要充分利用作物秸秆和农副产品，如花生秧、红薯秧、大豆秸、花生饼、豆饼、米糠、胡萝卜、南瓜、西瓜皮等。这些饲料营养丰富，蛋白质、维生素含量高，而且适口性好，家兔很喜爱吃。

对种公兔不可使用过早或过晚。一般肉用兔应在7~8月龄，体重达4.0~4.5千克时开始配种。小型兔可适当提前，大型兔可适当推迟。因为种公兔使用过早，发育不全；使用过晚，则性欲不旺，精液品质下降。

一般种公兔可以使用3年，每配种两天要休息一天，每天配种两次。配种后不能饮用冷水，并要适时补饲蛋白质饲料。饲喂种公兔要定时定量，配种前不让其吃得过饱。追逐爬跨母兔时运动剧烈，腹部过胀时，容易引起胃肠破裂而死亡。

目前，农村养兔往往不注意科学使用和管理种公兔，同胞之间、父女之间、母子之间近亲交配比较普遍，有的4~5月龄就开始配种，这对提高生产力和经济效益很不利。

为了便于记忆和掌握使用种公兔的方法，我们经过长期实践，总结编写了种公兔饲养管理歌诀。

种公兔管理歌诀

公兔饲养要记真，性旺体壮睾不隐。
笼舍光线半阳阴，设立跳台运动勤。
饲料营养多样化，日配两次莫过频。
初配年龄要适时，体重应有四千克。
刚刚喂饱莫配种，配后忌把冷水饮。
只要养好种公兔，保证后代壮一群。

（二）种母兔的饲养管理

种母兔是养兔的基础，凡是经过挑选，符合品种特征，具备配种条件，专门用于繁殖的母兔就叫种母兔。种母兔除了自身生长发育，还承担产毛长肉、妊娠养胎、产仔哺乳等重担，体内消耗极大。因此，在种母兔的饲养管理方面，一定要根据几个不同生理阶段的特点，采取相应的管理措施。

1. 后备母兔的选择 已经发育成熟，达到配种体重和年龄，没有交配过的青年母兔称后备母兔，也称处女兔。对这类母兔的选择要符合以下几个条件：毛色发亮，体格匀称，眼睛有神，四肢稳健，耳不下垂（除公羊兔），阴部没有炎症，乳头要有 4 对以上。具备了这些条件，才能作种母兔。

母兔 4~5 月龄就有发情表现，从 3 月龄就应和公兔分开饲养，以免乱配早孕，早产早衰，影响以后的生产水平和使用年限。后备母兔一般应在 7 月龄、体重达到 3.5 千克时再配种。

种母兔选择歌诀

母兔选择有讲究，一般应有八奶头。
发育良好生长快，全面考察指标优。
四肢稳健耳不垂，阴无炎症毛如绸。

2. 空怀母兔的饲养管理 空怀母兔是指已经生产而处于休产时期的母兔。由于母兔在妊娠、产仔和哺乳阶段消耗了体内大量的营养物质，身体大都很瘦弱。为了尽快恢复体质，再次发情、配种、妊娠、产仔，一定要注意母兔的营养水平，要多喂一些优质多汁饲料，如胡萝卜、南瓜、苜蓿及优质青草，使母兔达到中等膘情以后，再进行配种。

对于空怀母兔，一定要全面了解前胎的哺乳情况和仔兔成活情况，看其母性的好坏，若发现产仔少（4 只以下）、奶水不好、仔兔发育不良或有食仔恶癖的空怀兔，要坚决淘汰。

目前农村养兔，往往只注意让母兔快生多生，而忽视母兔的营养水平，使母兔产后体质虚弱，瘦得皮包骨头，这样的母兔很难再次发情受孕，即使怀孕生了仔兔，半个月后仔兔就会因没有奶吃而发育不良，达不到预期的饲养目的。单纯追求繁殖，不注意母兔健康和仔兔成活率，忽视空怀期的营养补充，往往使母兔繁殖力下降，造成母兔早衰或死亡，严重地影响了种母兔的利用年限，真是得不偿失。

空怀母兔管理歌诀

产后断奶称空怀，哺乳消耗体质衰。
若要配种再产仔，快补营养壮起来。
总结观察其性能，后代哺乳好与坏。

倘若食仔又无奶，莫作种用要淘汰。
选择优秀空怀兔，继续繁殖衍后代。

3. 妊娠母兔的饲养管理

（1）加强营养：妊娠母兔除满足自身生长的营养需要外，还要满足胎儿的生长。因此，妊娠母兔的饲料，不仅要在数量上有充足的保证，而且在质量上也必须有所保证。妊娠母兔需要较多的蛋白质、矿物质和维生素。如果饲料中缺乏蛋白质，生下的仔兔就会大小不均，重量轻，死胎多。若缺乏矿物质，就会影响仔兔骨骼的发育，生下的仔兔不强壮，容易得佝偻病。若缺乏维生素，仔兔就生长缓慢，弱胎、畸胎、死胎较多。因此，对妊娠母兔一定要在饲料中补充些饼类、玉米、麸皮和骨粉，并多喂些青绿多汁饲料。

妊娠母兔在怀孕10~25天吃得比较多，尤其怀孕15天后，胎儿对饲料的营养需求急剧增加，一定要让它吃饱吃好，切不可饥一顿、饱一顿，草一顿、料一顿，要保持稳定、规律的饲养管理程序。怀孕25天之后，妊娠母兔食欲有所下降，要减少精料的饲喂量，增加青绿多汁饲料。

（2）防止流产：母兔胆小易惊，外界条件的突然改变很容易造成流产。预防流产的具体措施有：

①供给怀孕母兔营养丰富的全价饲料，其中蛋白质、矿物质、维生素要同时补给，不可单一。不喂发霉变质、有毒和冰冻的饲料。饲料要柔软，易消化。冬季要给兔饮温水，以减轻对怀孕母兔的刺激。

②要勤检查兔舍，随时观察怀孕母兔的健康状况及体质变化。动作要轻稳、准确，不能粗暴野蛮；环境要安静，不可大声喧哗。

③加强管理。怀孕母兔要单笼饲养，防止斗架；怀孕20天的母兔不要随便捕捉；兔舍要设有防止狗、猫袭击的设施；兔舍要经常消毒，防止各种病原的侵入。

④新建兔场应选在远离公路、村舍、偏僻安静的地方，这是减少噪声对怀孕母兔危害的根本措施。严禁机动车辆进入兔场。

⑤科学繁殖。合理安排母兔的配种时间，尽量避开怀孕母兔在盛大节日期间分娩；因我国盛大节日常燃放鞭炮，炮声对孕兔影响较

大。

⑥母兔怀孕15天后或临产前3~5天要衔草垫窝，这时应放入产箱一些经过阳光暴晒消毒的柔软干草，以备孕兔营巢垫窝用。要防止怀孕母兔因找草跑动而流产，并注意产箱每用一次都要刷洗暴晒消毒。

⑦对于怀孕15天之后的母兔，也可采用以下药物防止流产：

方一：南瓜蒂若干个煎水，拌入饲料饲喂母兔。

方二（白术安胎散）：炒白术6克，当归6克，砂仁4克，川芎4克，白芍4克，熟地黄4克，党参4克，炒阿胶5克，陈皮5克，苏叶5克，黄芩5克，甘草2克，生姜3克为引，煮沸取汁，候温后拌入饲料饲喂。

方三：黄体酮，每只兔1~2毫克，肌内注射。

白术安胎散歌诀

白术散有保胎功，芎芍理血气顺通。
芩熟当归党参健，阿胶甘陈胎不动。
砂仁苏叶姜为引，煎汁拌料到仔生。

（3）安全分娩：妊娠母兔怀孕30~31天就要分娩。为了做好分娩准备，产前（后）3天每天要喂1片磺胺甲基异噁唑（复方新诺明，SMZ）和大黄苏打片，可预防母兔乳腺炎和消化不良。家兔分娩时，要保持兔舍安静，避免惊扰，不要频繁出入兔舍，否则，会使其在产箱内惊恐不安，突然跳出产箱，将仔兔产到产箱外面。母兔产仔时要顺其自然，等它产完仔跳出产箱后，再将产箱端出，清除污染的草、毛和死胎，清点产仔数，增加垫草，做好记录。同时应将准备好的饲料和饮水及时放入让其吃喝。饮水最好用温水并放点红糖或食盐。

母兔的胎衣和胎盘，不但有很高的营养价值，而且有催乳作用。对于漏在笼底下的胎盘，应将其捡到食槽里，让母兔吃掉。

对于怀孕32天或产后不拔毛（母兔产时不拔掉腹部的毛）的母兔，应当人工拔毛，这样可刺激泌乳和方便仔兔吃奶。实践证明，母兔拔毛越多，泌乳越多，母性也越好。否则泌乳较少，母性也较差。

孕兔护理歌诀

母兔配后怀孕期，增加营养细护理。
首先注意舍安静，禁防噪声音响击。
十五天后易流产，忌人频繁捉拿提。
更换饲料别突然，清除剩食莫可惜。
冰冻发霉食不喂，防流保胎数第一。
二十五天放产箱，柔软垫草铺箱底。
临产之前一两天，停食减食是规律。
及时备好水和料，防止产后渴又饥。

4. 哺乳母兔的饲养管理 母兔产仔后要注意保持膘情，防止消瘦，这样才能有较多的乳汁喂养仔兔。

母兔分娩后一周内，由于仔兔小，吃奶少，此时不可饲喂过多的精料，以免乳汁过稠或仔兔吃不完造成积奶或发生乳腺炎。这期间要注意供应充足的饮水，饲喂要略加限制。开眼之后，仔兔吃奶较多，可适当加大饲喂量，并补喂些胡萝卜、豆芽、熟豆腐渣、炒黄豆。但喂量不能过大，以免引起消化功能紊乱。

要勤检查仔兔的吃奶情况，若奶足，仔兔吃得饱，则身上红润发亮，安静不动；若母兔奶不足，则仔兔腹部空扁，色灰无光，乱拱乱爬，“吱吱”乱叫。如果发现母兔有奶不喂，或仔兔吊奶，应将产箱端出来，进行人工辅助喂奶。方法是每天早上将母兔放到产箱里，让仔兔吃一次奶。若母兔不让吃，可一手抓住头和耳朵，一手在母兔肩胛处轻轻按摩，这样让仔兔吃2~3次即可。若母兔无奶，要服催乳片，每次2片，每日2次。也可服用中药“通乳汤”，其方剂由王不留行、地黄、芍药、当归、川芎、白芷、青皮、柴胡、漏芦、甘草、木通、通草、天花粉、桔梗、等14味药组成，煎汤灌服，每日2次。

通乳汤歌诀

下乳黄芍不留行，归川白芷皮要青。
柴胡漏芦配合用，宣肺排脓看桔梗。
生津止渴天花粉，二通服后乳淋涌。

对于怀孕32天或产后1~2天腹中还有胎儿的母兔，要进行人工催产；注射催产素 1 支，10 分钟便可将仔兔产出。注射后要有人静候，以免将仔兔产到产箱外。

母兔产后要注意防止发生乳腺炎，最好的办法是在产后 3 天内，每天喂 1 片磺胺甲基异噁唑（复方新诺明，SMZ）和 2 片大黄苏打片，并喂些猫儿眼、虫卧单、益母草等青饲料，既能防治母兔乳腺炎，又能防治仔兔黄尿病。

母兔管理歌诀

眼有精神毛色亮，四肢稳健体格壮。
至少要有四对奶，阴部洁净无炎伤。
毛兔毛密毛高产，獭兔毛稠平无枪。
适时配种七八月，妊娠期间营养高。
笼门要牢舍安静，能把死胎流产防。
二十五天食欲降，多给青料放产箱。
分娩时间莫惊扰，产后水食要跟上。
兔不拔毛人工拔，乳腺炎病要早防。
勤查仔兔饥和饱，方知母兔营养状。
一年产仔四五胎，仔也好来母也壮。

（三）仔兔的饲养管理

从出生到断奶这段时间内的小兔叫仔兔。这个时期是家兔由胎儿期转变到能独立生活的过渡时期。胎儿在母体内生长，环境温度都比较恒定，人们只要养好母兔就可使仔兔很好地发育。仔兔出生后，环境条件发生了急剧变化，仔兔的新陈代谢非常旺盛，但对外界环境的应激反应能力却很差。因此，仔兔阶段的饲养管理要非常精细，必须抓好仔兔生长的每一个环节，才能保证仔兔的正常发育，减少死亡，提高成活率。根据仔兔的生理特点，可分为三个时期。

1. 睡眠期 仔兔从出生到 12 日龄这段时期为睡眠期。仔兔出生后，5 天开始长毛，11～12 天开眼。仔兔在这 12 天之内除了吃奶之外，全部为睡眠时间。在这期间，仔兔吃下的乳汁大部分被消化吸收，很少有粪便排出，所以新陈代谢非常旺盛。因此，仔兔在睡眠期只要吃饱奶，睡好觉，并做好保温工作，就能正常发育。秋冬和早春繁殖的仔兔，保温工作就是一个关键问题。

刚生下的仔兔，一定要让它吃好初乳。因为初乳中含有丰富的蛋白质、抗体和维生素，仔兔不吃初乳抗病能力差，成活率低。所以，仔兔刚生下来时，一般不要惊动母兔，让母兔安静地给仔兔喂初乳，只在母兔分娩完毕跳出产箱寻找食物和喝水时，才可拿出产箱清除其内的污物，如将血草、污毛、死胎拣出，垫上柔软干净的干草。如果母兔产后没有拔毛或拔下的毛太少，可适当将母兔腹部的毛拔掉一些，给仔兔盖好，尔后再把产箱放入兔笼。或在产箱上贴上母兔产仔记录卡片，集中保暖，定时哺乳。如果是夏季产仔，注意产箱内的垫草和兔毛，都不可太多，要适当取出一些，防止“蒸窝”；天太热时要注意通风换气，或开电扇、换气扇降温，并注意不要将冷风直接吹到仔兔身上，防止仔兔感冒引起死亡。

人工定时哺乳的仔兔也应当在 12 小时之后将产箱端出，以后每天早上哺乳一次。方法是每天黎明时将母兔抱入产箱进行哺乳，一般 2~10 分钟喂饱，尔后将母兔取出放回兔笼，并用兔毛或棉花将仔兔盖好。

仔兔出生后第 3 天或第 4 天，容易得黄尿病，因此要注意检查是否有黄尿病发生。健康仔兔身体红润，腹部如鼓；有黄尿病的仔兔身上有皱褶，并且湿而黄，且有恶臭味。防治方法是产后每天让母兔吃 1 片磺胺甲基异噁唑，并用氯霉素眼药水向仔兔口内滴 2~3 滴，每日 2~3次即可。

2. 开眼期　从第 12 天至仔兔全部睁开眼睛称为开眼期。仔兔不需要人工掰眼，偶尔睁不开眼常因为有眼屎黏着，可用脱脂棉球蘸生理盐水轻轻擦洗干净，协助开眼，尔后点两滴氯霉素眼药水即可。

仔兔开眼后，精神振奋，活蹦乱跳，18~20 天便可自己跳出产箱寻找食物；此时母兔的乳汁已经不能满足仔兔的生长需要。因此，为了使仔兔从吃奶到吃草料有一个良好的转变过程，从第 18 天开始，就要给些嫩菜叶或易消化的食物，让其自由采食，锻炼胃肠的消化功能。如果从吃奶突然转变到吃草料，易引起胃肠疾病造成死亡。所以，仔兔要过好开食关，应遵守少给勤添、逐步过渡的原则。切记：未满月的仔兔不可大量饲喂青草或水分较大的菜叶，否则等于人为致仔兔死亡。

仔兔从开食起就应当在饲料中添加氯苯胍、复方敌菌净、PB 一号幼兔添加剂、兔乐等，预防球虫病的发生。仔兔开眼并补饲开食后，其粪尿增多，常将产箱污染，此时要注意勤换垫草，预防传染病的发生。

3. 断奶期 仔兔通过半个月的补饲后，从以吃奶为主到以吃饲料为主，已经有了适应能力，因此 40 天后便可酌情断奶。一般先断个体大的，后断个体小的，不可突然一次断去。同时要减少母兔的饲喂量，以免引起积奶而发生乳腺炎。

在仔兔的管理工作中，还要注意防止吊奶、冻僵和鼠害。如果母兔产仔较多，奶头又少，常因仔兔之间争夺奶头将母兔吸吮得疼痛而突然跳出产箱，将仔兔吊出产箱，时间一长仔兔就会被冻死。预防的办法就是勤检查。发现吊出产箱冻僵的仔兔，要及时放入半盆 40~45℃的水中，用手捏住兔头在水中轻轻摆动，注意不要将头按入水中，以免呛死。一般 10 分钟左右，仔兔便可张口呼吸并发出“吱吱”叫声。此时便可拿出，用干净柔软的毛巾或纱布擦干，放入产箱即可。发现有吊奶情况的就不能再让它自由哺乳了，要及时将产箱端出，每天早上定时哺乳。切记：对于开眼期跳入水槽或排尿沟而被毛浸湿的仔兔，不要用火烤，仔兔除湿方法是用草木灰捂在仔兔身上，将水分吸干后放入产箱即可。只要抢救及时，一般没有大碍。注意，不要将草木灰弄到仔兔眼、鼻和嘴里。如果用火烤，由于仔兔外热内寒，极易死亡。

另外，要做好仔兔的寄养工作。有的母兔产仔多，有的母兔产仔少，可将产仔多的均给产仔少的母兔代养 2~3 只，这种方法称为寄养或认“干娘”。寄养的仔兔必须提前放入寄养母兔的产箱中，比如晚上放入，早上哺乳，经过一天的混放，产生了相同的气味，母兔就不容易分辨；否则，母兔就会将寄养的仔兔咬死。实践证明，做好仔兔的寄养工作是提高仔兔成活率的有效措施。

仔兔管理歌诀

人工哺乳认干娘，吃饱初乳防冻僵。
杜绝鼠害防意外，三天黄尿病早防。
母乳不足防吊奶，母患乳炎应代养。
开食就防球虫病，勤喂少给防食伤。
繁殖密度巧安排，适时断奶母仔壮。

（四）幼兔的饲养管理

从断奶到3月龄的小兔称幼兔。幼兔期间食欲旺盛，生长发育快，但消化能力不强，应激反应能力差，常有贪食和不知饥饱的现象。幼兔常因贪食引起消化不良，发生腹泻和鼓胀病。因此，应多喂营养丰富且易消化的饲料，如菜叶类。掌握少给勤添的原则，并注意保温，防止受凉或中暑。另外，家兔的口腔炎、球虫病、巴氏杆菌病、魏氏梭菌病等都易在这段时间内交替发生，死亡率较高，此阶段是最难饲养的阶段。在幼兔的饲养管理过程中，应注意做好以下几项工作：

（1）经常添加各种防病药物，如维生素、PB一号幼兔添加剂、兔乐、球虫净等，适时注射各种疫苗，增强免疫力。

（2）保持生态环境的稳定，减少应激反应；一窝一笼，异窝不混。强弱大小分开饲养，并尽量饲养在原来的兔笼里。

（3）保持环境干燥卫生，注意消毒。夏天不喂露水草，冬天不喂冰冻饲料。

（4）注意增加运动，增强体质。冬季白天暖和时多晒太阳。已端出产箱的幼兔笼的底部应放一块木板或纸板，让幼兔夜里卧在木板或纸板上栖息，防止腹部受凉。

（5）饲料营养要丰富，定时限量，勤喂少给，以吃八成饱为宜。春季和夏季适当喂些槐花、槐叶、野菜、南瓜、西瓜皮等，冬季适当喂些胡萝卜、洋白菜等，防止消化不良和腹泻病发生。

幼兔管理歌诀

百日之内称幼兔，饲养一定下功夫。
食欲旺盛生长快，贪食常有腹胀臌。
消化不良易拉稀，喂食限量要记住。
勤喂少给是原则，饲料营养要丰富。
断奶及时注疫苗，离母还需原笼住。
注意分笼别突然，公母大小要适度。
产箱端出别忘记，放块木板好暖肚。
环境卫生要干燥，食槽笼具常消毒。
冬季不喂冰冻料，夏天饲草露水无。
注意防治球虫病，膘肥体壮把栏出。

（五）青年兔的饲养管理

3 月龄之后到配种这年龄段的兔称为青年兔。这年龄段的家兔，各种疫苗已全部注射结束，产生了各种免疫力；抗病能力强，已适应了各种环境的变化，采食量增加，生长发育快，死亡率低，是比较好养的阶段。此时应公母分开饲养，防止早配早产。饲料应以粗料为主，精料为辅。田间各种鲜嫩野草都可作为主要饲料。

留作种用的公母兔经挑选后应单独饲养，编刺耳号并登记造册。对于作商品出售的兔应纳入育肥群，育肥后出售。对公兔要进行阉割，阉割后的公兔性情温顺，生长发育快，一般 2.5～3 千克即可出售。育肥兔要限制运动，光线不可太强。饲料能量要高，一般 20 天便可育成出售。长毛兔和獭兔则要单笼饲养，防止粪尿污染皮毛，以保证商品质量，同时应适时取皮剪毛。

青年兔饲养管理歌诀

青年兔子最好养，饲料管理宜粗放。
公母分群要有别，毛皮用兔单笼养。
笼舍干燥通风好，防止污染保质量。
适时剪毛把皮取，阉割育肥送屠场。

七、不同季节家兔的饲养管理

（一）春秋季的饲养管理

春秋两季，气候温和干燥，阳光充足，饲料资源丰富，母兔发情正常，公兔性欲旺盛，这两个季节是家兔繁殖的黄金季节，因此应做好以下工作。

1. 春天天气由寒变暖，但昼夜温差较大，应切实做好幼兔的保暖工作 白天在室外运动进行日光浴，可促进新陈代谢；夜晚应转到室内。在外边的兔笼，晚上要吊上草帘或塑料膜，防止家兔夜晚受凉感冒。特别是天气突然变化和寒流到来的时候，所有的家兔都要服1/4片安乃近或1片土霉素，以预防感冒和肺炎。

2. 适当控制青饲料数量，防止贪食拉稀 春季万物复苏，各种野草菜叶比较容易采集，家兔喜欢吃。但由于鲜嫩而水分较大，应适当控制喂量，特别是第一次，不可饲喂过多，应逐日增加，防止贪吃引起拉稀。清明之前，割回的野草有霜，不要马上喂兔，因为吃带霜的野草、菜叶易引起兔子拉稀。春天的“蒿蒿棵”、秋季的“节节草”可预防感冒和上呼吸道疾病，可以多采集些喂兔。

3. 防止兔毛污染饲草，避免毛球病的发生 秋季正值家兔换毛季节，要将草放到草架上饲喂，或者将草吊起来让家兔吃，一来可以增加运动量，二来可以避免兔毛混入草中，可减少和避免毛球病的发生。

4. 收割的青草要晾晒干，合理储存，保持色绿味香 秋季是各种青草最容易采集的季节，各种野草、树叶、作物秸秆比比皆是，采回后要及时摊开晾晒，特别是萝卜缨，不要堆放在一起，否则会因发热而引起细菌繁殖。同时应做好各种饲料的采集加工和储备工作。红薯秧、花生秧、玉米叶、豆秸一定要晒干并及时上垛和加工。上垛的饲草要在上边覆盖帆布或塑料膜，防止雨淋发霉，同时可以保持色绿味香，减少养分流失。

养兔场一定要注意，秋末冬初天气干燥时多采集优质干青草，如大豆秸秆、花生秧、玉米秸秆、红薯秧、苜蓿草及各种野杂草，收集的干草一定不能雨淋霉变，并注意除尘，拣净地膜。粉碎加工后装袋入库保存，以备来年春夏使用。为了防止加工的草粉来年春夏季受潮发霉，入库前应将仓库四周墙壁围上农用薄膜（简称农膜）。草粉入库后一袋一袋垛好，上面再盖上一层农用薄膜，而后将四边压实，防止夏季潮气进入草粉，能有效地防止草粉结块、发霉变质，保证草粉鲜绿如初。加工花生粉时，一定要抖净泥沙，防止使用时发生流行性腹泻。

5. 调剂饲料营养，精心饲喂管理，尽快恢复体质健康 秋季家兔换毛时，营养消耗大，对公母兔都要增加蛋白质饲料的饲喂量。立秋后不要急于配种，因为公兔经过夏季高温季节，停配时间较长，精液品质差，母兔也不能及时发情，如果急于配种，一来不易受胎，二来有害公兔健康。必须经过半月的精心饲养，身体复壮后再进行正常的配种繁殖。

春秋养兔歌诀

春秋田野百草青，割草喂兔最高明。
青草多含维生素，节约饲料增膘情。
全价饲料应为主，青绿饲草做补充。
车前地丁蒲公英，遍地野草有药用。
多喂能够抗病毒，兼防肠疾和杀虫。
多采喂兔疾病少，绿色养殖建奇功。
喂草一定设草架，可以防止毛球病。
注意饲喂定食量，切莫突然把料更。
昼夜温差易感冒，防兔腹泻记心中。
切记天气突变化，幼兔保暖不放松。

调剂公母整兔群，抓紧交配把仔生。
黄金季节多养兔，兔兆吉祥人不穷。
秋后干草多储备，粉碎入库好过冬。
农膜覆盖效果好，能防霉潮把料扔。
备足草粉心不慌，来年不再奔西东。

（二）夏季的饲养管理

1. 做好防暑降温工作 夏季气温高，雨量大，是幼兔最难饲养的时期，要特别注意防暑降温工作。兔舍的门窗要全部打开，兔舍后墙基部（离地面13厘米），应开宽12厘米、高26厘米的进气孔，并装上钢丝网，以利通风换气和防止鼠害。室外兔舍要搭设凉棚，或种植葡萄、丝瓜、葫芦等遮阴，防止日光直射，避免家兔中暑。

2. 保持兔舍的清洁卫生 每天清除笼下粪尿，撒上生石灰、草木灰吸湿消毒，防止蚊蝇进入和滋生。

3. 饲料要新鲜清洁 夏天气温高，混合饲料容易腐败变质，湿拌的饲料要在10~30分钟喂完，颗粒饲料剩下的粉末要及时清除，做到“料不过午，草不过夜”。食槽要勤刷洗，勤暴晒。吃不完的饲料也要及时清除，以免腐败变质引发家兔的口腔炎和肠胃病。

4. 不要饲喂露水草和雨后堆积发热的草 这些草中有很多病原微生物，容易引起各种疾病的发生。不要到刚打过农药的田里割草，以免引起中毒。

5. 高温饲喂时应注意的事项 气温高，兔的食欲不佳，饲喂时早上要早，5时之前开始喂；晚上要晚，9时之后再喂。白天不断饮水，并加点食盐，或饮0.1%的碘酊水，或饮0.01%的高锰酸钾水。中午多喂西瓜皮，既可降温解暑，又可补充营养。饮水中加维生素C粉，可增强家兔的抗暑能力。用量是每100千克水加维生素C粉10克。同时，在饲料中减少玉米的用量，以免家兔体内大量产热。

6. 天气变化时饲料的选择 注意天气变化，阴雨连绵的天气要多喂干草，或在饲料中添加痢特灵、氯苯胍、磺胺二甲嘧啶，预防肠道病、球虫病的发生。为了将复杂的兔病简单化，对家兔的球虫病、肠道病起到综合的防治效果，最好在幼兔的饲料中添加 PB 一号幼兔添加剂或新球净Ⅰ号或新球净Ⅱ号（谷子林博士研制），青年兔或生产兔使用 PB 二号添加剂，或兔乐、鼻肛净（谷子林博士研制）。它们不但可以提供家兔所需的多种维生素、微量元素、促生长物质，而且可以抗病，促进母兔发情，提高繁殖力和泌乳能力，提高生长速度。也可在饲料中添加大蒜酊或干大蒜秸粉、洋葱等。可多喂些野葵花、马齿苋、蒲公英、车前草，以及有抗病毒和抗肠道病作用的野草野菜等。

7. 散养家兔要特别注意防潮 散养场地要搭建防雨设施，如搭建简易窝棚或放置废旧木箱等，让兔子避雨或藏身。在兔圈窝棚下垒一个 20~30 厘米高的台子，或铺上木板，家兔可在上边做跳跃运动，增强体质；夜间可在上边栖息，预防疾病和防潮效果均很好。

8. 夏季的配种工作 由于夏季气温高，家兔食欲减退，体质欠佳，故公兔精液品质不好，配种效果不佳，产仔母兔奶水也不足。此期间最好停配，使其休产，恢复体质，到秋后再进行配种生产。

为了使獭兔夏天能多产仔，冬季能多取优质皮（冬季皮比夏季皮每张多卖 10 多元），就要创造条件，逆转獭兔的繁殖季节，使獭兔在炎热的 7 月、8 月、9 月产仔，年底 12 月前后宰杀取冬季皮，提高经济效益。其有效方法是：

（1）兔舍采取降温措施，如兔舍安装排气扇或电扇，有条件的大兔场可安装空调设备和换气设备，将兔舍温度控制在 30 ℃以下，使种用母兔正常受孕产仔。特别是要将公兔养在温度较低的地方，比如最下边一层，要比最上边一层温度低，且下层氨气要比上层浓度低；只要能创造条件，使公兔有旺盛的性欲和品质良好的精液，就能保证母兔在夏季正常受孕。

（2）减少饲料中玉米的用量，并在饮水中添加维生素 C 粉，能增加家兔的抗热能力。多喂营养丰富的野草和西瓜皮，能提高家兔的食欲。

（3）饲喂完全在夜间进行，因为白天温度高，家兔靠呼吸散热，食欲不佳，夜间凉爽时采食量大，昼伏夜动的习性更为明显。

（4）注意及时将产箱的兔毛、垫草取出一些，防止蒸窝。温度太高开电扇降温时，注意不要让凉风直接吹到仔兔身上。

（5）创造条件，使母兔采取地窝产仔，并注意地窝的防潮。地下兔窝温度低且恒定，也符合家兔打洞产仔的生理习性。

（6）有条件的集约化、自动化兔场要设定好兔舍温度和环境控制系统，将兔舍温度控制在30℃以下，并保持兔舍清新的空气即可在盛夏续配种繁殖，提高生产力和经济效益。

9. 做好饲料防霉检查 饲料是养兔的物质基础。实践证明，60%的兔病与饲料质量有关。饲料品质的好坏，是关系兔场安全的头等大事，所以，夏季饲料防霉至关重要。

（1）储备的草粉必须采取防潮措施，经常检查其是否有雨淋和鼠害，并注意翻晒。

（2）新进饲料必须做到心中有数，入仓前做好感官检查。怀疑饲料质量有问题时，应进行化验分析。

（3）夏季花生饼和从面粉厂采购的麦麸极易结块发霉，使家兔发生黄曲霉菌中毒，应是检查的重点。

（4）玉米含水量14%以上时，应经常检查翻晒，特别是南方地区，更应引起重视。

（5）自制颗粒饲料要做到现加工现饲喂，每次加工的饲料，3天内应当喂完。

（6）选用干进干出的颗粒饲料机加工饲料，如山东莱州成达机械厂生产的颗粒饲料机，加工的饲料含水量少，硬度高，不易发霉变质。

（7）已发霉变质的饲料要禁止使用，来历不明的饲料和饲草应禁止使用，确保兔场安全生产。

10. 关于家兔夏季的不育症 在养兔实践中，众多养兔者总感到夏季配不上种，立秋后也不易配种，即使配种也不易受胎。笔者称这种情况为家兔的“夏季不育症”。

众所周知，家兔是耐寒怕热动物，环境温度对家兔的生长发育和繁殖性能有较为明显的影响。如果环境温度超过了家兔的最高临界温度（30℃），就会引起家兔呼吸加快（因散热需要）、食欲下降、性欲减退；如果持续高温，可使公兔性功能减退、睾丸萎缩、精子减少或产生死精或不产生精子。

家兔是刺激排卵动物，母兔的发情和排卵几乎没有关系，母兔的排卵与否，是和公兔的交配与否相关的，如果母兔发情但不与公兔交配就不排卵，而母兔的排卵时间，往往是在与公兔交配后 10~12 小时才开始。公兔的精子在交配后的 15~30 分钟便到达母兔输卵管的受精部位，等 10~15 小时才能和母兔排出的卵子相遇结合。公兔的精子在母兔输卵管保持受精能力的时间是 16~30 小时。这个时间是指家兔生长和发育的最适温度 15~25 ℃而言的，所以气候温和的 2~4 月和凉爽的 9~11 月受胎率最高，被称为家兔繁殖的黄金季节。

气温过高（30 ℃以上）或过低（0 ℃以下），公兔精子在母兔输卵管受精部位保持活力的时间短。由于炎热夏季气温高，公母兔虽然交配，但因公兔产生的成熟精子少，而且公兔精子保持受精能力的时间大大缩短，等母兔在交配 10~12 小时开始排卵时，公兔精子已经开始萎缩死亡，所以不易受胎，或受胎率低；即使受胎，产仔数也少。这是造成家兔夏季不育症的主要原因。

高温虽可影响公兔的性欲，但高温过后性欲能很快恢复，而母兔受胎能力却不易恢复。所以众多养兔者反映，立秋之后，虽然母兔发情与公兔交配，但却不易怀孕，甚至有的母兔交配几次也不怀孕。这是因为公兔精液品质的恢复需要大约 2 个月的时间，而精子的产生、发育至成熟需要 1.5 个月；再则由于家兔季节性换毛，体内消耗大量蛋白质。所以立秋刚过之后，公母兔虽然交配，但公兔射出的大都是死精，不易受胎；即使受胎，产仔也少，这种现象又称为“秋季不孕症”。所以，必须经过半个月的营养补饲，使公兔排出死精、废精，再生成新的活力强壮的精子才可使母兔受胎。

除了高温能引起公兔的不育外，光照时间较长也是一个重要因素。家兔有昼伏夜动的习性，常在夜里采取食物，而公母兔对光照的时间要求不尽相同，公兔要求短些，所以我们在实践中常看到公兔喜欢在半阴半阳的环境中活动。由于 6、7、8 这 3 个月天气炎热、光照时间变长的综合影响，使家兔生理上产生了一系列变化。有资料表明，6、7、8 这 3 个月由于天长且炎热，公兔睾丸缩小了 60%，内分泌系统发生了紊乱，性功能减退。另外，饲料营养及自身生理因素都是造成家兔夏季不孕的因素，如果夏季饲料中能量饲料的比例过高，如玉米在夏季饲料中的比例超过 30%，就会使家兔体内大量产热，不仅使家兔增加中暑机会，而且使生育系统也受到影响。夏季高能量饲料大量产热，造成不孕的情况，尤以长毛兔最为突出，其次是獭兔。在同等环境条件下，以优质青草为夏季主要饲料，其中暑和不孕现象则相对减少。由此我们将家兔夏季不易繁殖称为“夏季不育症”或“秋季不孕症”的提法是比较确切的。

认识了家兔的卵子、精子保持活力的时间和温度、光照及营养的关系，家兔的“夏季不育症”和“秋季不孕症”就不难理解。

在养兔生产中，如果炎热夏季要使家兔保持旺盛的繁殖力，提高经济效益，就要人为地创造条件，采取降温措施，给以合理的饲料营养，提高家兔食欲，减少疾病发生，给家兔创造一个适宜的生活环境。

盛夏养兔歌诀

养兔最怕过盛夏，天热潮湿疾病杂。
幼兔易染球虫病，饲草不净把稀拉。
料中常加抗病药，痢特灵和氯苯胍。
选用磺胺氯吡嗪，地克珠利驱病邪。
洋葱大蒜保肠道，马齿苋菜防稀拉。
车前蒲公抗病毒，多喂蒜秸野菊花。
阳光直射易中暑，笼舍应将凉棚搭。
天热气喘食欲降，草料多在夜晚加。
白天多喂西瓜皮，饮水别忘把盐撒。
敞开门窗通风好，石灰消毒效果佳。
创造条件降室温，逆转繁殖多产獭。
放养兔子别忘记，藏身防雨身上洒。
饲料一定保护好，防霉翻晒多检查。
减少密度降热源，精心管理度盛夏。
保存实力壮体质，待到秋后把财发。

（三）家兔的冬繁与管理

1. 防寒与保暖 家兔冬繁，首先要做好保暖工作。11 月上旬应将室外的家兔移到室内，气温降到 0 ℃以下要关闭门窗。室外固定兔笼应挂草帘，最好搭塑料棚保暖。同时应注意通风换气，减少氨气对兔的刺激，以避免角膜炎和呼吸道疾病的发生。在冬季保暖搭建塑料棚时，要选择蓝色聚乙烯农用薄膜，不要使用聚氯乙烯农用薄膜，因为聚氯乙烯农用薄膜经太阳晒后易产生有害气体，使家兔发生呼吸道病，而且不易治疗。

2. 饲料与营养 冬季青饲料缺乏是导致冬繁母兔泌乳不足的主要因素，解决的办法是在冬闲的大秋地里种些“冬牧-70 黑麦”牧草，这种牧草不但兔子爱吃，而且营养好。也可将胡萝卜、白萝卜擦成丝喂兔子。在饲料中添加 PB 二号添加剂，不仅可代替青绿饲料，而且可促使母兔正常发情，胎儿健壮整齐。

无论种公兔或种母兔，都不可喂过多的精料，以免兔体过肥而影响配种质量。最好喂优质粉碎的干青草混合料。其一般配料比为：花生秧粉 40%，玉米粉 23%，麸皮 20%，豆饼或花生饼 16%，食盐 0.67%，添加剂 PB 二号 0.33%。也可根据自己的条件适当配合。

3. 空怀与配种 冬季注意让空怀母兔和公兔多晒太阳，以增加运动量，提高公兔性欲，刺激母兔排卵。冬季母兔发情时间间隔长，情期短，要勤观察母兔外阴部的变化（浅红早，黑紫迟，大红配种正当时），抓住有利时机促其交配，并要进行复配（即用同一只公兔配后 1 小时之内再配一次），以提高母兔受孕率和产仔数。种公兔连续使用 2 天要休息 1 天，并注意增加青绿多汁饲料和精料。

配种后 7~10 天，要检查母兔是否受孕，否则要重配。检查时可采用“称重法”和“摸胎法”。怀孕 20 天的母兔不要随意捉拿，以免引起流产。

4. 分娩与哺乳 母兔怀孕后，要适当增加饲料的营养成分，多喂些胡萝卜及豆饼之类。

母兔分娩前 5 天，要放入垫有一层干净柔软干草的产箱，以备母兔拔毛营巢产仔。母兔分娩前3天，采食减少或停止，这时就不要再饲喂过多的饲料了。母兔分娩时不要随便惊动它，要备好一盆温糖水或淡盐水，在其产仔完毕，及时放入。同时轻轻取出产仔箱，清除内部的污物血草，然后将仔兔放入保暖箱，盖好兔毛。如遇有不拔毛的母兔，要人工助拔，以刺激其泌乳，一定要让仔兔吃饱初乳。

母兔分娩前3天和产后3天，每天可喂2片大黄苏打片和1片磺胺甲基异噁唑，可有效预防母兔因吃胎盘引起的消化不良、乳腺炎和仔兔黄尿病的发生。

母兔产仔后，要经常检查哺乳情况。如乳头焦干，说明泌乳不足要增加营养；如产仔过多，仔兔吃不饱奶，要人工喂乳，或让其他母兔代养几只。母兔分娩后一周，不可喂食过多，因为此时仔兔吃不完奶，易造成母兔“积奶”。一般前两周粗饲料宜高，两周后精饲料和青绿饲料再适当增加。

5. 开食与断奶 仔兔长到18~20天，即可随母兔到食槽吃食；仔兔刚开食，可先喂少量“冬牧-70黑麦”牧草或胡萝卜丝试着吃食。营养较好的混合料，饲喂仔兔更好。此时要以吃奶为主、吃料为辅，目的是锻炼仔兔的胃肠功能。要掌握少给多餐的原则，不可让其贪食，以免引起仔兔膨胀病和伤食性腹泻。另外，注意不要喂冰冻的饲料，特别是不要喂冰冻的白菜帮，以免引起腹泻和大肠杆菌病的发生。

天气温和的中午（12~14时）要让仔兔到背风向阳处进行“日光浴”，以增强新陈代谢。仔兔40天后就可以酌情断奶，一般先断个体大、发育良好的，后断体弱、个体小的。同时要逐渐减少母兔的精料饲喂量，以防突然断奶发生乳腺炎。

6. 卫生与消毒 冬季为了保暖，往往门窗紧闭，空气难以流通，常因空气污浊、氨气加重使家兔发生呼吸道疾病或眼结膜炎。所以，冬季室内养兔应定时通风换气，通风换气时应在粪尿清除后进行，开窗换气时注意不要开对流风，要先打开南侧门窗，等室内温度和室外温度基本平衡时，再将后面窗户打开，将室内污浊空气排出，10分钟后即可将后面窗户关闭，并注意用火焰或消毒液进行消毒。

7. 防病与饮水 冬季往往因冰冻而使饮水器胶管流通不畅，所以冬季兔笼内一定要备用陶瓷水槽。以便在自动饮水器被冻时能使家兔喝上干净卫生的水。要防止兔子，特别是幼兔饮用冰冻的水，以免胃肠因冰冻刺激而发生腹泻。并注意冬季幼兔产箱不宜过早端出，需要端出产箱时，幼兔笼内一定要放草垫或纸板、木板，让幼兔卧上栖息，防止腹部受凉是冬季幼兔成活的关键。

冬季养兔歌诀

冬季养兔先防冻，兔舍需暖防贼风。
舍外兔子转室内，也可搭设塑料棚。
选择农膜有讲究，聚氯有毒别乱用。
蓝色聚乙保温强，三防好处最适应。
关闭门窗别忘记，通风换气事一宗。
笼内要有保暖箱，幼兔夜栖软草中。
冬寒毛兔毛别剪，防止感冒肺炎病。
天短夜长夜加料，精料稍多不断青。
多喂块根胡萝卜，公母都把性欲生。
常晒太阳勤运动，温水饮兔莫结冰。
冬产仔兔成活高，抓紧繁殖破传统。
重抓仔兔防冻僵，母兔产后就分笼。
产箱集中来保暖，每天哺乳在黎明。
半月之后会吃食，产箱放笼仔从容。
冬闲精心细管理，兔子成群事业红。
新春佳节即来到，兔肉消费最集中。
此时獭兔皮质优，宰杀取皮效益增。

八、长毛兔的饲养管理

（一）长毛兔的饲养管理特点

长毛兔和一般家兔的管理原则基本相同，除比一般家兔多了梳毛与剪毛的管理之外，也有它的特殊性，这些特殊性表现在以下几个方面。

1. 交配和繁殖方法的不同　一般家兔发情时，将母兔放到公兔笼内便可直接交配；长毛兔则不然，交配前应当将长毛公兔阴部周围的毛剪净，并用75%的乙醇或高锰酸钾水消毒，然后才能使其进行交配。如果阴部兔毛过长遮住了阴部，公兔阴茎不能顺利插入母兔阴道会影响配种效果。

在剪公兔阴部周围的毛时，还要特别注意不要剪破睾丸和阴囊，以免感染化脓，造成阴部糜烂而失去种用价值。

长毛兔分娩后，还要注意及时将它拉下的毛剪短，放在窝内保暖用，否则长毛常缠结仔兔而使其窒息死亡。

为了获得高产优质兔毛，长毛兔应适当降低繁殖胎次，以年产3~4胎为好。仔兔满月后，公母兔应当及时分笼饲养，因为母兔的毛无论从数量上或质量上都比公兔的多和好。长毛兔的哺乳期以30~35天为好，过分延长哺乳期对母兔的健康和产毛都不利。

多余的长毛公兔要比一般公兔有用，因一般公兔长到一定体重就不再生长和增重，而长毛公兔阉割后可一茬一茬地剪毛，如饲养数量不多，也可将长毛公兔阉割去势后多留几只用以剪毛。因为去势公兔的毛长得快，产量高。

2. 兔笼建造方法的不同　为了提高兔毛的产量和质量，使兔毛洁白，长而不缠结、不污染，长毛兔必须单笼饲养。兔笼四周除笼门可用钢网、竹片或木条制作之外，其他三面均应保持平整光滑。要求两侧左右壁要用水泥板、木板或砖制造。因为用网式或有缝隙的条式材料制作长毛兔笼，天长日久常使兔笼四壁沾满兔毛，而这些挂带在兔笼上的兔毛不用火焰焚烧，就很难除净，影响卫生。

长毛兔不宜群养和地面散养。因为群养互相拥挤、屙尿、接触泥土粪便，使兔毛发黄、污秽，质量下降，影响经济效益。所以在建长毛兔笼时，要充分考虑这些特点，笼要宽敞明亮。长毛兔笼与育肥肉兔笼的要求正好相反，肉兔笼的光线要暗、笼要小，是为了限制其运动，以获得较丰厚的肉质；长毛兔则要求宽敞明亮并能使其在笼中自由运动且不挂带兔毛。一个 3 千克的长毛兔外表看起来就特别大，所以长毛兔笼的规格一般要求长 75 厘米、宽 66 厘米、高 50 厘米。

3. 饲料要求的不同　长毛兔在成年期产毛最多时需要消耗大量的蛋白质。有资料表明，产 1 千克兔毛所需要耗用的蛋白质相当于产 7 千克兔肉所需要的蛋白质，并且需要较高的含硫氨基酸（蛋氨酸和赖氨酸），所以长毛兔产毛期的营养要丰富，豆饼、玉米、鱼粉的含量要高，粗蛋白的含量要达到 17%以上，剪毛后的第二个月和第三个月也应维持在 16%以上。在饲料选择上，要多喂含硫量高的饲料，能使兔毛生长快、产量高、弹性好、等级高。

长毛兔饲料配方（参考）：

（1）玉米 22%，麸皮 20%，豆粕 15%，菜粕 3%，鱼粉 2%，骨粉 1.6%，花生秧粉 35%，食盐 0.65%，PB 二号添加剂 0.35%，蛋氨酸 0.2%，赖氨酸 0.2%。

（2）玉米 20%，小麦 10%，麸皮 20%，豆粕 14%，菜粕 4%，骨粉 1%，鱼粉 2%，酵母粉 1%，PB 二号添加剂 0.35%，食盐 0.45%，蛋氨酸 0.2%，草粉 27%。

（3）玉米 10%，大麦 15%，麸皮 18%，豆粕 12%，菜粕 4%，骨粉 1%，麦芽根 10%，苜蓿粉 10%，花生秧粉 19%，PB 二号添加剂 0.35%，食盐 0.45%，蛋氨酸 0.2%。

长毛兔的采食量与一般家兔的采食量有明显的区别，长毛兔的采食量随其剪毛和毛的生长而变化。一般长毛兔每3个月剪一次毛，一年剪4次。每次剪毛后的第一个月其采食量特别大，因为长毛兔采毛后，身体裸露，散热能力增强，大量的体内热量通过裸露的体表而散发，此时兔体感到轻松舒适，且新陈代谢旺盛。在饲养中要特别注意长毛兔的这种采食特点，饲料中要补充较高的能量和蛋白质，以保证其生长的需要。30~60天兔毛就长到了一定的长度。第二个月也就是兔毛长得最快的时候，此阶段一定要让兔子吃饱喝好，千万不可随意降低其营养水平和喂食量。只有到了60天后，兔毛才生长缓慢，采食量也就逐渐减少。

在长毛兔产毛期的各个生长阶段，常有兔毛自然脱落被兔子随饲料食入腹中的现象，为了避免兔子患毛球病，应适时梳毛，并在饲养过程中每隔5~7天让兔停食1天，使兔胃内排空一次，避免兔子发生毛球病，这对兔的长毛和健康都有好处。

4. 适时剪毛　长毛兔长到1.5~2千克（60~90天）时应剪第一次毛，以后每隔3个月剪一次毛。实际上第一次剪毛之后，即90~200日龄是长毛兔一生生长发育最快的时期，加强这阶段的管理，对终生多产优质毛非常有利。实践证明，兔毛经3个月长到一定长度就不再继续生长了，相反只会老化和脱落、结毡。为了获得高产优质的兔毛，适时剪毛和梳毛是非常重要的。实践证明，每10天给兔子梳一次毛，对兔的健康和长毛非常有利。通过梳毛，增加了空气的渗透性，使兔体感到舒适，还能将自然脱落的兔毛收集起来。每次剪毛之后，会使兔的食欲增加，体质增强。

如果不及时梳毛和剪毛，兔毛就会成块结毡而失去利用价值。更重要的是，兔毛结毡后严重束缚兔的躯体，影响机体的正常生理功能，使兔体表空气流通不畅，易患皮肤病，造成兔子精神不振、食欲下降、生长缓慢。由于结毡后不利于兔体散热，夏季极易使兔中暑死亡。在长毛兔的饲养管理中，适时剪毛是至关重要的工作。

5. 冬、夏管理方法的不同

（1）冬季管理：秋末和冬季及早春这段时间，天气寒冷，特别是秋末及早春这段时间，昼夜温差较大，要注意长毛兔的防寒保暖工作。为了防止长毛兔剪毛后感冒而诱发肺炎，冬季应在温暖的天气剪毛，剪毛后防止冷风吹袭并在笼中放保暖箱，放进柔软的垫草让兔栖息。但一个月后，应将保暖箱取出，防止兔毛粘带草屑。冬季剪毛时最好不要一次剪完，可在背部留一些，等腹部的毛长长后再将背部的毛剪去。冬季最好是采取拔毛的办法，每隔一段时间将较长的毛拔去一些。采取拔长留短的采毛方法，不但可以获得较多的优质毛，对兔的健康生长和防寒保暖都有利。其他可参看本书第七部分“家兔的冬繁与管理”。

（2）夏季管理：夏季高温高湿，对汗腺不发达的家兔，特别是长毛兔的生长极为不利。由于受炎热的影响，兔的采食量下降、消瘦、抵抗力降低、产毛量减少，还会产生夏季不育症。因长毛兔较一般家兔毛长，更不易散热，特别是兔毛结毡后严重束缚兔的躯体，兔体表面空气流通不畅，造成长毛兔患夏季不育症多于一般家兔，中暑死亡率也高于一般家兔。

夏季除防止兔毛结毡外，更重要的是做好降温防暑工作。长毛兔的夏季管理与一般家兔的管理方法基本相同，所不同的是，在高温季节到来之前，长毛兔必须进行一次彻底剪毛和药浴。

再者，要降低饲养密度。由于长毛兔体毛较长，每一只兔子就等于一个热源，降低了饲养密度，就等于减少了热源，这对缓解高温对家兔的不良影响大有好处。

合理地配合饲料。长毛兔夏季的饲料要全价，蛋白质的含量要充足。要使夏季也获得优质高产的兔毛，就要尽量满足其长毛生理的需要。

6. 长毛兔的药浴　夏季长毛兔剪毛之后要进行一次药浴。药浴不但可以减少皮肤病，特别是疥癣病的发生，而且可以使兔毛生长加速，产毛量提高，同时兔毛松散、洁白、光亮、不结毡，质量提高。

药液的配制方法：

（1）5 000 克温水，加入 20 克精制敌百虫片（研末溶于水），即成 0.4%的敌百虫溶液，再加入硫黄粉 15 克，溶解搅匀后使用。

（2）可以用土槿皮、苦参各100克，加水2 500克，煎后滤出药液，而后再加入硫黄粉100克、温水5 000克搅匀后浴用。

方剂歌诀

土槿治癣止痒痛，硫黄疗疮助阳通。

苦参清热虫不见，兔体舒适亦轻松。

药浴方法：无论使用哪种方法药浴，都应在剪毛后7～10天进行。药浴前要让兔子吃饱、喝好，药浴时一手抓住兔耳，将兔放入水温约40 ℃的药液中，头部向上，用手在兔体上揉搓，洗浴全身后再洗头部和耳朵。洗头部时注意不要让兔子呛水，以免引起中毒。洗浴时先洗健康兔，已患皮肤病或疥癣的兔最后单独药浴，药浴后要用柔软的毛巾或布将兔体擦干。春秋两季用药浴时，应在温暖的天气进行，以免引起感冒。

（二）长毛兔的采毛方法

在长毛兔的饲养实践中，常采用拔毛和剪毛两种方法进行采毛。

1. 采毛方法比较 通过比较，拔毛比剪毛好，经济效益高。同一个采毛期，采取拔长留短，分期采拔比一次性剪毛能提高30%的收入。采取拔毛的好处：一是有利于提高兔毛的质量，每隔30～40天拔一次长毛可防止兔毛脱落和缠结。采取拔毛能使5～6厘米的特级毛达90%以上，除了头部和脚部可全部采为特级毛，拔长留短还为下次采毛提供了毛源。二是拔毛便于分级存放，分级销售，提高兔毛的平均价格。三是有利于兔身的健康和兔毛的生长。实践证明，每一次拔毛之后，兔的食欲就有明显的增加。每当兔的食欲减退时，将兔体的长毛拔除一些，食欲便能马上恢复，笔者称这种恢复兔食欲的方法为“拔毛疗法”，效果很好。再者冬季拔毛有利于防寒保暖，并能防止家兔因剪毛发生感冒和肺炎。夏季拔毛不但能使兔体空气流畅，防止结毡，还能有效地防止蚊子的叮咬。

2. 采毛方法

（1）拔毛方法：将兔子放到桌子上或拔毛台上，用梳子将毛梳理顺。用拇指、食指和中指捏住兔毛，自臀部开始，顺着兔毛的方向，一小撮一小撮地拔，不要成把成把地硬拔，以免伤及皮肤。拔过臀部之后，再拔脊背和体两侧的毛，最后拔头部和脚部的毛。拔下的兔毛，要顺着毛茬的方向摆放整齐。

在拔毛时，还要特别注意，兔的臀部皮肤较薄，很容易拔伤。拔臀部毛时，要少而轻。幼兔第一次拔毛时，因为有疼感会叫会跳，操作时不能性急，一定要耐心，不可粗暴。由于皮薄而嫩，要防止幼兔拔毛出血。怀孕 20 天之后的母兔，特别是怀孕 25 天将要分娩的母兔，暂不要拔毛，以免引起流产。可在产后 10 天拔毛，并注意不要拔腹部的毛，以免损伤乳头，引起葡萄球菌感染。

拔毛时还要注意兔子的种类和季节及气候变化。初生幼兔一般两个半月拔第一次毛，以后视兔毛的长度，每隔 30~40 天即兔毛长到 5~6厘米就可以拔。夏季兔子害怕热，可在早晨凉快时或在阴雨凉爽时拔毛。冬季应在天气暖和时拔。拔毛后应让兔子饮用温水，多喂高能量的饲料，防止冷风吹袭，并注意防寒保暖。

（2）剪毛方法：用剪毛法采毛比拔毛法省事，饲养长毛兔较多时，一般都采用剪毛法。一般一只兔一年剪 4 次毛，即每 3 个月剪一次毛，这样优质兔毛的比例较高。如果一年剪 5 次毛，虽然总产毛量增加，但毛短，等级降低，一级毛减少，总售价降低。所以，一年以剪 4 次毛为宜。

剪毛时，将兔子放到桌子或剪毛台上，用梳子将毛梳理顺，然后从脊背中间向两边分开，使中间呈一条直线，然后用剪刀自中线开始剪，一行一行地剪，顺序是脊背、体两侧、臀部、颈部、颌下、腹部、四肢和头部（图 25）。剪下的毛要按等级长短顺茬放装，不可混杂，即方向最好保持一致。剪下的毛如不能及时出售，可放一些樟脑丸（粉），以防虫蛀。

剪毛是一项较细心的工作，不可操之过急、过快，剪毛时要特别注意以下几点：

①不可用手将兔毛提起使皮肤凸出体面，因兔的皮肤很松软，如果提起很容易将皮肤剪破。

②剪毛时要将皮肤绷紧，贴着皮肤剪，不剪二刀毛，留下的毛茬

力求整齐。

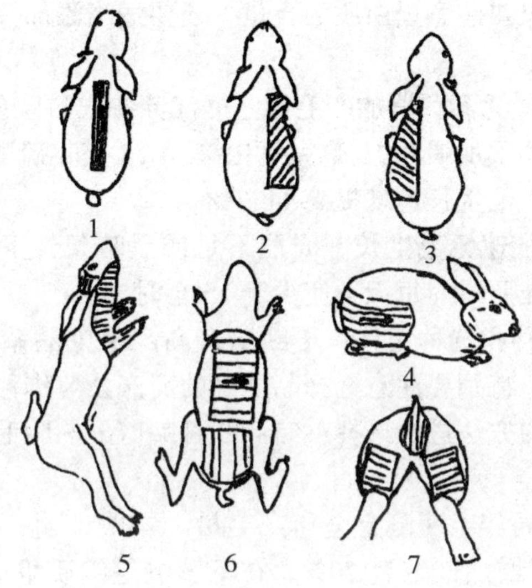

图 25　剪毛顺序

③遇有结毡兔毛时，要先将毡块垂直剪开成条，然后再从基部沿皮肤剪下。

④剪腹部毛时，要先拨出乳头再剪，以防剪破乳头。剪公兔毛时，大腿内侧应注意不要剪破睾丸、阴囊和生殖器。剪妊娠兔毛时，注意腹部的毛不要剪，供其产仔拔毛营巢用。母兔分娩前 5 天不要剪毛。

⑤如不小心剪破了皮肤，要及时涂抹碘酊和消炎粉，以防感染。

⑥冬季不要一次将毛剪完，以防受寒感冒。剪毛后要防冷风吹袭，并注意保暖。

⑦剪毛后要及时补充足够的营养和饮水。

（三）如何提高兔毛的产量和质量

1. 饲料营养丰富，多给蛋白质饲料　经分析，兔毛中有 16.8% 的含氮物和 4.02%的含硫物，因此，必须喂给蛋白质含量高的饲料。饲料中各种必需氨基酸的浓度增加了，兔毛的生长速度和产量就能提高。饲料中缺乏赖氨酸和蛋氨酸时，兔毛生长速度就会变慢，因此长毛兔饲料中不仅要注意蛋白质的含量，还要适当添加一定比例的蛋氨酸和赖氨酸。

2. 补充微量元素，增加产毛量 据江苏省农科院研究实验表明，长毛兔每千克体重加喂 0.15 毫克氯化锌、0.4 毫克硫酸锰、0.1 毫克氯化钴，可使兔毛生长速度提高 11.3%。

3. 光照能加速兔毛生长 光照不足或黑暗条件下，兔毛生长缓慢。长毛兔的光照时间每天不应少于 15 小时。

4. 加强育种和选种工作，不断培育高产毛兔品系 长毛兔具有很高的遗传力，特别要注意选择品质好的高产公兔作种用。长毛兔选种，要以系统的方法进行选择，55~60 日龄剪下的胎毛不足 30 克的，不能留种。

5. 根据不同养毛期测定全年产毛量 实践证明，70~75 天剪毛比 90 天剪毛可增加产毛量 20%。在不影响等级质量标准的情况下，增加营养、加强饲养管理，推广 75 天剪毛，以提高产量，增加效益。

6. 加强卫生管理 如保持兔体洁净，笼舍通风干燥，经常刷洗笼底板（喂草必须使用草架，禁止在笼内饲喂青草），防止粪尿污染兔毛，可确保兔毛洁白、光亮。

7. 经常对长毛兔进行健康检查 定期注射疫苗，防止兔瘟、巴氏杆菌病和各种肠道病、鼻炎发生；适时注射阿维菌素或依维菌素，防止疥癣病、真菌病、脱毛癣等皮肤病的发生；发现有兔脱毛癣和真菌皮肤病时要坚决淘汰，并及时对笼具火焰消毒。

8. 经常梳理兔毛 经常梳理兔毛可防止兔毛结毡、结块，推广拔毛技术，并对剪下的兔毛分级存放、分级管理，禁止剪二刀毛。

（四）长毛兔的选种标准

饲养长毛兔的目的重在剪毛，其选种的核心标准是品质好、产毛量高。只有培育选择优良品种，才能获取优质高产的兔毛。长毛兔的选种标准一般要从体重、产毛量、体型、毛型及健康几个方面选择。

1. 体重标准 体重标准要分阶段选择，即 40 日龄体重应在 1 000

克以上，90 日龄体重 2 000 克以上，180 日龄体重要达到 4 000~5 000 克。

2. 产毛量 产毛量也应分阶段标准选择，即 60 日龄剪下的胎毛应为 75~90 克，120 日龄应为 130~175 克，180 日龄为 180~220 克，240 日龄为 230~250 克，300 日龄为 300~350 克。

3. 毛型 粗毛与绒毛长短无悬殊，以粗毛型为好，群众称齐头毛或绵羊毛。

4. 体型 狮子头，全耳毛，体躯长，四肢长毛，前胸宽阔。

5. 健康 生殖器官发育正常，无遗传性疾病和皮肤病。

附 长毛兔种兔质量评估标准

一、主要指标及适用范围

本标准的各项指标是根据国务院颁布的《种畜禽管理条例》和农业部制定的《种畜禽管理条例实施细则》，并结合我国现阶段长毛兔的实际生产情况而制定的，规定了我国良种长毛兔的名称、质量评估技术指标和要求、检验方法及评定标准等。

本标准适用于长毛兔种兔场的种兔质量评定。

二、名称

中系巨型长毛兔。

三、种兔质量标准及各项指标

1. 体重：成年兔（1 周岁兔）公母平均每只体重大于 4.5 千克。

2. 体型：体躯长大，四肢粗壮，头方长，耳宽大，有全耳毛、耳尖一撮毛之分，眼球呈粉红色，体长大于 50 厘米，胸围大于 35 厘米。

3. 毛色：纯白色。

4. 毛质：蓬松无缠结、无污染、无杂色、粗毛含量在 13%以上，绒毛细度在 14 微米左右。

5. 年产毛量：公母兔只均年产毛量大于 1 400 克。

6. 料毛比：42 : 1。

7. 种公兔：符合本品种的外貌特征要求（毛色、头型、耳型、体型），无遗传缺陷，体质健壮、精神旺盛，两个睾丸匀称，发育良好，外生殖器无感染、洁净，肛门周围无粪便沾污，鼻孔无黏液、异物。

8. 种母兔：符合本品种的外貌特征要求（毛色、头型、耳型、体型），无遗传损征，胸宽、腹平、背直，乳头 4 对以上，排列整齐，外阴部洁净、无异形异物，行动敏捷、食欲旺盛、繁殖性能好。

四、健康状况

种兔食欲正常、精神旺盛、被毛洁白、有光泽，无皮肤病、脱毛症，粪球圆滑呈微黄色。

五、档案系谱资料

每只种兔（公兔、母兔）应有详细的配种和繁殖记录，仔兔应有生长发育、防疫接种记录等相关系谱档案资料。

六、检验方法

1. 产毛量：91 天单只产毛量×4＝年产毛量（现场剪毛）。

2. 体重：用 10 千克±0. 05 千克台秤称重。

3. 体尺：用 100 厘米长并有毫米刻度的软尺测量。

4. 外貌：健康状况，目测、触摸。

5. 繁殖性能：检阅档案资料。

注：测产毛量需在正式测定 91 天前进行预剪毛、称重，并用特制耳钳重新打耳号，并记录在册，以备正式测定时查验。

七、检验规则

1. 按标准规定的项目逐只进行全项检验、评分（各项所占分值建议表附后），抽检数量不少于被检单位总存栏繁殖种兔的 60%。

2. 总分 60 分以下判定为不合格；60～75 分为二级种兔；76～85 分为一级种兔；85 分以上为特级种兔。

以上 3 个等级也可用 A、AA、AAA 表示。

3. 外貌特征与本品种标准不符，有生理或遗传缺陷（如隐睾、单睾、象牙、眼球外突、草腹、乳头少于 4 对等）一项的均判为不合格。

4. 发现有弄虚作假者，评估结果无效。

附表　长毛兔评分（建议）

产毛量	产毛率	外貌特征	体型体重	繁殖性能	健康状况	档案资料	总分
30	10	10	15	15	10	10	100

注：本标准在原全国家兔育种委员会制定的《长毛兔选种技术规范》讨论稿的基础上修订。

长毛兔饲养管理歌诀

毛兔饲养有特点，配种阴部把毛剪。
繁殖胎稀仔宜少，公兔去势毛高产。
要求笼大单个养，兔毛洁净不结毡。
一年剪毛四五茬，注意分级来保管。
背上留下一缕毛，夏防蚊叮冬御寒。
分级剪毛按顺序，先背后侧剪不乱。
皮肤绷紧忌二刀，伤皮碘酊来消炎。
夏剪在天凉爽时，冬季剪后要保暖。
药浴防止皮肤病，兔体舒适不长癣。
剪后食旺多加料，精心管理扣紧环。
要想兔毛获高产，光照应把时间延。
饲料营养高蛋白，补充含硫氨基酸。
笼舍干燥讲卫生，兔毛洁净无污染。
注意培育新品系，各项指标逐级选。
质量评估有标准，细看长毛兔规范。

九、獭兔的饲养管理

（一）獭兔饲养管理的特点

1. 被毛颜色 被毛多彩斑斓，有黑、白、红、棕、黄、灰、褐等10多种颜色。其皮毛单位面积的绒毛根数多而细，且平整结实紧凑，手感平滑温暖丰满，具有美、平、轻、柔、细、密、短的特点。獭兔的毛长一般在1.6~2.2厘米，密度为1.5万~3.5万根/厘米^2，并且枪毛不突出于绒毛表面。

2. 獭兔的换毛 分年龄性换毛和季节性换毛。

（1）年龄性换毛：从40日龄开始，到150日龄结束，绒毛生产及有色兔的色素合成即停止。因此应在150~160日龄色泽亮丽饱满、被毛浓密平整时，适时取皮。如错过这段时间取皮，170日龄后獭兔又开始第二次年龄换毛，持续4~5个月结束，无疑会增加饲养成本，影响经济效益。

（2）季节性换毛：即春、秋两季换毛。秋季换毛结束的兔皮质量好，俗称冬季皮；春季换毛结束的兔皮质量稍差，俗称夏季皮。

3. 饲养要求 獭兔是以取优质贵重裘皮为主的，环境不宜污秽，不宜粗放饲养，饲料营养水平要求较高，一生中以全价饲料为主，一般消化能应在11.30兆焦/千克以上，粗蛋白质应在16%~18%。还应掌握前期高，中期稍低，后期高的原则。

4. 品种 獭兔不能与一般肉兔或皮肉兼用兔杂交，否则皮毛退化，品质降低，失去其贵重价值。幼兔断奶后即公母分笼饲养，公兔除留作种用外，要适时全部阉割后小群饲养。

5. 管理要求 要根据獭兔的换毛规律及皮毛的特点，强化饲养管理，注意环境卫生，合理配合饲料，缩短饲养周期，掌握春、夏多繁殖留种，冬季多取皮的原则，提高兔皮质量，提高经济效益。

色彩斑斓獭兔皮，美平轻柔短细密。
换毛过后及时采，营养宜高切莫低。

（二）獭兔的换毛顺序

獭兔换毛并非一次同时换下，而是经几个月时间，从头部开始逐渐向其他部位扩展，一点点脱换的。獭兔换毛部位顺序是：额头—颈部—前胸—脊背—两侧—臀部—腹部。未脱换齐的毛皮，可以看到明显的边缘界线，由此可知道距换毛结束的大致时间。一般来讲，腹部换毛完毕，全身平整光亮，便意味着换毛结束。

（三）獭兔皮的取皮要求

（1）獭兔取皮时，一定要在第一次换毛全部结束、第二次换毛尚未开始时进行，即 150～160 日龄时宰杀取皮。其质量要求是毛色要纯正、平整、浓密、丰厚、油润、光亮，符合色型特征，富有弹性，厚薄适中，板皮干净，被毛不易脱落。

（2）不取换毛皮。正在换毛的兔皮凹凸不平，长短不齐，质量不好。

（3）不取产仔哺乳母兔皮。产仔母兔因产仔时将腹部的毛拔下，腹部毛少或无毛，仅剩巴掌大一块儿，其利用价值不高。

（4）不取有疥癣、脱毛癣或有真菌皮肤病的残缺的兔皮。这类兔皮缺毛或毛根已脱断，经鞣制后，几乎就没有毛了，失去了经济价值。

（5）取皮时要保持皮毛清洁，无污染和血迹。如剥板皮，要割头去尾，沿腹部中线割开，注意不要割斜割偏，否则将降低质量等级。

（6）夏、秋取皮一定要用盐腌渍。用盐量大约是毛皮重量的 20%，每张皮约 100 克。腌渍时，一定要将盐撒匀，揉搓到边，毛对毛、肌板对肌板地向上堆放。腌渍 24～72 小时（夏秋季短，冬春季长）即可揭开。在通风处晾干，也可在弱光下晒干，切忌在烈日下暴晒和受雨淋；暴晒的兔皮易出脂失去弹性，雨淋后易发霉变质，降低等级。若要钉在木板上晾晒，注意保持自然伸展，不要将四边拉得太紧；否则，干燥后纤维易拉断，没有弹性，降低等级。

（7）晾干的兔皮要毛对毛、肌板对肌板打捆入库保管。每捆 50 张或 100 张。库房要通风、干燥。要有专门的货架或竹笆条笆，切忌直接放到地上，以免受潮。为了防止蛀虫，要经常喷洒灭害灵和检查晾晒，适时出售或鞣制加工。

（四）獭兔皮的取皮方法

饲养獭兔，贵在取皮。取皮应在最适当的时候即皮毛质量最好的时候进行。取皮要掌握毛皮不受损伤和污染的原则，如果取皮不当，就会降低经济效益。

1. 取皮方法 獭兔取皮不可采用一般家兔先宰杀放血后剥皮的传统方法，应当采用先处死剥皮，皮肉分离后再放血的方法。这样可以防止兔皮受损伤，兔血污染毛皮。

2. 处死方法

（1）棒击：左手将獭兔两条后腿抓紧提起，使其头朝下，然后用直径 3~4 厘米的木棍朝兔两耳根猛击一下即死。棒击时要稳、准、狠，并不许将头颅击破出血。

（2）打空气针：即在兔耳静脉注射 10 毫升左右的空气，使脑血管栓塞致死。

（3）其他：还有电麻法、灌醋法及颈椎错位法等，可根据情况使用。无论使用哪种方法将兔处死，都不要使兔尖叫、痛苦，并注意不要损伤兔皮和血液污染兔毛。工厂化屠宰剥皮要用电麻法。

3. 剥皮方法 将兔的右后腿用绳子或铁丝拴起，倒挂在树杈或专用的柱子上，割去尾巴，用锋利的剥刀自左腿飞节处，沿两条大腿内侧、阴部上方的平行线捅开，而后将大腿毛皮剥开向外翻。翻过臀部之后，用力将整张皮筒倒拉下来（俗称倒扒皮），到脖颈耳根再将皮张截开，即成毛朝里皮朝外的皮筒。如需要剥平板皮，在皮筒没与头部分割时，自下巴沿腹部中线割开，然后再将前腿套筒割开，即成长方形的板皮（图 26）。

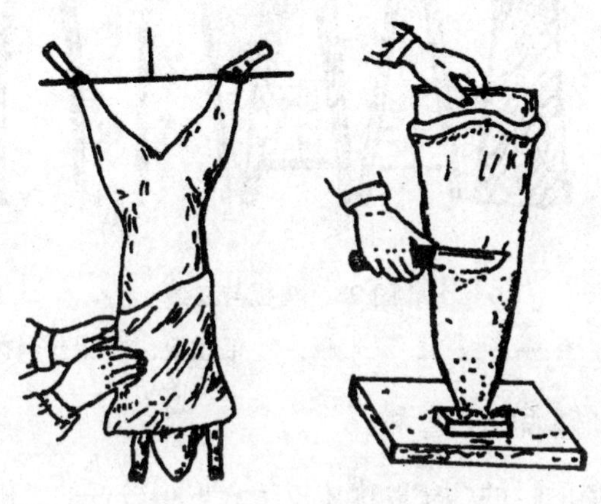

图 26　剥皮与板皮清理

剥下的筒皮，可按原样脖朝上、臀朝下套在撑皮架上，去掉残肉脂肪，让其自然伸展，挂在阴凉通风处晾干。

如剥下的是板皮，应用钉子将其四角及四边伸展钉在墙上或木板上，木板的大小视兔皮大小而定，然后放到阴凉通风处晾干。

（五）撑皮架的制作

撑皮架可用 8 号铅丝或宽 2~2.5 厘米、长 1.3~1.5 米的竹片制作（图 27），制作竹片皮撑时，先将竹片放温水中浸一浸，然后用麦秸火将中间烤热，中间呈 8~10 厘米弧形，弯成“∩”形，即成撑皮架，撑皮架可根据皮筒大小将两头用绳子拉紧或放松。注意制作的撑皮架要将四边刮光滑，不留竹刺，以免扎破皮张。

晾干的兔皮要及时出售或加工，如一时不能出售，可将皮筒摆平叠齐，板对板叠。如是平板皮，要毛对毛、皮对皮叠，再放些樟脑丸或樟脑粉，保存在阴凉通风干燥处，以免虫蛀。

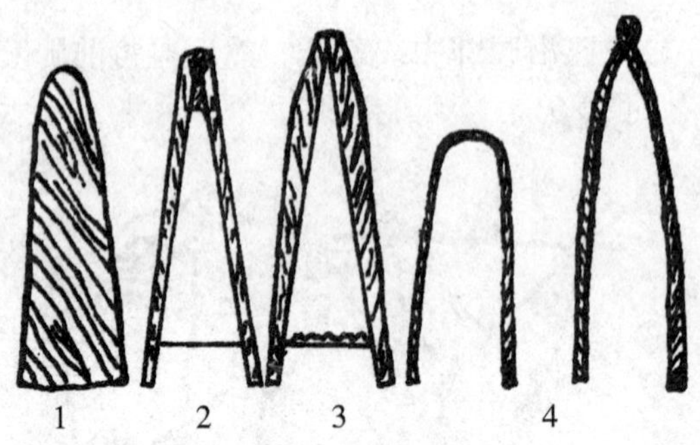

图 27　楦板与皮撑

1. 楔形板　2. 叉形板　3. 活动板　4. 铅丝绳撑

（六）獭兔的选种

饲养獭兔的目的是获取优质皮毛，取得较好的经济效益，所以要根据市场需求，选择生长快、个体大、绒毛平整稠密、枪毛少的种兔，千万不可到市场上随意购买退化的獭兔或商品兔饲养。如近几年国际市场和国内獭兔服饰加工企业需要的獭兔皮，绒毛长度要求为1.6~2.2厘米，所以就要选择中系獭兔和法系獭兔饲养（供种单位：法系獭兔为开封市兔业工程开发研究所、山东莱州市獭兔良种研究所）。在同等条件下，饲养这两种獭兔要比饲养其他品种的獭兔易出手，并且经济效益高，因服装加工企业在加工时，要将绒毛剪平，中长毛型的可以根据需要酌情剪短，而短毛型的却不能变长。

（七）獭兔的饲料

獭兔不但需要各种营养丰富的块根和各类野杂草，而且一生中都要吃全价饲料并对各种营养要求都比较高，如蛋白质及各种氨基酸、矿物质、维生素等。獭兔的主要产品是皮毛，而皮毛的形成主要靠蛋白质和氨基酸等，所以獭兔饲料的各种营养成分不但要高，而且要保持相对平衡。否则，兔子养大了皮毛质量不好。

獭兔的饲料营养应掌握三个阶段。18~60日龄的仔幼兔：粗蛋白质应达到18%~19%，粗脂肪3%~5%，粗纤维10%~12%，消化能

11~12兆焦/千克；60~120日龄：粗蛋白质15%~16%，粗脂肪2%~3%，粗纤维14%~15%，消化能9~10兆焦/千克；121~150日龄：粗蛋白质17%~18%，粗脂肪3%~4%，粗纤维11%~13%，消化能10~11兆焦/千克。为了能使饲料全价化且各种营养相对平衡，在生产中除95%以上的饲料自筹外，最好能购买和使用专门厂家生产的仔兔全价料或预混料。如河南省济源市金裕饲料公司生产的500仔兔全价颗粒料或506獭兔浓缩料，通过实践，效果很好。使用预混料和浓缩料可以减少购买各类氨基酸和微量元素的麻烦，并且附带有成功的参考配方，按说明添加就可以了。

（八）獭兔饲料的加工

獭兔喜欢食用颗粒饲料，如自己加工颗粒饲料，一定要购买使用新型干进干出的颗粒饲料机（如浙江嵊州市金塔通用机械有限公司，法人代表：石颂明）。这种新型颗粒机轧料时不加水，硬度高，光滑，熟化深透，杀菌消毒，獭兔爱吃，易消化吸收，饲料利用率高，易储存保管。

（九）獭兔皮品质的要求

1. 被毛品质 要求被毛丰厚平整。被毛的丰厚程度主要受环境温度和遗传即獭兔的纯正度的影响。我国南北气候差别较大，故北方较寒冷地区的獭兔被毛比南方较炎热地区的丰厚，特别是冬季比夏季的被毛丰厚，故我国饲养皮毛动物在冬季取“腊皮”的经验是很有道理的。

被毛的平整度是指枪毛与绒毛的整齐度而言，枪毛不允许突出被毛之外。枪毛、绒毛一样齐，这是保证獭兔皮珍贵美观的重要特点之一。

2. 色泽品质 獭兔有多种色型，这些天然色型绝非印染所能获得的。对色泽的要求是毛色纯正，富有光泽，符合色型的特征。

3. 板皮品质 要求板皮质地坚韧，板面干净，厚薄适中，被毛不易脱落。一般在适宜季节取皮的青年兔板质比较好，老龄兔板质较粗糙，母兔皮较薄，公兔皮较厚。夏季板质较薄，且绒毛易脱落，板皮质量最差。

4. 皮板面积 在保证被毛质量、色泽及板皮质量的前提下，獭兔皮皮张面积越大越好。

5. 正在换毛时取皮，将失去使用价值 因为正在换毛的獭兔皮绒毛长短不齐，极易脱落，失去光泽。不取正在换毛的獭兔皮，应当成为饲养獭兔的一条戒律。

獭兔取皮歌诀

逆顺推动无掉毛，皮质坚韧弹性好。
周身亮洁无界线，稠密平整无尖梢。
细看脊背无龟盖，整皮不把毛缺少。
换毛不取是戒律，哺乳疥癣皮不要。
处死剥皮别污染，留筒板皮自有招。
若需板皮别剪偏，忌重拉伸竖沟槽。
夏季取皮要盐腌，揉搓防腐毛不掉。
自然风干别暴晒，打捆入库防霉潮。
分级打捆别乱放，肌对肌板毛对毛。
经常检查防虫蛀，适时出售把货抛。

（十）獭兔皮的质量标准

獭兔皮鞣制好以后，根据当前市场需求被分为三路，即毛领路、服装路和编织路。对其各路等级、被毛长度、密度以及板皮面积都有一定标准。毛长要求在1.6~2.2厘米，以1.8~2厘米最好。因为做服装时，要将被毛剪平，2.2厘米可以剪平剪短至1.6厘米或2厘米。不能低于1.6厘米，同时也不能超过2.2厘米，过长意味着品种退化。

被毛的密度要求为1.5万~3.5万根/厘米^2，低于1万根/厘米^{2}的种兔则应及时淘汰。被毛的密度、长度、平整度、光泽都达到品质要求，则板皮面积越大越好，售价等级越高。

具体等级规格的要求是：宰剥适当，割头去尾和小腿。

1. 特级 绒毛特密丰厚、平整、细洁、富有弹性，毛色纯正、光亮油润。无突出的枪毛，无旋毛，无损伤，板质好，厚薄适中，全皮面积在 1 400 平方厘米以上，绒毛密度 3 万根/厘米^2 以上。

2. 一级 绒毛丰厚平整、细洁，富有弹性，毛色纯正，光泽油润，无突出的枪毛，无旋毛，无损伤，板质良好，厚薄适中，全皮面积在 1 200 平方厘米以上，绒毛密度 3 万根/厘米^2。

3. 二级 绒毛较丰厚平整、细洁，有油性，毛色纯正，板质、面积和绒毛与一级皮相同，在次要部位可带少量枪毛。全皮面积在 1 000平方厘米以上，具有一级皮质量，次要部位有小的损伤，绒毛密度 2.3 万根/厘米^2 以上。

4. 三级 绒毛略稀疏，欠平整，板质和面积符合一级皮要求，全皮面积在 800 平方厘米以上，或绒毛与板质符合一级皮要求。在主要部位有小的损伤；或具有二级皮标准，在次要部位有小的损伤，绒毛密度 1.6 万根/厘米^2 以上。

等外皮的绒毛长度均应达到 1.6～2.2 厘米，板皮和不符合等内要求的皮列为等外皮。等外皮为宰杀不当的剪偏皮、品质虽好的拉伸皮（失去弹性）、枪毛皮、季节换毛皮、掉毛皮、哺乳母兔皮、竖沟皮、龟盖皮、亏寸皮等。

（十一）如何提高獭兔皮质量

饲养獭兔经济效益的好坏，兔皮质量是关键，我国饲养獭兔的数量大，但收取优质兔皮的比例较少。原因是多方面的：一是不注意选种育种，甚至用已退化的獭兔搞繁殖；二是忽视獭兔的营养需要，饲料营养水平低；三是饲养管理粗放，不按行业标准生产管理。许多初养者只知道獭兔是“短毛”，对具体标准不甚了解。如何提高獭兔皮质量，一直是人们关注的焦点。

提高獭兔皮质量，除采取科学的饲养管理方法，给獭兔创造一个良好的生态环境，满足其各生育阶段的营养需要之外，培育和选择优良品种是至关重要的。

（1）在生产实践中，要选择被毛稠密、平整，枪毛少的作种兔，被毛密度应为 2.5 万～3 万根/厘米^2，枪毛率不超过 8%。发现被毛虽然稠密，但枪毛较多，则不宜作种用，要坚决淘汰。因为枪毛在服饰加工时很难染色。被毛虽稠密平整但颈部毛稀或无毛也不能作种兔，因为板皮的长度是从颈后毛密处量起的，如果颈部毛稀或无毛，剥下的皮张就会在前部呈现一个很大的月牙形，使整张兔皮面积变小。再者，颈后毛的密度能反映出全身被毛的密度和质量。被毛的长度要根据商品需要来选择。20 世纪 80 年代以前处于观赏阶段的獭兔毛长一般在 1. 2~1. 3 厘米；进入 21 世纪之后，由于獭兔皮服饰加工的兴起，1. 2~1. 3 厘米的长度已经不适应服装加工的要求，我国裘皮服装加工企业需要的是毛长为 1. 6~2 厘米的獭兔皮，因为皮张鞣制好后要对其修饰剪平，毛长点可根据需要剪平剪短，而短一点的却不能使其变长。所以要选择被毛稠密、每平方厘米 2. 5 万~3 万根，平整，毛长在 1. 6~2 厘米且枪毛少或无枪毛的作种兔。同时毛长也不宜超过 2. 2 厘米，超过了这个长度或者过短都意味着品种退化。

对于獭兔的成年体重，以 3. 5~4. 5 千克为宜。根据美国有关资料报道：獭兔 4 周龄的体重是成年体重的 1/10，如果 4 周龄体重达不到 350 克，不能进入种兔群，不足 250 克则要提前淘汰。3 月龄体重达不到 2. 25~2. 5 千克，也不能作种用，要当商品兔育肥处理。150 日龄体重应达到 2. 75~3 千克，这样的种兔宰杀时皮长一般都在 40~50 厘米，质量规格达 1~2 级标准的应在 70%以上。有隐睾、单睾现象，乳头低于 4 对的不宜作种兔。

（2）回避獭兔皮质量差的季节。一年中，12 月到翌年 4 月是獭兔皮质量最好的季节；而 7~9 月，是獭兔皮质量最差的季节。12 月至翌年 4 月杀取皮的兔子是在天气炎热最难配种的 7~9 月所怀孕繁殖的，根据这一特点，若要提高獭兔皮质量，逆转獭兔配种季节就是一个很重要的问题。所以，除保证饲料营养、选择优良品种外，要想方设法给獭兔创造一个适宜繁殖生产的条件，降低兔舍温度，夏季多配种产仔，冬季多取优质兔皮。

（3）掌握好最佳取皮时间。獭兔第一次换毛结束后，即 150 日龄时进行逐个检查，从感官上看被毛是否平整光亮，并用手顺向和逆向反复推动兔毛，看是否有绒毛脱落现象，如有绒毛脱落，即是尚未到取皮时间，要稍等一段时间再宰杀取皮。检查换毛界线，即獭兔换毛是从前到后，自上而下开始的，观察时要仔细看是否有界线。方法是让兔子腹部朝上，观察换毛已无界线时即可取皮；如果界线仅到两行奶头，则是换毛没有结束，此时急于取皮会缩小皮张利用面积。所以必须到两行奶头中间即腹部中线时才可取皮。

提高獭兔皮质量歌诀

选择良种上等级，科学饲养细管理。
环境卫生别污秽，单笼饲养不沾泥。
切莫粗放地面养，防皮肤病记心里。
饲料营养定指标，蛋白要高前后期。
公兔阉割好育肥，降低热源密度稀。
逆转繁殖创条件，夏繁冬取优质皮。
毛密平整为标准，面积大能晋特级。
掉毛换毛兔毛稀，疥癣哺乳皮不取。
整理兔皮忌拉伸，暴晒溢脂弹性低。
宰杀取皮勿剪偏，切莫污染沾血迹。
处死手法别残忍，电麻注气安乐去。
夏季取皮要腌盐，防止腐败皮生蛆。
晾干保存防霉潮，杜绝虫蛀别大意。
适时出售或加工，皮优定能高效益。

附　獭兔种兔质量评估标准

（2003 年 3 月一届二次常务理事会*审议通过）

一、主要内容与适用范围

本标准规定了獭兔种兔的质量评判技术和要求，检测方法及检测规则等。

本标准适用于獭兔种兔场的种兔质量评估。

---

* 指中国畜牧业协会兔业分会常务理事会。全书同。

二、本标准的制定依据

根据国务院颁布的《种畜禽管理条例》和农业部制定的《种畜禽管理条例实施细则》及国内外有关资料与目前国内外市场对獭兔毛皮的质量要求而制定。

三、品种与品系

獭兔学名“力克斯”，是家兔中的一个变异品种，在国外经多年培育，形成10多个品系，多以颜色的不同作为各个品系之间的区别，也有以产地的不同作为各系的区别（如法系、美系、德系等）。

本标准根据产地不同，特制定法系、美系、德系獭兔种兔的质量标准。

1. 法系獭兔：头椭圆形、耳宽厚较短、四肢粗短、略显肉髯、肩宽臀圆、体躯前后匀称，较德系兔略短，背腹平直，四肢雄健有力，被毛浓密、丰厚、光亮，枪毛含量低于德系兔，体型中等，成年兔（1周岁兔）公母平均每只重3.5~4.5千克。

2. 美系獭兔：面目清秀，头小嘴较尖、眼大而圆、耳长直立、耳壳较薄，颈部稍长、肉髯明显、胸部较窄，背腰略呈弓形，腹部、臀部较发达，体格相对较小，绒毛细密、枪毛较少且不外露，体型匀称，成年兔（1周岁兔）公母平均每只体重3.0~4.0千克。

3. 德系獭兔：头方嘴圆、耳宽厚直立、眉须弯曲、颈较粗短、肉髯不明显，体格粗大、胸宽深、背腰平直、四肢粗壮有力、虎头虎脑，被毛浓密、丰厚、光亮，毛纤维略显粗长，前后身躯匀称，成年兔（1周岁兔）公母平均每只体重4.0~5.5千克。

四、被毛结构

1. 毛长：1.6~2.2厘米。

2. 毛纤维结构：绒毛（平均细度16~19微米）含量大于92%，枪毛（粗毛）含量小于8%，枪毛长度与绒毛齐平。

3. 被毛密度：大于10 000根/厘米^2。

4. 毛色泽：毛色符合国内外公认的不同品系的色型标准（新品系除外，毛色纯正、光亮如丝，富有弹性）。

五、体重标准

成年兔（1 周岁兔）公母平均每只体重 3.5~5.0 千克。

六、体型标准

体长大于 40 厘米，前后部位匀称、背腰平直、臀圆、腿直而有力，长度适中，颈短、头较轻而偏长、两耳直立。

七、繁殖性能

1. 公兔：性欲好，体质健壮，配种准胎率在 65%以上。

2. 母兔：腹部宽大，乳头 4 对以上、排列整齐，年产 5 胎以上，窝均产仔 5~8 只，30 日龄仔兔体重大于 500 克。

3. 公兔配种和母兔繁殖要有详细记录，以备查验，并有完整的档案系谱资料。

八、健康状况

精神旺盛，食欲正常，眼结膜无分泌物，肛门无粪尿污染，粪球圆滑呈微黄色如大豆粒大小，鼻孔洁净、无黏液，无皮肤真菌病、疥螨病、螺旋体、皮炎、慢性寄生虫病及生理异常现象（如象牙、眼球外突、单睾、隐睾等）。

九、检测方法

1. 体重：用 10 千克±0.05 千克台秤称重。

2. 体尺：用 100 厘米长软尺，以毫米为单位，主要测体长和胸围。

3. 被毛品质：根据被毛的密度、细度、长度、平整度及毛色是否纯正等指标判定优劣和综合评分。

十、检测规则

1. 按标准规定的项目逐只进行全项检测和评分（各项分值建议表附后）。

2. 判定规则：

（1）有任何一项不符合獭兔品种质量标准的或有明显遗传缺损特征者均断定为不合格。

（2）抽检数量不得少于总存栏繁殖种兔的 60%。

（3）发现弄虚作假者，评估结果无效。

3. 总分：达 60 分以上（含 60 分）者为合格；60~75 分为 A 级

种兔；76~85 分为 AA 级种兔；85 分以上为 AAA 级种兔。

附：獭兔种兔评分（建议）表

被毛质量：35

外貌特征：10

体型体重：20

健康状况：10

繁殖性能：15

档案资料：10

总分：100

注：本标准是在原全国家兔育种委员会制定的《獭兔选种技术规范》讨论稿的基础上修订而成的。

獭兔良种质量评审打分标准（试行）

（2003 年 3 月一届二次常务理事会审议通过）

	项目内容	标准分值	评审得分
1. 规模及基础设施	（1）种兔数：		
	核心群 200 只，基础群 300 只以上	6 分	
	核心群 250 只，基础群 400 只以上	8 分	
	核心群 300 只，基础群 500 只以上	10 分	
	（2）笼位数：		
	标准笼位在 2 000 个以上	5 分	
	标准笼位在 2 500 个以上	6 分	
	标准笼位在 3 000 个以上	7 分	
	（3）笼舍环境条件：符合种兔生产卫生防疫要求，配套设施齐全	3 分	
2. 管理	（1）选种工作要求：耳号清晰无缺漏；具有 3 年以上的种兔繁殖配种、生长发育的记录，记载和系谱档案等选种资料齐全（根据遗缺情况酌情扣分）	12 分	

续表

	项目内容	标准分值	评审得分
2. 管理	（2）生产管理要求：生产管理制度（如岗位责任、饲草饲料等物资保障、卫生防疫、疫病防治等）完善，执行良好（根据有关资料查阅和现场考察结果打分）	6分	
	（3）种兔出场：符合当地种畜禽出场管理基本要求	2分	
3. 种兔质量	（1）体型外貌特征符合獭兔品种、品系要求	6分	
	（2）体重：核心群兔平均成年体重 3.50～4.00千克	6分	
	（3）毛皮品质与遗传稳定性：		
	A. 根据被毛密度（重点）、平整度、绒毛长度、光泽度、回弹性等感官评定结果打分	30分	
	B. 毛皮品质遗传稳定性（重点）：根据5～6月龄后代的皮毛质量打分，能达到商业二级以上的不低于70%，优质皮的比例越大，给分越高	10分	
	（4）核心群兔健康状况：良好，临床上无真菌病、眼结膜炎、葡萄球菌病等慢性疾病	8分	
评审总分			

注：评审总分在60～75分者为A级种兔；评审总分在76～85分者为AA级种兔；评审总分在86分以上者为AAA级种兔。

獭兔选种技术规范

（2003年3月一届二次常务理事会审议通过）

一、主要内容和适用范围

本规范提出了力克斯兔（獭兔）的品种标准，主要推广品系、选种技术要求及试验方法。

本规范适用于各类獭兔种兔场及獭兔生产专业场、户。

二、獭兔品种标准

1. 毛长：1.3～2.2厘米。

2. 毛纤维结构：绒毛（平均细度为16～19微米）含量≥92%，枪毛（粗毛）含量低于8%，枪毛长度与绒毛齐平。

3. 毛色及色泽：毛色符合国内外公认的不同品系的色型标准，毛色纯正，光亮如丝，富有弹性。

4. 体重：成年兔体重3.0~5.0千克。

5. 体型：体躯略长（体长≥40厘米），前后部匀称，背腰平直，臀圆，腿直而有力，长度中等，颈短，头较轻而偏长，两耳直立。

6. 被毛密度：≥1万根/厘米^2。

三、主要推广品系（按色型）

白色獭兔、加利福尼亚（八点黑）獭兔、黑色獭兔、海狸色獭兔、青紫蓝色獭兔和红色獭兔。

四、选种技术要求

1. 选种方向：体型较大，毛被品质优良（短、细、密、平、美、牢），繁殖性能好，适应性强。

2. 主要选择指标：窝产仔数；21日龄窝重；35日龄窝重、活仔数；60日龄窝重、个体均重、成活率；120日龄体重、体尺、毛被品质；180日龄体重、体尺、毛被品质、公母兔种用价值及健康评定。

3. 选种方法：断奶时淘汰病、弱兔，约10%；56～60日龄从窝重大、活仔多（成活率高）的窝别中选留后备兔，淘汰率为20%左右；120日龄根据体重、体尺及被毛品质的综合评定，母兔按50%～60%选留，公兔按20%～30%选留；180日龄为终选，淘汰少数有繁殖或健康缺陷的个体。进入繁殖种兔群后，可根据繁殖成绩和后代生产性能观察测定，再补充淘汰生产性能表现不良者。

4. 建立选种记录档案制度：主要有配种繁殖、生长发育测定、毛皮品质活体综合评分记录；种兔系谱和同胞、后裔测定等档案。

5. 饲养管理相对稳定：饲养环境、饲料营养应与选种标准相配套。

五、检验方法

1. 体重：用10千克±0.05千克台秤称重。

2. 体尺：用软尺，主要测体长和胸围，按全国家兔育种委员会《家兔生产性能指标、名称和计算方法标准》有关规定测量。

3. 被毛品质：暂参照全国家兔育种委员会《白色獭兔比赛办法》中，毛皮质量及毛色评分标准进行综合评分。

六、检验规则

1. 按规范规定的项目逐只进行全项检验。

2. 判定规则：有任何一项不符合“獭兔品种标准”的，或有隐睾、单睾、乳头4对以下，有明显遗传损害特征的，均判定为不合格。

獭兔皮质量等级标准

等级	品质要求	尺寸	密度	绒长
特级	正季节皮，皮形完整；绒面平齐，毛色纯正，光亮平滑，背腹一致；绒面毛长适中，有弹性；无枪毛、旋毛，密度大；板质好；无伤残	0.17平方米以上	特密，3万根/厘米^{2}以上	1.6~1.8厘米
A级	正季节皮，皮形完整；绒面平齐，毛色纯正，光亮平滑，背腹基本一致；绒面毛长适中、有弹性；板质好；无伤残	0.14平方米以上	中上，3万根/厘米^{2}以上	1.6~1.8厘米
B级	正季节皮，皮形完整；绒面平齐，毛色略有差异，光亮平滑，腹部绒面略有稀疏；板质良好；无伤残	0.1平方米以上	适中，2万根/厘米^{2}以上	1.5~2.0厘米
C级	正季节皮，皮形完整；毛绒略有不平，经剪毛加工后可用，腹部毛绒稀疏，板质较薄，有伤残（1厘米以下的伤残不超过2个）	0.07平方米以上	中下，1.6万根/厘米^{2}以上	1.5~2.2厘米
等外品	不符合特级及A、B、C级以外的皮张			

獭兔皮技术规范

（本办法已于 2005 年 11 月 26 日经一届三次理事会审议通过）

1 范围

本标准规定了獭兔皮的技术要求、检验方法、检验规则、质量规格和储藏、包装、运输方法。本标准适用于獭兔皮的初加工、收购、销售。

2 术语

2.1 绒毛：皮板枪毛和绒毛的总称。

2.2 皮质（绒面）：绒毛的品质。指绒毛的长度、密度、颜色、平顺、光泽、长短、平、细、密、牢等综合品质。

2.3 密度：指獭兔皮单位面积内生长的含毛纤维根数，优良獭兔毛纤维密度为每平方厘米含毛量在 1.6 万~3.8 万根。

2.4 板质：皮板的品质。指皮板的厚度、颜色、韧性、弹性、油性等综合品质。

2.5 枪毛：指露出绒面的针毛。

2.6 旋毛：指毛绒竖立不直，呈旋涡形毛绒。

2.7 尿黄皮：指在饲养时兔舍卫生不良、兔皮被尿液染黄的皮张。此皮在鞣制过程中很难去掉尿渍。

2.8 鸡啄皮：指一张很好的皮，却有几处像被鸡啄掉了毛一样。大者 2 平方厘米，小者 0.5 平方厘米。

2.9 龟盖皮：根据脱毛情况，背部或腹部出现绒短或绒长现象，称为龟盖皮。

2.10 换季皮：指换毛未换完的兔皮。指整张皮毛的密度不够或四边毛质的密度不够，还有的出现竖沟缺毛和波纹缺毛现象。

2.11 孕兔皮：指产过仔的母兔腹部尚未长好的或已经长不出毛质的皮张。

2.12 亏寸皮：指达不到等级面积要求的小皮张。

2.13 霉腐皮：指宰杀后没有及时做防腐处理，致使皮板纤维胶原组织受损，霉烂变质的皮张。

2.14　油焦板：是指没有按加工要求将新鲜兔皮在阴凉处晾干，而是在阳光下暴晒，致使皮板脂肪油泛出，皮张纤维受到破坏的皮张。

2.15　拉伸皮：指宰杀后对皮张的拉力、伸展过大，致使皮毛空疏、毛纤维受到破坏。

2.16　折痕皮：指表面皮形成断裂条痕，有损皮质。

2.17　水伤皮：指鲜皮不及时加工，受闷后引起脱毛。

2.18　黄板皮：指鲜皮加工时连日阴雨、闷热，皮板纤维腐蚀而发黄，有异味，制裘时易脱毛。

2.19　夏板皮：指夏季宰杀的兔，皮板薄，毛绒稀疏。

2.20　陈板皮：指隔年皮、储存时间过长或不当，皮质枯燥，皮张枯黄。

2.21　[illegible]偏皮：指后裆、嘴部开剖不正的皮。

2.22　伤残：指影响毛质、板质的各种伤残或缺陷。

2.23　软伤：指毛皮鞣制过程中伤残面积扩大者，如受闷脱毛腐烂、霉变、油烧板等。

2.24　硬伤：指毛皮鞣制过程中伤残面积不扩大者，如刀伤、擦伤等。

2.25　血板皮：指病死或非宰杀致死，皮板出现染红色的瘀血斑痕，皮质不好。

2.26　透毛皮：指皮板面露出毛根，因毛皮在鞣制过程中削力过重引起。

2.27　缠结皮：指皮张局部毛绒缠结在一起，獭兔养殖过程中护理不当或毛皮在鞣制过程中去油不净，使毛绒形成团状。

2.28　黏结皮：指毛绒不能起立蓬松，粘在一起，因毛皮在鞣制后清洗不够造成。

3　分类

由于地区差异造成各地生产的皮张质量不同，大体可分为北方、中原、南方三大区域。

3.1　北方獭兔皮：基本上以黄河为界，东北、西北、河北的北半部。兔皮张幅大，皮板肥壮，毛绒面厚平顺。

3.2　南方獭兔皮：主要产于浙江、江苏一带，毛绒平齐且较细，板质适中。

3.3　中原獭兔皮：以四川、河南等区域为主，皮板张幅较小，毛绒平顺且较细，板质薄。

4　加工技术要求

4.1　技术要求

4.1.1　取皮时间：一般在獭兔出生后饲养5~6个月或2.5千克以上（在10月下旬至翌年4月底为最佳季节）屠宰取皮，如毛质不齐，可适当延长屠宰时间。

4.1.2　剥皮：将兔子倒挂沿后腿部开刀，挑裆要正，用退套的方式翻剥成为皮板朝外，头、腿、尾齐全，抽出尾骨，腿骨在活动关节处断开，四肢翻出外露。

4.1.3　剫皮：从肛门处沿腹部中线至嘴部直线剫开，四肢内侧剫开时不能偏斜。

4.1.4　晾晒：宰杀完毕不能及时制裘的要展开进行晾晒风干，不准暴晒。

4.1.5　搓盐：对不能及时晾晒的鲜皮要对皮板进行搓盐处理，盐粒不要太粗，搓揉要全面到位。

4.2　质量要求

4.2.1　品质等级

（1）经过拉伸的皮张鞣制后收缩率较大。

（2）自然晾晒风干的皮张，一般情况下不收缩。

4.2.2　獭兔皮的被毛，最理想的是长度为1.6~1.8厘米，最短不能少于1.4厘米，最长不得超过2.2厘米，凡是超出该范围的都是退化品种。

4.2.3　獭兔的绒毛平均细度为16~19微米，若90%以上超过此值的为退化品种。

4.2.4　獭兔皮的密度指皮肤单位面积内生长的毛纤维根数，每平方厘米含毛量在1.6万~3.8万根。

4.2.5 凡饲养重量在2.5千克以上的獭兔，其板皮基本上都能达到级别要求的尺寸。

5 检验方法

5.1 检验工具、设备与条件

5.1.1 工具：市尺（直尺、皮尺）。

5.1.2 设备：操作台。

5.1.3 条件：在阳光不直射，自然光线充足的室内，将皮张展平放在操作台面进行检验。

5.1.4 灯光：由40瓦日光灯管4支与台面平行架设，灯源与台面距离为70厘米。

5.2 检验方法

5.2.1 光泽，毛色，弹性，旋毛，附着度的检验：毛面朝上，左手捏住头部，右手捏住尾部，然后右手上下轻轻抖动皮毛，或将手指插入被毛内，感官检验。

5.2.2 鲜皮检验：用手插入皮筒，用力抖动使其绒毛朝外，双手提起，自上而下，用眼审视毛绒表面，目测检验。

5.3 密度检验：用嘴逆方向吹被毛，兔毛呈旋涡状。如露出皮肤面积小于4平方毫米（别针头大小）为特密，一般在3万根/厘米^{2}以上；如露出8平方毫米（大约火柴头大小）为中密，一般在2万根/厘米^{2}左右；吹露面积不超过12平方毫米（约3个别针头大小）的为基本合格。

5.4 面积检验：毛面朝上用直尺自颈部适当位置至尾根测量长度，从一侧边缘中间适当部位（横）直线量至另一侧边缘中间适当部位，测出宽度，长宽相乘求出面积。

5.5 伤残面积检验：用市尺量出（伤残的适当部位）伤残的长度、宽度，长宽相乘求出面积。

6 检验规则

此规则是指收购交接检验规则。

6.1 逐张检验：200件（10 000张以下）内必须逐张检验。

6.2 批量检验：每 50 张为 1 小捆，每 4 小捆（200 张 1 袋）为 1 件。200 件以上为批量，随机抽验 20%。

6.3 检验误差：±5%。

6.4 检验双方如有异议，对有异议部分进行复验。如双方仍有异议，则协商解决。

7 仓储保管及包装运输

7.1 专用仓库仓储保管

7.1.1 仓储条件：采用恒温、恒湿专用库，控制温度 5~10 ℃，鲜兔皮 0 ℃以下时间不宜超过 30 天，相对湿度小于 65%。

7.1.2 保管要求：

（1）鲜皮要搓盐，晾晒风干后入库，底层要与地面相距 15 厘米。上货架存放最高叠放不得超过 30 厘米高度。上下留有空隙，以便通风。

（2）库房要保持整洁，要有防虫、防鼠措施。

7.2 包装运输

7.2.1 包装：

（1）干燥好的生兔皮每 50 张为 1 小捆，每小捆为 1 件，纸箱或袋子包装。熟兔皮可散装，托运必须用纸箱包装并层层叠放。

（2）封箱要填写装箱单，一式三份，一份放入箱内，一份贴在箱外，第三份留底备查。装箱单的内容包括箱号、级别、颜色和张数等。

7.2.2 运输：运输途中避免潮湿、高温和火种。

十、家兔的繁殖技术

（一）家兔的繁殖

1. 性成熟和初配年龄 初生仔兔生长发育到一定年龄，公兔睾丸中能产生具有授精能力的精子，母兔卵巢能产生和公兔精子结合的卵子时，就叫性成熟。

家兔性成熟早，4~5月龄就有发情表现，此时不可急于配种，因为刚进入性成熟期的公母兔，正处于生长最旺盛的阶段，所以不宜立即配种。配种过早，对家兔的生长发育不利，而且生下的仔兔个体小、存活率低，母兔利用年限短。

家兔的最佳配种年龄，母兔7~8月龄，体重3.5千克以上；公兔8~9月龄，体重3.5千克以上。皮肉兼用母兔最好在7月龄，体重3.5千克以上；公兔8月龄，体重4千克以上。这样的家兔均已发育成熟，所产后代发育好，仔兔成活率高，种兔利用年限长。根据品种和经济类型，也可适当在年龄超过半岁、体重达到成年体重的70%时开始配种。

适龄种兔从开始交配繁殖算起，其利用年限，母兔为2~3年，公兔为3~4年。但是，根据体质、生产性能和后代生长发育情况，要逐步选留、淘汰或更新。经过选育，母性好、产仔多且后代发育好的母兔利用年限可适当延长；个大健壮、生产性能好的公兔，1只可轮流交配6~8只母兔，每天可交配2只，连用两天应休息一天，同时应补饲蛋白质含量高的饲料。

2. 母兔的发情和发情周期 母兔发情时的表现如下：

（1）举动活跃，常在笼内不停地跳动。采食量减少，常在食槽和笼门上摩擦下颌。性欲旺盛的母兔主动与公兔或其他母兔爬跨调情。当公兔追逐爬跨时，便伏卧在地，伸长体躯，抬高臀部，举尾迎合公兔交配。

（2）在笼内衔草垫窝，并有拔毛现象，放到公兔笼内便很快接受交配。

（3）母兔阴户由干涩苍白变为湿润红肿。发情母兔分为发情初期、发情盛期和发情后期三种。初期阴户黏膜呈粉红色，并有明显的肿胀和湿润；盛期阴户大红并有分泌物；后期阴户肿大并变成黑紫色。即群众总结的“浅红早，黑紫迟，大红配种正当时”。因此，母兔配种在阴户大红的盛期最好。此时将母兔放到公兔笼内能很快接受交配，且受胎率也高。

家兔是刺激性排卵动物，交配后 10～20 小时才能排卵。如若对发情母兔不予配种，则经过 10～15 天，卵巢中成熟的卵泡就逐渐萎缩、退化，被周围组织吸收，尔后再形成新的卵泡，循环往复，这就是家兔的发情周期。

母兔发情歌诀

食欲减退晃不停，考虑母兔正发情。
衔草垫窝又拔毛，下颌常把笼门蹭。
接近公兔互爬跨，检查阴户湿润红。
正是发情好时刻，抓紧配种别消停。

3. 家兔的配种　已经发情的母兔，只要到了配种年龄和体重，便可进行配种。交配时应在公兔笼内进行，同时将食槽和水槽取出，并在笼底板上垫上一块木板或纸箱板，以免公兔追逐母兔时腿脚掉入笼底缝中而扭伤。

交配时，公兔爬在母兔的背上，前肢紧抱母兔，或用嘴紧咬母兔颈皮，不停地抖动臀部；母兔便伸长体躯，举尾抬高臀部迎合。阴茎一旦插入母兔阴道，便马上射精。公兔射精后，后肢蜷起，“咕”叫一声，便倒向母兔一侧，站起后便兴奋地顿足，表示顺利射精，交配即结束。此时在母兔臀部猛拍一下，母兔身体紧缩，将精液吸入阴道，避免外流。然后将母兔取出放回原笼，并及时记录公母兔的耳号及交配时间，填入卡片或做特殊标记，以便引起注意，随时检查。

应当注意的是，个别母兔对公兔有选择性，如果发现母兔虽然发情但不接受交配的，应当另换一只公兔交配，如果仍不接受交配，就要采取人工辅助的办法交配。方法是：用一根细绳子，拴住兔的尾巴尖，左手抓住细绳、兔耳和颈皮，右手伸向腹下大腿中间，轻轻将母兔臀部托起，让公兔爬跨交配。

为了提高母兔的受胎率，可以进行复配和双重交配。

复配是用同一只公兔在前次交配 1~2 小时后再交配一次，这样能有效地提高受胎率和产仔数。

双重交配是用同一品种的两只公兔 6~8 小时内各交配一次。此法受胎率高，产下的仔兔好。但是，这种方法血统不清，无法对公兔的后裔进行测定，所以良种兔场不宜使用此种交配方法。注意，交配后一定要做记录，并在兔笼明显的地方标记配种符号，以便到时检查是否受孕和做接生准备。

家兔配种歌诀

检查母兔已发情，配种应在公兔笼。
事先笼底垫踏板，防止腿脚夹入缝。
母兔抬臀又举尾，公兔交配即射精。
为了提高受胎率，可以复配搞双重。
若遇母兔拒交配，人工辅助尾拉绳。
配后一定做记录，以便检查搞测定。

4. 家兔的繁殖制度　实践证明，家兔一年四季均可配种繁殖。但是，由于气候条件、饲料营养水平、个体生理特征的差异，其受胎率及产仔情况也不相同。

一般情况下，3~5 月受胎率最高，10 月至翌年 2 月次之，7~9 月由于高温高湿，受胎率最差。如能创造有利的条件，如夏天采取降温防湿措施、冬天做好保暖工作，备好足够的青绿多汁饲料（如胡萝卜），也能获得较好的效果。

家兔的繁殖制度一般有 3 种：

（1）传统繁殖法：由于考虑气候因素和饲料来源，一般肉用兔年产4~6胎，毛用兔3~4胎，皮用兔4~5胎。仔兔40~45日龄断奶。此种方法仔兔成活率高，母兔体质健壮，利用年限长。

（2）半频密繁殖法：即适当缩短繁殖周期，母兔产仔后10~28天再次配种，仔兔35日龄断奶，用这种方法每年可产仔5~7胎。这种方法适用于半集约化商品兔场和专业户繁殖。

（3）频密繁殖法：如果养兔数量少，且饲料营养水平较高，有较好的条件控制兔舍小气候，母兔产仔后可在2~3天配种（俗称"血配"），仔兔28天断奶，这种方法每年可产仔7~8胎。但这种方法会造成母兔体质瘦弱，利用年限缩短。

家兔繁殖制度歌诀

繁殖制度有三种，频密半频与传统。
养兔别光讲胎次，关键是把仔养成。
根据情况订计划，五胎六胎最适应。
仔壮体胖母不弱，能够连续三年生。

5. 影响家兔繁殖力的主要因素

（1）环境因素：一切作用于家兔机体的外界因素，统称为环境因素，如温度、湿度、气流、太阳辐射、噪声、有害气体、致病微生物等。

环境温度对家兔的繁殖性能有较为明显的影响。超过30 ℃，即引起家兔食欲下降、性欲减低。如果持续高温，可使公兔睾丸萎缩，产生精子减少，甚至不产生精子。高温可影响公兔性欲，高温过后能很快恢复，但精液品质的恢复则需要两个月左右的时间。因为精子的产生到精子的成熟排出需一个半月时间。这就是家兔特别是长毛兔，立秋后天气虽然凉爽，母兔也已发情，但不易受胎的主要原因。所以，立秋后必须对种兔进行半个月的营养补饲。

低温寒冷对家兔繁殖也有一定影响。由于家兔要增加自身产热御寒，消耗较多的营养，温度低于5 ℃就会使家兔性欲减退，影响繁殖。

致病微生物往往伴随着温度和湿度对家兔的繁殖产生影响。因为家兔喜干厌湿、喜净厌污，潮湿污秽的环境，往往导致病原微生物的滋生，引起肠道病、球虫病、疥癣病的发生，影响家兔健康，从而影响家兔的繁殖。

强烈的噪声、突然的声响能引起家兔死胎或流产，甚至惊吓造成母兔吞食、咬死仔兔或不孕。

冬季寒风的袭击易使家兔患感冒和肺炎，夏季太阳辐射易使家兔中暑，这些都是影响家兔繁殖的不良因素。

（2）营养因素：实践证明，高营养水平往往引起家兔过肥，过肥的母兔卵巢结缔组织沉积了大量脂肪，影响卵细胞的发育，排卵率降低，造成不孕。

营养水平过低或营养不全面，对家兔的繁殖力也有影响。因为家兔的繁殖性能很大程度上受脑垂体功能的影响，营养不全面直接影响公兔精液品质和母兔脑垂体的功能，分泌激素能力减弱，使卵细胞不能正常发育，造成母兔长期空怀不孕。

（3）生理缺陷：如母兔产后子宫内留有死胎及阴道狭窄，公兔的隐睾或单睾等。因为隐睾或单睾的公兔不能产生精子，或者产生精子的能力较差，配种不能使母兔受胎或受胎率不高。患有子宫炎、子宫留有死胎、阴道狭窄都是影响母兔繁殖的因素。

（4）使用不当：母兔长期空怀或初配年龄过迟，往往产生卵巢功能减退，妊娠困难。公兔休闲期可能出现短暂的不育现象。公兔长期不配种或夏季炎热，都是影响繁殖的因素。

（5）种兔年龄老化：实践证明，种兔的年龄明显地影响其繁殖性能。1~2 岁的公母兔随着年龄的增长，繁殖性能提高；2 岁以后，繁殖性能逐渐下降；3 年后一般失去繁殖能力，不宜再作种用。

6. 提高家兔繁殖力的措施

（1）制订合理的繁殖计划，以母兔每年产 4~6 胎、仔兔 40~45 日龄断奶为好。

（2）严格选种。要求公兔体质健壮，睾丸大而对称，性欲旺盛，根据档案系谱，选用生产力高的留作种用。要求母兔 4 对奶头以上，繁殖力强，产仔多，泌乳力强，母性好。及时淘汰受胎率差、屡配不孕、习惯性流产、产死胎多、有食仔癖、护仔能力差、泌乳不好的母兔。

（3）科学饲养，保持种兔适中的膘情和体质，这是提高繁殖力的有效措施。在配种季节到来之前，进行半个月的营养补饲，将过肥的母兔膘情减下来，过瘦的膘情催上去，使种兔具有旺盛的性功能。

（4）应有合理的年龄结构。在生产实践中，要逐步淘汰老龄兔，培养选留青年兔，以壮龄兔为主，"老、壮、青"相结合，以达到提高繁殖力的目的。

（5）避免近亲交配，如母子交配、父女交配、同胞交配，否则易产生死胎和畸形仔兔。近亲交配还会使家兔的品种退化，抗病力减弱，生长发育缓慢，所以交配的公母兔之间应无血缘关系。

（6）适时配种。家兔到了初配年龄和体重，要适时配种，经常检查母兔的发情情况，及时交配、试配、强配，这是提高家兔繁殖率的措施。如果母兔虽然发情，但不将母兔放到公兔笼内进行交配，提高繁殖率就是一句空话。实践证明，如母兔体质健壮，产后2~3天内配种受胎率高。对于产死胎、产后仔兔冻死或其他事故造成全窝仔兔死亡的母兔都可血配。仔兔断奶后2~3天也是母兔发情受胎率高的有利时机。母兔假孕结束后又发情正当时的母兔，受胎率也高。

（7）夏季为了提高公兔精液品质和母兔受胎率，可在100千克饲料中添加维生素C粉10克。冬季或早春为了提高母兔的发情和受胎率，可在饲料中添加PB二号饲料添加剂。实践证明，使用PB二号饲料添加剂，不但可以使母兔常年正常发情，提高受胎率，而且可以使胎儿发育健壮整齐，减少死胎，预防软骨病，避免母兔产后发生乳腺炎和仔兔黄尿病，并可代替青绿饲料。

7. 母兔的催情及不孕处理 对于不发情的母兔，要查明原因，采取人工或药物催情。引起母兔不发情的原因一般有以下几种。

（1）母兔过肥或过瘦，这种情况平时饲喂时就要注意，要使母兔保持适宜的中等膘情为宜。

（2）饲料营养成分不均衡，过量使用抗生素，缺乏维生素A和维生素E。平时对母兔要多喂些鲜嫩的野杂草和野菜。如荠荠菜、水萝卜棵、叶叶苗、面条棵、车前草等。甘蓝叶、胡萝卜、南瓜、土豆等都含有丰富的维生素，平时要多喂勤喂，特别是冬季和早春不可间断。种植冬收-70黑麦草是解决冬季和早春青绿饲料缺乏的良方，只要能使母兔经常吃到营养丰富的青绿饲料，一般都可正常发情。注意，生产用母兔应避免超量使用抗生素和化学药物，如喹乙醇超量使用会抑制母兔繁殖性能，即使怀孕20天也会自动流产、死胎。

（3）兔舍阴暗潮湿，环境污染是引起母兔不发情的环境因素，平时要注意保持兔舍干燥、通风良好、空气新鲜、光照充足、干净卫生，给母兔创造一个适宜的生态环境。冬季暖和时可让母兔在运动场跳跃爬跨，并放入公兔追逐调情，通过日光沐浴和运动，可促进新陈代谢，刺激脑垂体分泌激素，促使正常发情。

（4）针对夏季天气炎热引起的不发情，要创造条件，降低兔舍温度，改变饲喂时间（以早晚两头不见太阳为宜），并在夜间补喂青草，白天多喂西瓜皮，饮水中添加食盐或维生素C粉。

（5）公母调换笼位，母兔闻到公兔笼遗留的异性味道即可产生性欲发情。繁殖兔舍应当建筑面对面兔笼，公母兔对面饲养，相互看到异性即能保持正常发情。切记，在饲养中不可一幢兔舍全部饲养母兔而没有公兔；如果母兔长期看不到公兔或闻不到异性气味，就会产生性冷淡而长期不发情。最好是一幢兔舍公母按一定比例混放饲养。

（6）在饲料中添加中草药添加剂催情散，几天后即可发情。

（7）中草药催情。益母草30克、黑豆25克，水煮20~30分钟，汤拌黑豆直接喂兔。连服3~5天，母兔即可发情。

（8）淫羊藿8克，韭菜子、肉苁蓉、枸杞子各6克，丁香2克。煎汁共服，母兔即发情。

方剂歌诀

淫羊苁蓉助阳升，枸杞韭子补肾中。
丁香降逆散寒瘀，同煮母兔性欲生。

（9）激素催情。可用孕马血清、绒毛膜激素、乙烯雌酚、家兔促排二号、家兔促排三号等肌内注射促使发情。值得注意的是，使用激素催情方法，会使家兔产生依赖性，所以不宜连续使用。

（10）异性诱导。对于长期不发情的母兔，可于上午8时放进公兔笼进行爬跨调情 1~2 小时后取出，5~6 小时后母兔即有发情表现；若不行，第二天再试。或于晚上将公母兔一起放到圈里追逐爬跨，一两天后也可使母兔发情、交配。

（11）实践证明，有 2%~3% 的母兔不会生育，对于久配不孕、阴道畸形、输卵管狭窄及生理和疾病造成缺陷的母兔，要及时淘汰。

母兔催情歌诀

夏季笼舍降暑温，青绿饲料饲喂勤。
爬跨追逐性诱导，调换笼位味相闻。
两性都把性欲生，公母对养互倾心。
膘情适中莫肥瘦，饲料营养平衡均。
激素催情虽有效，不如草药作用神。

8. 母兔的怀孕检查　检查母兔是否怀孕，可在交配后 7~10 天将母兔放到公兔笼内进行试情，如果母兔已怀孕，即会发出“咕咕”的叫声，反抗公兔的爬跨，拒绝公兔接近。

怀孕的母兔大都食欲增加，比一般兔子吃食快、吃得干净，且毛色光亮，腹部明显增大，散养母兔开始挖洞营巢，体重明显增加。

检查母兔是否怀孕，用手摸胎是最佳的方法。有经验的饲养员，可在交配 7 天后准确摸到略小于粪球的初胎。摸到粪球的手感是发涩而硬并可以捏住。而胎儿捏不住，常滑来滑去。孕期到 15 天的胎儿就像鸡蛋黄一样大小，并富有弹性。孕期到 20 天的胎儿即变成长形。25 天再摸时，就感到胎儿充满母腹并有活动感。

摸胎法操作简便，准确率高，是一种比较容易掌握的母兔怀孕检查技术（图 28）。

图 28　摸胎方法

操作时将母兔平放到地上，左手抓住兔耳和颈部皮肤，右手拇指和其他四指呈“八”字形伸向母兔腹下大腿内侧，五指轻轻靠拢摸捏，即可摸到有弹性而滑动的肉球（胎儿）。

注意不要在刚喂饱时摸胎。摸胎时

动作要轻，不要硬抓，以免引起流产。

检查母兔怀孕歌诀

称量明显有增重，毛色光亮食欲增。
衔草打洞筑产巢，试情反抗咬异性。
外观肚子明显大，手摸腹部胎儿动。

（二）家兔的育种

在家兔育种工作中，一般采用纯种繁育和杂交繁育。

1. 纯种繁育　家兔的纯种繁育，就是用同一品种的公兔和母兔进行交配，使该品种的优良特性稳定地遗留给后代，生产出相似的个体，保持该品种的优良特征，并在后代中加以巩固。所以这种方法被广泛应用于优良品种的繁育。

在进行纯种繁育时，必须进行严格的选种和选配。对于那些不符合品种特征和个体要求的，要淘汰掉，这样才能使优良种兔的品质和性状得到不断的巩固和提高。

在纯种繁育时，要注意选择和发现特别优良的个体，将有显著特点的公兔和母兔组织成品系，这就是使该品种不断巩固的有效方法。在品系之间再进行繁育，这个品种就会不断得到改进和提高，最后使整个兔群超过本品种的标准要求，育成新的品系。

品系繁育是纯种繁育的重要方法，首先选出特别优秀的种公兔，并对其遗传性能和生产性能进行严格的鉴定，证明是该品种中最优秀者，就把它列入系祖。然后用这只公兔与最优秀的母兔交配，在其后代中选择出优秀的亲本个体进行同质选配，培育出具有族系突出特点的兔群，并具有一定数量，即可称为一个品系。在品系繁育过程中，一般采用中亲交配，这样既可突出系祖的突出品质，又可防止过度近亲而引起退化。当然，必要时也可以采取嫡亲和近亲交配。

当几个品系形成之后，便可进行品系杂交，这样不但能防止品种退化，还能不断提高优良品种的特性。

通过品系杂交，可以提高品质和适应性。通过品系间结合，又可培育出新的品系。所以品系杂交繁育也是纯种繁育的重要环节。

2. 杂交繁育 利用两个或两个以上家兔品种进行交配的方法，叫杂交繁育。杂交繁育所得的后代叫杂种兔（杂交兔）。杂种兔往往在生活力、抗病力、生长发育速度和生产性能等方面，超过其亲本的纯种群体，这就叫杂交优势。

各种家畜都可以利用这种杂交优势。如马和驴的杂交产生骡子，萨能山羊和本地山羊的杂交，都可以表现出优异的杂交优势。

杂交育种是一项比较复杂的工作，它分为经济杂交、轮回杂交、级进杂交、导入杂交、创造杂交（育成杂交）等多种形式。

这里简单介绍一下几种杂交繁育的方法。

（1）经济杂交：用两个品种进行杂交，专门利用其一代杂交种的杂交优势生产商品兔。这种杂交一代在合理的饲养条件下，能充分表现出父母代的优良特性，甚至超过父母代的生产性能，所以这种杂交方法，是生产商品兔较为理想的方法之一。利用这种经济杂交优势，能获得体型大、增重快、抗病力强、饲料报酬高的商品肉兔，对发展养兔业有着重要的意义。

（2）轮回杂交：两个以上品种进行有次序的杂交，叫轮回杂交。这种方法可以得到大量满意的后代，能提高经济效益。这种方法只在第一次杂交时使用纯种母兔，在以后的几次交配中都用杂交出来的母兔进行；公兔必须是纯种的，不得使用杂交出来的公兔进行，而且每只公兔只杂交一次，不得重复使用。

（3）级进杂交：又叫改良杂交。这种方法是在当地品种低下的情况下使用的一种方法。即用被改良母兔和改良公兔逐代地杂交下去，直至达到目的时终止。但应注意每杂交一代，都要互换同品种无血缘关系的公兔，达到目的后进行自群繁育。

（4）引入杂交：又称导入杂交。即指某一品种的生产性能基本能满足要求，个别地方不够理想或有某些缺点需要改进时，选择理想的公兔和这个品种的母兔进行杂交改良，从杂交一代中选择最优秀的公兔与被改良母兔交配，或最优秀的母兔与被改良公兔交配，对它们的杂交后代再进行自群繁育。

（5）创造杂交：又称育成杂交，是由两个或两个以上品种进行的杂交。如果由两个品种进行杂交，称简单创造杂交；两个以上品种进行杂交，称复杂育成杂交。比如加利福尼亚兔，就是由喜马拉雅兔与标准青紫蓝兔杂交，其后代又与新西兰兔杂交而育成的。

在目前养兔业生产实践中，为了防止因近亲交配而造成的兔群品质下降、抗病能力减弱、死亡率高及生长缓慢等不良影响，最简单的方法，就是在同一品种中，喂两个或两个以上（视母兔多少而定）无血缘关系的公兔。每只公兔固定交配几只母兔。或者在生产的后代中，甲窝选公，乙窝选母的方法进行交配；也可用从甲处购买母兔，乙处引种公兔的方法进行交配。

当然，选用的公兔质量、体型一定要好，獭兔的被毛一定要稠密平整且个体大，同时各项指标都好。长毛兔则产毛量要高，这样才能保证兔群质量，防止品种退化。

3. 当前农村家兔品种退化的原因

（1）散养粗放，不注意选种：通过调查，大多数农村养兔户都存在着这种散养粗放的缺点。一群兔中公母混养在一起，任其打洞自由交配，小兔满月出窝了，还不知其父母是谁。有一定规模的笼养户，同窝兔先拣大的卖了，小的不够重量卖不掉继续养着，不注意在兔群中挑选那些个体大、生长发育快、商品性能好的品种作种兔。4~5月龄还未性成熟时就当种兔进行配种繁殖，当种兔缺乏时或到了配种季节，抓个母兔就当种，掂个公兔就交配，根本不讲究品种、质量、年龄和血缘关系等科学养兔基本要求。

（2）近亲交配：有的只养一对兔，生下了后代让其同胞兄妹、母子、父女交配，子子孙孙往下配，结果一代不如一代。

（3）尽早进行交配生产：有的养殖户急功近利，刚到4~5月龄就配种繁殖，或连续血配，这不仅缩短了种兔使用年限，而且仔兔个体小、发育不良、抗病力差。只图过多繁殖，不顾种兔体格健康和饲料营养水平等，也是造成家兔品种退化的一个主要原因。

（4）舍不得投入，不注意家兔福利：如饲料营养水平差，致使兔子发育不良、个体变小，獭兔被毛变稀、凹凸不平、无光泽，长毛兔毛囊发育受阻而产毛量降低。

退化原因歌诀

粗放饲养乱交配，近亲繁殖一大罪。
种兔配时年龄小，急功近利品种退。
饲料营养水平低，个小毛稀膘不肥。
卖大养小做种用，品种退化责在谁？
更新观念育良种，质量一辈高一辈。

4. 防止种兔退化的办法

（1）从仔兔初生着手，注意选留个体大、生长发育快的仔兔作生产用种兔。选留种兔的程序是：幼兔初选，青年兔定选，成年兔精选。对于外貌特征、生长发育突出的重点培养。无论专业户或种兔场，都应当注意选用最优秀的公兔与最优秀的母兔交配。

（2）在生产中不断对品种提纯复壮，用个体大的公兔与个体小的母兔交配，切不可用个体小的公兔与个体大的母兔交配。所选的种兔应毛稠密且平整、枪毛少、个体大，长毛兔应产毛量高，肉用兔应符合品种特征，生长速度要快。

（3）严格控制初配年龄和体重，达不到初配年龄和体重的坚决不配种。

（4）注意选留公兔，详细观察公兔所配母兔产下的后代是否生长快、发育好、抗病力强、商品性能好，如长毛兔产毛量，獭兔被毛密度及平整度等。

（5）壮年公母兔所生的后代，遗传性能比较稳定，老年和青年母兔都要用壮年公兔配种，严禁老年兔配老年兔，青年兔配青年兔。

（6）加强饲养管理。除加强兔笼兔舍消毒，给家兔一个良好的生态环境和适当的光照外，还要注意饲料营养水平的提高，根据家兔不同的生育阶段，制订不同的饲料配方，并要保证饲料中各种营养成分的均衡，尽量满足兔体生长发育的需要。

（7）不要到农贸市场购买种兔，更不要到打着高价回收旗号的炒种兔公司处购买种兔。因为那里的兔子血缘关系、品种质量、防疫和健康状况都没有保证。

防止种兔退化歌诀

防止家兔种退化，关键应从仔兔抓。
从小到大逐级选，各项指标都到甲。
各种品种有特征，品质外貌细观察。
獭兔毛密又平整，枪毛要少个体大。
长毛兔要毛高产，肉兔生长速度佳。
初配年龄过半岁，体重应当到七八。
壮配青老稳遗传，品质优良纯无瑕。

（三）家兔的选配

1. 家兔的选种 好种出好苗。所谓家兔的选种，即指在家兔的繁育过程中，选择生长发育好、生产性能好、适应性强、繁殖力高、抗病力强、遗传性能稳定的优良公母兔作种用，把不符合种用要求的转为它用，使整个兔群的优良性状根据人们的要求，通过遗传发展巩固下来，获得优质高产的兔毛、兔皮和兔肉。

家兔的选种方法，一般有个体选择法、家系选择法、综合选择法三种。

（1）个体选择法：主要是根据家兔个体本身的表现值，即健康状况、外貌特征、生产性能和遗传表现来选择。

（2）家系选择法：是根据家兔家系的平均表现值进行选择。主要根据同胞、半同胞、后裔测定和系谱鉴定等内容。家系选择是家兔育种工作中最有效的参考依据和方法。

（3）综合选择法：比上述两种单一选择效果要好得多。在家兔育种工作实践中，要求所选出的种兔各种经济性状都要好，或者至少几个主要性状都要好才行。单纯利用上述某种方法选择是很不够的，必须对多种性状同时选择，才能达到满意的目的。

家兔选种歌诀

头大胸宽臀背圆，乳头要多睾健全。
眼睛有神毛色亮，四肢稳健趾不弯。
繁殖力强性能好，遗传稳定应为先。

个体亲缘测后裔，三级选定记心间。

好种才能出好苗，把好系谱健康关。

养兔只要选好种，膘肥体壮跑满栏。

2. 家兔的选配 选配就是选择合适的公母兔进行交配，繁殖生产出优良的后代。公母兔的选配是家兔育种工作的继续和重要环节。衡量选配是否成功的根据是公母兔的配偶组合，所产生的后代是否符合育种要求。如果所产生的后代品质不好，就要重新调整配偶的组合，以便获得理想的后代。

选配的方法一般有同质选配、异质选配、年龄选配、亲缘选配和等级选配五种方法。

（1）同质选配：简单地说，就是用许多特征上具有相同品质的公母兔进行交配。即好公兔配好母兔，大型个体公兔配大型个体母兔，这样才能使优良家兔的品质，在它的后代中得到保持和巩固，从而获得相似的优秀后代或大型个体群。

同质选配适用于优秀公母兔之间进行选配，是培养繁育优秀个体群的方法。

（2）异质选配：这种方法与同质选配相反，就是让在某一项或几项特征上具有不同品质的公母兔进行交配。但多数是用公兔作改良者，母兔作被改良者，来克服兔群中经济状况不良的现象。如在同品种中，个体小的母兔用个体大的公兔交配，产毛量低的母兔用产毛量高的公兔交配。异质选配的目的，是使后代的品质得到改进和提高。通过异质选配，可以达到对兔群进行改良的目的。

（3）年龄选配：就是根据公母兔年龄进行选配的一种方法。实践证明，家兔的配种年龄与它的遗传稳定性有关，对其子女后代的经济价值有直接的关系和影响。一般来讲，母兔从 7~8 月龄，公兔从 9~10月龄开始配种，母兔可以繁殖 3 年，公兔略长一点，最多 4 年。所以在养兔实践中，采用壮年公兔配壮年母兔，壮年公兔配老年母兔，壮年公兔配青年母兔的方法较好。

（4）亲缘选配：就是指配种的公母兔之间有血缘关系。如果无血缘关系，叫非亲缘选配。亲缘选配的方法，除特殊情况外，一般都避免采用。

（5）等级选配：就是把兔种来源、生产性能、体质外貌及其他经济指标基本相同或同等级的母兔编为一组或一群，然后再选择适当的公兔与它们配种。等级选配的方法，一般要求公兔的等级比母兔的等级要高 1~2 级。这种方法只要公兔选择适当，就能取得较好的效果。在等级选配时，要注意全面性，如应当从繁殖性能、抗病能力、生长发育速度、体质外貌等全面考虑；否则，就达不到理想的目的。

种兔选配歌诀

同质选配最简单，品种相同把优选。
好公来把好母配，仔似双亲稳遗传。
异质选配则相反，目的是过改良关。
不同品质公母配，克服不良补缺陷。
若要稳定遗传性，最好是把年龄选。
壮公可把青老配，青老莫把鸳鸯点。
还有亲缘等级选，同性质貌把群编。
父女母子别乱配，同胞姊妹切莫恋。
根据需要定选配，最好双亲无血缘。

（四）家兔的一般管理技术

1. 捉拿方法 捉拿家兔时，动作应当轻柔温和，切不可强拉硬拽，更不许用手掂耳、抓腿、倒提，也不许用手卡腰或手提颈皮（图 29）。如果手掂耳朵，两耳要承受几千克的体重，由于挣扎弹跳，常使耳根或头皮受损伤，引起一耳或双耳垂落及脑充血。卡腰或抓腿倒提，常使孕兔产死胎、流产，内脏受损（如胃和盲肠破裂等）。强拉硬拽，常使腿腰骨折。

正确的捉拿应当不使家兔受惊，用右手大把抓住双耳或颈皮，轻轻提起，并用左手迅速托住臀部，使家兔身体重量承托在左手上，右手只起保定作用（图 30）。

从兔笼中捉兔时，先在颈部抚摸，而后向上提离兔笼，背部向外取出。

图 29　不正确的捉拿方法

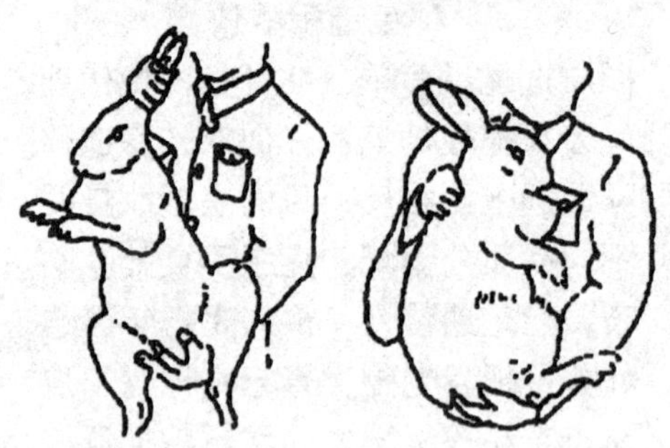

图 30　正确的捉拿方法

将家兔放回兔笼时，应先将臀部放入，头朝外向里放。如果先放头部，由于兔子的猛跳，常使腹部碰到笼门底框，孕兔则易造成死胎或流产。

捉拿兔歌诀

捉拿兔子有讲究，翻腹朝上出背头。
进笼先把臀部放，不许倒提把皮揪。
轻抓提起耳颈皮，兔体重量托手上。

2. 公母鉴别　因为家兔的生殖器官随年龄变化而有不同，则鉴别方法也不相同。

初生仔兔，可观察其阴部孔洞大小及其与肛门之间的距离来鉴别雌雄。孔洞扁形略大，离肛门较近的为母兔；孔洞圆形而小，离肛门较远的为公兔（图 31）。

开眼后的仔兔和满月幼兔，辨别公母时，右手保定仔兔，腹部朝上，左手中指与食指夹住兔尾，拇指轻按，掰开后阴部，生殖器孔即

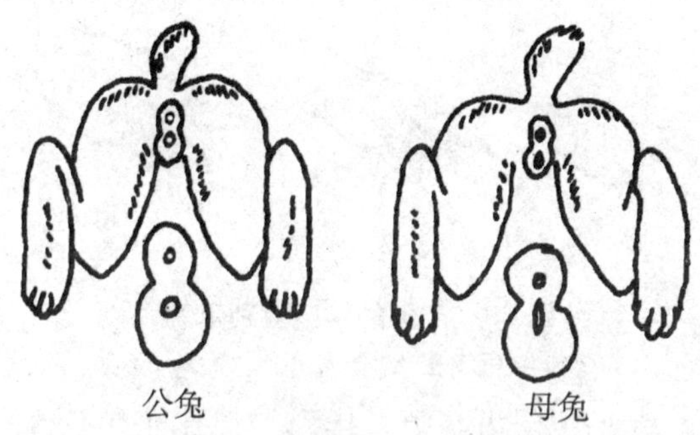

图 31　初生仔兔性别鉴定

可张开，孔口部呈尖叶形有裂缝并呈“V”形的为母兔，孔口部突出呈圆形的为公兔。

青年兔或成年兔看其外表即可鉴别，凡有睾丸的是公兔，无睾丸的是母兔，有阴茎伸出的是公兔。还有个别隐睾公兔，可按上述方法进行检查。

家兔雌雄鉴别歌诀

家兔幼仔观雌雄，看其阴部即分明。
两孔相近是母仔，距离较远是公仔。
幼兔掰开孔细看，母兔孔呈尖角形。
公兔阴呈圆筒状，公圆母尖且紫红。
青年兔子好鉴别，有无睾丸便分清。

3. 年龄鉴别

（1）看眼神：青年兔的眼睛圆亮有神，行动灵敏；而老年兔眼常半闭，眼神颓靡，行动迟缓。

（2）看趾爪：应从兔脚趾的红白比例、长度及弯曲情况三个方面鉴别。青年兔脚趾尖端白嫩，爪根粉红色；一岁的家兔脚趾红白相等；一岁以下红色多于白色；一岁以上的白色多于红色。青年兔脚趾不露出毛，而老年兔脚趾露出毛且有弯曲（图 32）。

（3）看被毛：青年兔被毛紧凑而有光泽，凡是体毛中夹杂许多半根绒毛、半根枪毛者是老龄兔。

（4）看门齿：家兔的门齿和年龄同时增长，青年兔门齿短小洁

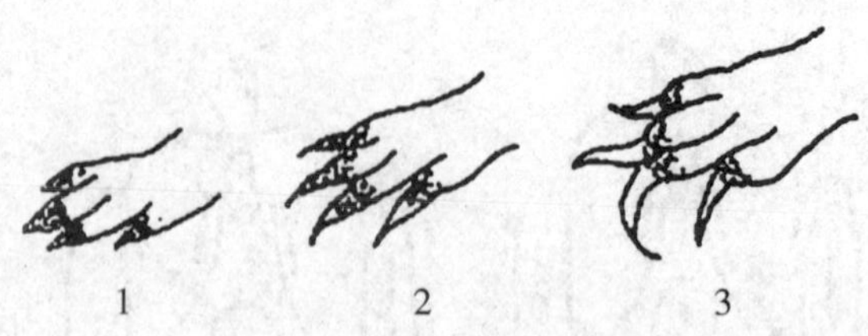

图 32　家兔的年龄鉴别示意

1. 青年兔爪　2. 壮年兔爪　3. 老年兔爪

白，排列整齐。老年兔门齿暗黄，排列不整齐且有不同程度的磨损。

（5）摸皮肤：一般膘情，皮薄而紧的是青年兔，皮厚而松的是老年兔。

家兔年龄鉴别歌诀

幼兔爪嫩不露毛，青年白尖刚出头。
眼睛明亮且有神，被毛紧凑亮如油。
成年爪红白各半，趾长稍弯两年秋。
老兔牙黄毛粗乱，表现迟钝皮松厚。
分辨年龄大与小，皮毛爪牙仔细瞅。

4. 编刺耳号　为了在生产中便于管理和记录，要为种兔编刺耳号。有了耳号，不仅便于管理，并能有效地控制血统，避免近亲交配繁殖，有利于建立新的品系。

种兔编刺耳号，常用针刺、耳号钳编刺和耳标三种方法。一般公兔编左耳、母兔编右耳。

（1）针刺法：在兔耳朵血管少的地方，先用钢笔或钢针刺好耳号，而后抹上醋墨，但这种方法较费工，适用于养兔少的农户。

（2）耳号钳编刺法：用专用耳号钳为兔打号，方便、省力、省时，字体美观。先将要编的号码卡在耳号钳上，用酒精或碘酒在耳朵血管少处消毒，然后用耳钳夹住耳朵，对好部位猛夹一下，松开耳钳，立即在号码上抹上醋墨，用大拇指和食指来回搓几下，使墨汁渗进号码孔即可。几天后数字变蓝，永不褪色。是最理想的编号方法。

（3）耳标法：是近年来常用的方法。耳标由硬塑料原料制作，加工成母子扣形式，可根据需要印上数字和外文符号。使用时将带数字和符号的主标面从耳内侧无血管处穿透，背面套上辅标锁扣即可，方便、快捷。

5. 兔场管理使用符号 为了在养兔生产中便于操作管理和记忆，使不同性别和状况的家兔一目了然，制定使用符号是非常必要的。笔者在多年实践中制订了以下几种常用符号，贴在笼门上。

（1）♂——公兔使用符号。

（2）♀——母兔使用符号。

（3）○——空怀及需要配种的母兔符号。

（4）⊖——已经交配的母兔符号，不需要重标，只在“○”中画上横线，注明日期。

（5）⊕——怀孕母兔符号。在“⊖”中画竖线即可。经检查未孕母兔应当重配，并改写配种日期。

（6）+——有某种疾病需要治疗的符号。发现异常情况随时标记。

兔场使用符号歌诀

为了育种辨血系，耳钳编号要普及。
填进表格建档案，随时一看便清晰。
符号标在笼门上，便于生产和管理。
公母孕否有符号，随时提醒多注意。
密集兔场用标记，饲养管理高效率。

（五）家兔的人工授精技术

家兔人工授精技术就是用器械将公兔的精液采出，进行精液品质鉴定后又用器械把精液输入发情母兔生殖道，代替自然交配受孕。

家兔人工授精只采用那些品质优良合格的优秀种公兔的精液，这样可以确保输入精液的质量，充分利用基因个体，培育优良品种。同时也可以提高母兔的受胎率和产仔数量。在我国家兔大部分品种、品系退化严重的今天，推广使用人工授精技术尤为重要。

1. 推广使用家兔人工授精技术的重要意义

（1）能保证兔群质量、防止品种退化。因为人工授精技术是有目的有选择地采用优秀公兔精液，并通过精液品质鉴定后为母兔输精的，保证了兔群后代质量的提高，有利于家兔育种工作，防止品种退化。

（2）能充分发挥优良公兔的作用，降低生产成本。采用自然交配为母兔配种，一只公兔一次只能为一只母兔配种，一只公兔全年只能负责 8～10 只母兔的配种任务；采用人工授精方法为母兔配种，采一次精液可为 10～20 只母兔配种，全年一只公兔可负担 100～200 只母兔的配种任务。这样不但保证和提高了兔群品质，而且也大大减少了公兔的饲养量，降低了饲养成本和劳动力的投放，同时也提高了兔场笼位的利用率，提高经济效益。

（3）采取人工授精技术，可以保证兔群健康，减少疾病的传播。在采精前除对公兔各项指标进行检查外，同时也对其健康状况进行检查，对于有疥癣病、耳螨病、皮肤真菌病及患有梅毒病的公兔精液不予采用。实行公母隔离、无菌操作为母兔输精配种，大大减少了这些疾病的传播，保证了兔群健康。

（4）实行人工授精，可以保证输入精液的质量，提高母兔受胎率和产仔数，使胎儿发育健壮整齐；对于工厂化、规模化兔场，可以做到同期配种，同期分娩，便于饲养管理，做到同期生长，同期出栏，有利于订单合同化生产无公害兔产品，提高市场竞争力，保证兔产品供应，提高经济效益。

2. 家兔人工授精技术的实际操作

（1）人工授精设备：主要有显微镜、系精器等。

1）显微镜。采取的公兔精液应在 400～600 倍显微镜下观察精液密度及活力，其密度越大质量越好，反之就差；其精子像蝌蚪一样游动，越动表示活力越强壮。其次看精子畸形比例大小，正常的精子中，畸形精子不得超过 20%，否则不宜输精。

2）采精器（假阴道）。自制假阴道可用人用避孕套和长 5 厘米、直径 3 厘米的硬塑料管制作，制作方法是：先将避孕套用温开水冲洗干净，再用生理盐水冲洗两次后用洁净的干海绵将水分吸干、擦干，而后用经 42 ℃左右的温水浸泡过的海绵块呈三角形将避孕套包住塞入塑料管中，开口端反套在塑料管一端，用橡皮筋绷紧即成。也可从《中国养兔》杂志社技术服务部邮购成套设备。

（2）母兔准备：将需要配种的母兔颈部皮下注射促排卵素3号稀释液1毫升（每25微克促排卵素3号用50毫升氯化钠稀释备用）。为配种母兔注射促排卵素3号的目的是促使母兔发情，提高受孕率，一般母兔注射后4~8小时开始发情，12小时开始排卵，注射后30分钟即可用经检查处理合格的精液输精。

（3）采精：采精时左手抓住配合采精母兔的双耳和颈皮，右手持采精器（假阴道）置于母兔两后肢之间，采精器口紧贴母兔外阴部并保持30°角，等待公兔爬跨，公兔爬上母兔后躯并勃起阴茎后，采精器口立即对准公兔阴茎让其插入，当公兔臀部不停抖动、向前一挺，后躯蜷缩并向母兔一侧倒下发出“咕咕”叫声后，表示射精结束，采精即完成。然后放开母兔，口朝上竖起采精器，使精液流入集精管。

（4）精液的稀释与检查：正常成年公兔每次射精量约为1毫升。用肉眼直观，正常的精液为乳白色，混浊而不透明，无臭味。若采集的精液数量较大或黄色且有异臭味，说明混入尿液。镜检精子需在18~25℃的温室中进行。采集的精液应放置于30℃的恒温水中，取出一滴精液滴到载玻片上，用盖玻片压住进行镜检。在400~600倍显微镜下检测精子的密度。精子密度越大越好，精子的密度是指1毫升精液中精子的数量，好的精液1毫升中精子数可达10亿个以上。精子的活力是指在精液中呈直线前进运动的精子所占的比例。精子的密度和活力应在50%以上方可输精。根据精子的密度和活力情况确定稀释倍数。精液的稀释应用氯化钠液，一般稀释20倍即可。精液稀释前应将氯化钠液置于36℃的温水中预温，而后将稀释液缓缓倒入精液中轻轻晃动摇匀备用。

（5）为母兔输精：将30分钟前注射过促排卵素3号的母兔保定，左手抓住兔耳和颈皮，右手将尾巴翻压在背部并抓起尾部和脊部皮肉，将兔子头朝下、后躯向上、腹部面向操作员固定好。操作者左手拇指在下、食指在上，按压外阴部将外阴翻开，右手用经过消毒的兔专用输精管输精。输精器沿阴道壁轻轻插入阴道内，若遇有阻力，要向外抽动一下另换一个方向再向内插，插入6~8厘米深处为宜，即将稀释好的精液0.5毫升注入两子宫颈口附近，然后将输精器缓缓抽出，并用力拍拍母兔臀部，以防精液外溢。输精方法可灵活掌握，如可将兔头朝下夹在两腿中间，左手掀开尾巴，右手输精。还可用倒提法、仰卧法输精，也就是说，自己认为怎样方便就怎样操作。

附　肉用兔种兔质量评估标准

（2003年3月一届二次常务理事会审议通过）

1　主要内容与适用范围

本标准规定了肉用兔的种兔类型、质量评级技术指标和要求、检验方法及判定规则等。

本标准适用于肉用兔种兔生产场的种兔质量评估。

2　规范性引用文件

以下文件中的有关条款通过本标准的引用而成为本标准的条款。

农业部《种畜禽管理条例实施细则》

DB/3200B401.1—90《家兔常用生产性能指标名称及其计算方法标准》

3　品种类型

3.1　大型兔：周岁兔（成年兔）体重（公、母平均）>5.0千克；体长>50.0厘米。

3.2　中型兔：周岁兔（成年兔）体重（公、母平均）>3.0千克，<5.0千克；体长>40.0厘米，<50.0厘米。

3.3　小型兔（本地兔）：周岁兔（成年兔）体重（公、母平均）>1.5千克，<3.0千克；体长30.0~40.0厘米。

3.4　肉兔配套系：由3~4个专门化中型或大、中型品种（品系）配套组合而成。

4　技术要求

4.1　外貌特征

4.1.1　种公兔

4.1.1.1　外貌：符合受检品种（或品系）的标准品种的外貌（毛色、耳形、体型等）特征要求，无遗传损征。

4.1.1.2　体质：体躯粗壮，丰满，性情活跃。两个睾丸发育良好、整齐，外生殖器洁净，无异形异物。

4.1.2　种母兔

4.1.2.1　外貌：符合受检品种（或品系）的标准品种的外貌（毛色、耳形、体型等）特征要求，无遗传损征。

4.1.2.2　体质：胸宽，背平，头较清秀；乳头4对以上，排列整齐。外生殖器洁净，无异形异物。

4.2　体重体尺（周岁兔）（附表1）

附表1　体重体尺

指标	大型兔	中型兔	小型兔	评价
体重	≥5.0千克	≥3.0千克	≥1.5千克	合格
	≥5.5千克	≥3.5千克	≥2.3千克	优良
体尺	≥50.0厘米	≥40.0厘米	≥30.0厘米	合格
	≥56.0厘米	≥45.0厘米	≥35.0厘米	优良

4.3　繁殖性能（附表2）

附表2　繁殖性能

指标	大型兔	中型兔	小型兔	评价
产仔数	≥6.5只	≥6.8只	≥6.2只	合格
	≥7.0只	≥7.2只	≥6.8只	优良
断奶窝重	≥3 600克	≥3 400克	≥2 500克	合格
	≥4 000克	≥3 800克	≥3 000克	优良

注：对肉兔配套系的体重、体尺和繁殖性能的要求，曾祖代、祖代兔所含各专门化品系兔，按其所属品种（品系）类型进行评定；父母代种兔以中型兔优良标准为合格要求进行评估。

4.4　健康状况

种兔食欲正常，毛被光滑，行动自如。无常见慢性疾病的明显临床征兆。

4.5　档案资料

每只种兔应有繁殖配种、生长发育、防疫接种等记录记载和系谱档案资料。

5 检验方法

5.1 体重：用10千克±0.05千克台秤称重。

5.2 体尺：用以厘米为单位的软尺测量。

5.3 外貌、健康状况：目测、触摸。

5.4 繁殖性能：查阅档案资料。

6 检验规则

6.1 按标准规定的项目逐只进行全项检验、打分（各项所占分值建议表附后）。抽检数量不少于该品种（品系）存栏繁殖种兔群的60%。

6.2 判定规则

6.2.1 总分60以下，判定为不合格；80分以上为优良。

6.2.2 体型外貌与其品种标准严重不符，隐睾、单睾、乳头4对以下，有明显遗传缺陷，有其一者均判为不合格。

附：评分建议表（附表3）。

附表3 评分建议表

外貌	体重体尺	繁殖性能	健康状况	档案资料	总评
20分	35分	25分	10分	10分	100分

注：体重25分，合格>15分，优良20分；体尺10分，合格>6分，优良>8分。繁殖性能中，产仔数15分，合格>9分，优良>12分；断奶窝重10分，合格>6分，优良>8分。档案资料，缺系谱资料扣4分，缺生长发育资料扣3分。

十一、家兔的饲料与调配

家兔是从饲料中摄取营养，维持正常的生命活动和生产产品的。如果配合饲料中的能量、蛋白质及其他营养成分比家兔正常的需要水平低时，就会使家兔的正常发育和生长受阻，致使家兔不生产或少生产。如长毛兔产毛量降低，獭兔被毛稀疏不平、暗淡无光而失去贵重的裘皮价值，肉兔生长停滞、瘦骨嶙峋、肉质减少，孕兔胎儿发育不良、死胎增多，哺乳母兔无奶难以将仔兔育成等。甚至使家兔动用了体内积蓄的脂肪和蛋白质，将脂肪和蛋白质转化为能量，用以维持正常的生命活动。所以配给的饲料营养不平衡或严重不足，就会降低家兔的生产能力，从而影响经济效益。

反之，饲料中过高的能量、蛋白质，同样对家兔的生长和健康不利，易使家兔消化不良、便秘或腹泻。如夏季能量饲料（如玉米）含量过高，不但会使饲料在肠道内的透气性降低发生肠道病，而且会使家兔体内大量产热，使家兔呼吸加快，增加呼吸器官的负荷，增加了中暑的机会。如果饲料中蛋白质水平过高，则易使幼兔发生球虫病，增加死亡率；母兔则由于过肥而在子宫沉积脂肪，造成难以受胎或不孕。所以，根据家兔不同经济类型和不同的生育阶段，科学合理地配合饲料是非常重要的。

在给家兔配合饲料时，使用的各种原料或添加的各种饲料添加剂、抗病抗虫药物、浓缩料、预混料等，一定要遵照国家农业部颁布的《无公害食品　肉兔饲养饲料使用准则》，生产优质合格的兔产品。

（一）家兔饲料的调配原则

1. 家兔饲料采集调配的基本原则 饲料是养兔的物质基础，要根据家兔不同生育阶段的生理特点，尽可能满足其对各种营养物质的需要，从而达到兔群体质好、生长发育快、产品质量高且无公害的目的。因此，在家兔饲料采集调配时，要考虑其营养成分、体积大小、水分含量、品质特性，以及摄取后在体内发挥的作用。采集饲料时不要舍近求远，不要认为越贵越好。要掌握三个标准、三个原则，即营养成分的总量要够、各种营养成分要全、营养成分的比例要平衡的三个标准和营养、经济、安全卫生的三个原则。无论是专门饲料厂家，或是养兔企业自己设计加工饲料，都要符合《无公害食品 肉兔饲养饲料使用准则》的要求。

要根据家兔的种类、经济类型、生产目的、年龄大小、性别、体重，选择不同的饲料标准，作为调配饲料时的主要参考依据。充分利用当地饲料资源条件，尽可能满足家兔对能量、蛋白质、钙、磷、食盐、赖氨酸、蛋氨酸及各种营养物质、微量元素的需要。

在考虑饲料营养特性的同时，不但要考虑饲料的适口性，而且还要考虑其季节性及所含水分的大小。如鱼粉、蚕蛹蛋白质的含量虽然很高，因其有腥味而适口性不好，故鱼粉、蚕蛹的使用量不宜超过2%，骨粉、贝壳粉的使用量不宜超过1%，否则会引起家兔厌食。家兔喜欢吃带甜味香味的饲料，厌食带腥味的动物性饲料。在饲料中添加鱼粉、蚕蛹等动物性蛋白质饲料时，要同时添加饲料甜味素或饲料增甜剂。植物性蛋白质饲料，如豆饼（粕）、花生饼（粕），其蛋白质含量高达43%~46%，但在兔饲料中若超过20%，则易引起家兔腹泻。在生产实践中，一些饲料厂家为了显示自己饲料产品营养高，在仔幼兔饲料中饼（粕）类添加量高达25%；短期内仔兔表现生长速度快，但50日龄即开始出现腹泻现象。在饼（粕）饲料调配用量上一定要注意。蛋白质饲料并非用量越多，兔子就一定长得快、长得好。棉籽饼（粕）、油菜籽饼（粕）营养很高，在使用时要考虑其是否脱毒，并将其用量控制在4%以内，否则会引起中毒。玉米是家兔必不可缺少的能量饲料，其消化能在14.36兆焦/千克以上，粗蛋白质在8.8%以上，赖氨酸、蛋氨酸含量都在0.2%以上，是家兔最理想的精饲料。在调配时要根据季节不同而调配不同的比例。家兔是耐寒怕热动物，其汗腺不发达，夏天靠加快呼吸散热，如果夏季的配比量超过30%，就会使其在体内大量产热，使兔子呼吸频率加快，负荷加重，加上环境高温的协同作用，家兔可能会中暑死亡。故夏季玉米的用量，特别是长毛兔的用量一定要控制在15%~20%。相反，麸皮等凉性饲料，具有润滑肠道的作用，可适当增加。青绿多汁饲料，如各种青草、西瓜皮可大量饲喂。饲喂西瓜皮和野菜、青草，不但能降温解暑，而且可使各种维生素得到补充。夏季虽然减少了玉米等精饲料的喂量，但生长速度并不会受到影响。相反，严寒的冬季在饲料调配时，应注意适当增加玉米在饲料中的比例，以提高家兔的抗寒能力。一般冬季玉米用量在25%左右。在采集和调配饲料时，还要充分考虑各种饲料原料的含水量，如采集和加工的饲料中水分含量过高，则在高温潮湿的夏季容易发霉变质，不但降低饲料营养成分，还会引起家兔黄曲霉菌中毒。而冬季让家兔采食冰冻的饲料和青绿多汁饲料（如大白菜叶），则会引起家兔腹泻。

在调配家兔饲料时，还要充分考虑饲料品种的多样性和营养的全面性及平衡性。如家兔的精饲料中使用22%的玉米，就不如使用2%的高粱、5%的大麦和15%的玉米效果好。使用18%的豆粕就不如使用3%的油菜籽粕或棉籽仁（粕）、5%的花生粕、10%的豆粕效果好。单一使用某一种粗纤维饲料如花生秧粉、大豆秸粉、苜蓿草粉，就不如同时使用几种草粉的效果好，这样可以发挥各种饲料原料的营养互补作用；饲料种类多，营养更趋于全面，不但降低了饲料成本，也提高了饲料利用率。一般在家兔饲料中除矿物质、氨基酸、微量元素和多种维生素外，其他蛋白质饲料、能量饲料、粗纤维饲料应不少于5~6种，同时要保证饲料配方的相对稳定，不能突然改变饲料配方或更换饲料原料；如确需调整时，要逐步过渡，否则会引起家兔消化功能紊乱，发生消化道疾病。

2. 家兔饲料调配的经济原则 不管是农村养兔专业户，还是规模化专业化养兔场，在饲料采集调配时，都要本着就地取材的原则，充分利用当地的自然资源（当地所产的农副产品下脚料、作物秸秆、野杂草），做到变废为宝，物尽其用。除必须购买补充的蛋白质、氨基酸、矿物质、维生素、微量元素外，90%以上的原料都要本着就地取材的原则。这样不但能对饲料的来源及品质有所了解，而且还可以减少饲料运输费用，降低生产成本，提高经济效益。

3. 家兔饲料调配的卫生安全原则 在采集调配家兔饲料时，不但要了解饲料来源渠道、各种营养指标，而且还要了解饲料的质量，如是否含有有害物质，药物残留量，花生秧粉、大蒜秸是否含有泥沙和地膜（因近年来一些花生和大蒜产区普遍推广了地膜覆盖技术，花生秧和大蒜秸中普遍夹带地膜。在加工时，必须用密度分离法将地膜除去），棉籽仁（粕）、油菜籽粕是否脱毒，玉米、麸皮含水分是否过高等。大型面粉加工厂加工面粉时，大都对小麦进行喷水，麸皮含水分过高，因此一次不宜购买过多，否则易发霉变质，产生黄曲霉菌。特别要注意发霉变质的饲料，狗、猫粪便污染的饲草，带冰霜露水的青草、菜叶，打过农药的青草菜叶等不能用来喂兔，确保家兔采食卫生安全。

4. 科学合理地调配利用蛋白质饲料 在调配家兔饲料时，为了提高蛋白质饲料的利用率，一定要合理搭配、巧妙利用。有效的方法是使蛋白质原料多样性，保证营养的全面性、经济性和安全性。如大豆粕含蛋白质 46%、氨基酸 2.54%、蛋氨酸 0.51%，芝麻粕含蛋白质 35.4%、赖氨酸 0.86%、蛋氨酸 1.43%。如果大豆粕与芝麻粕合理搭配，不但弥补了大豆粕的蛋氨酸不足和芝麻粕的赖氨酸不足，而且还可以使芝麻粕弥补大豆粕中钙和磷的不足。大豆粕含钙 0.32%、磷 0.5%，芝麻粕含钙 1.45%、磷 1.16%，二者结合可降低饲料的成本，又提高了饲料的利用率，同时也提高了芝麻粕的适口性。如豆粕与油菜籽粕合理搭配，就提高了油菜籽粕的安全性。

在合理利用蛋白质饲料的同时，还要注意其调制方法。一些地区的养兔户喜欢将大豆粉碎后作蛋白质饲料，认为豆粕中脂肪已被榨出，不如黄豆营养高。其实这是一个误区。因为大豆籽实中含有抗胰蛋白酶、皂素、血凝素等物质，生喂会影响家兔的消化、吸收和适口性，并造成很大的浪费。如果将大豆在锅内进行焙炒或加热至 150 ℃经 20~30 分钟，不但可以使大豆中的抗胰蛋白酶失活，而且可以使蛋白质利用率提高一倍。焦炒黄豆的香味提高了适口性，所以，大豆或自榨的大豆饼在使用时一定要先加工焙炒，用以提高其蛋白质利用率和适口性。实践证明，选用膨化豆粕要比普通豆粕效果好。

饲料蛋白质利用歌诀

蛋白饲料最重要，可产兔肉和皮毛。
根据品质巧调配，幼青种兔定指标。
结缔组织和血液，神经调解与细胞。
虽然重要有限量，不可过低或过高。
多种原料巧搭配，胜过单一效果好。
互补营养氨基酸，钙磷利用都提高。
能量矿物都平衡，同把营养重任挑。
大豆虽好别生喂，抗胰蛋白有干扰。
自制豆饼要烹饪，加热焙炒香味飘。
蛋白利用高一倍，家兔喜食易上膘。
玉米麦类别效仿，高温处理蛋白消。
鱼肉骨粉限量用，百分之二不能超。
多用厌食易腹泻，利用目的达不到。
蛋白饲料巧搭配，营养经济自己调。

（二）饲料的种类

农村养兔，饲料来源要本着就地取材的原则，充分利用自采的野草、自产的农副产品下脚料，做到物尽其用，合理搭配。除补充的少量蛋白质、矿物质及维生素、微量元素、添加剂外，一般都要就地采集。

1. 家兔青饲料的种类 家兔爱吃的青绿饲料有上百种，野草、野菜遍地皆是，如狗狗秧、叶叶苗儿、荠菜、蒲公英、水萝卜棵、马齿苋、巴巴狗、抓地秧、老牛拽、节节草、车前草等；人工栽培的牧草如紫花苜蓿、籽粒苋、沙打旺、菊苣、冬牧-70 黑麦等；农作物间苗的大豆棵、绿豆苗，菜园里的各种蔬菜叶等；还有木本青饲料，如紫穗槐叶、刺槐叶、槐花、榆叶、杨树叶、柳树叶等。这些青绿饲料中的蛋白质、碳水化合物、维生素含量都非常丰富，而且适口性好，家兔爱吃。

2. 家兔的多汁饲料 家兔爱吃的多汁饲料有胡萝卜、白萝卜、红薯、土豆、甜菜、南瓜、冬瓜、西瓜皮等。这些多汁饲料中含丰富的淀粉糖类和维生素 A。产后母兔多喂此类饲料，有益于泌乳和体质的恢复。

3. 家兔的粗饲料 家兔爱吃的粗饲料较多，也便于采集和储备。如各种干青草、麦秸、豆秸、花生秧、红薯秧、苜蓿草、玉米叶秆、绿豆角皮及各种树叶等。这些粗饲料不但可以直接干喂，也可以粉碎加工制成混合饲料。

这些饲料要充分晒干，保持其色泽和香味儿。粉碎加工时要抖净泥土，粉碎好的草粉要防止受潮霉变。上垛的干草要将底部用秸秆或木头垫高，上部要盖好，原则上要求底部不受潮，垛顶不淋雨，中间要通风。这些粗饲料含有丰富的蛋白质、钙、磷、胡萝卜素和维生素 D 等，但无论上垛或粉碎都要防止霉变，否则会降低其营养价值。

4. 家兔的精饲料 精饲料包括粮食和加工产品的下脚料。粮食有玉米、大麦、小麦、高粱、黄豆、薯干等。下脚料有豆饼、花生饼、麦麸、米糠、豆渣、糖渣、啤酒糟等。精饲料的特点是体积小，适口性强，粗纤维少，可消化吸收利用的营养物质多。如麦麸中含有丰富的钙和蛋白质，豆饼、花生饼、向日葵饼中蛋白质的含量在40%以上，是最好的植物性蛋白质饲料。

5. 家兔的动物性饲料 动物性饲料包括鱼粉、骨粉、血粉、蚕蛹粉、羽毛粉等，含有丰富的蛋白质、蛋氨酸、赖氨酸、钙和磷等。但是，这些饲料成本价格高，再则家兔是草食动物，动物性饲料加多了，适口性差。所以，在家兔的饲料中，动物性饲料一般不宜超过4%，而肉骨粉是肉用兔饲养禁止使用的。

（三）饲料的营养成分

1. 水分　水是构成兔体的主要成分，是维持生命的必需条件。没有水，家兔的一切就无从谈起。各种营养物质的消化、吸收和代谢物的排出必须有水分参加。如果家兔饮水不足，可引起食欲减退、代谢失调、精神萎靡不振、被毛粗乱而无光泽。当饲料中缺乏水分，或采食精料过多时，就会引起家兔粪便干硬和便秘。当兔体内水分失去10%时，家兔就会感到极度不安；失去20%时，就会引起死亡。

饲料的种类不同，则含水量也不同。如玉米、高粱、小麦的含水量为8%~15%，干青草及干作物的秧蔓含水量为10%~17%，鲜青草、树叶、菜叶的含水量在90%左右，胡萝卜、南瓜、红薯的含水量在80%左右。因此，在配合兔的饲料时，要注意考虑各种饲料含水量的多少。

2. 蛋白质　家兔的肌肉、血液、神经、内脏、激素、皮毛和酶类等，都是以蛋白质为原料组成的。因此，蛋白质是家兔维持生命活动的重要物质，是家兔生命的基础。

各种饲料中的蛋白质经家兔消化吸收后，分解成多种氨基酸。氨基酸是组成蛋白质的基础单位。因此，饲料品质的好坏和营养价值的高低，是由饲料中蛋白质所含氨基酸的多少所决定的。

有10种氨基酸在兔体内不能合成，必须由饲料供给。缺少任何一种，则饲料利用率就会降低，从而影响家兔的新陈代谢和生长发育，并造成家兔体重下降、繁殖功能紊乱等。

蛋白质应在兔体内维持一定水平，过高或过低都不好。过高时不但造成饲料浪费，还会引起母兔不孕、仔兔下痢，加速患球虫病病兔的死亡。蛋白质不足时，兔的生长发育就要受到阻碍，抗病能力降低，兔体水肿、消瘦。公兔精液品质不好，配种受胎率降低；母兔发情周期失去规律，死胎、弱胎增多；仔兔发育大小不整齐，初生体重下降。

一般家兔日粮中粗蛋白质的含量是：生长兔16%，空怀兔12%，怀孕兔及种公兔15%，哺乳母兔17%。

各种饲料中蛋白质的含量不尽相同，动物性饲料蛋白质含量较高，其次是豆类作物籽实。如鱼粉、骨粉、血粉、肉骨粉、蚕蛹等，蛋白质含量可达60%~80%，豆饼、花生饼高达40%~50%，豆科籽实为25%~30%，禾本科籽实为8%~12%。由于家兔不喜欢采食动物性饲料，故以在饲料中添加动物性饲料2%为宜。

3. 碳水化合物 碳水化合物是家兔的主要能量来源，主要作用于运动、呼吸、消化、循环、细胞更新、维持体温等生命活动，多余部分能转化为糖原或脂肪储存起来。

碳水化合物充足，可减少蛋白质的分解。碳水化合物又分为粗纤维和无碳浸出物两种。其中粗纤维有填充胃肠的作用，使家兔有饱的感觉，还可刺激胃肠，加强蠕动和粪便的排出，减少消化道疾病的发生。一般幼兔用12%、成兔用15%~18%较为适宜。无碳浸出物被消化吸收后，能为机体提供大量能量，或转化为糖原储备起来。

一般谷类籽实中，碳水化合物含量在75%~80%。块根、块茎类在80%~90%，而且多属于可溶性饲料，易被兔体吸收利用。作物秸秆、干青草、树叶等含碳水化合物70%~80%，但其中30%~40%为粗纤维，多数不能被吸收利用，故营养价值较低。

碳水化合物营养歌诀

运动呼吸和消化，细胞更新把帅挂。
血液循环和体温，释放能量全靠它。
三大营养能为先，科学利用巧计划。
玉米大麦和麦麸，米糠饼粕适量加。
料中如果能量低，兔子不长工夫搭。
推迟出栏兔体瘦，皮毛商品质量差。
过高不但成浪费，兔易便秘或稀拉。
子宫脂厚难受孕，透气性差难消化。
蛋白纤维巧搭配，保持平衡效果佳。

4. 脂肪 脂肪除参与细胞的构成外，主要是产生热能，它是等量碳水化合物产生热量的2.25倍。从饲料的脂肪中，可获得花生油酸、次亚麻油酸等多种不饱和脂肪酸。缺乏这种不饱和脂肪酸，兔的生长发育就会受阻，皮肤干燥，掉毛，公兔性功能衰退，母兔的繁殖和泌乳也会受到影响。家兔日粮中脂肪的含量如能达到2%~5%，就能提高饲料的适口性，能明显增加对饲料的吸收能力和兔的体重，兔的皮毛就会油润而有光泽。

5. 矿物质 矿物质是家兔体内的无机养分，在家兔体内的含量较少。矿物质在家兔饲料中又可分为常量元素和微量元素两大类。常量元素是家兔体内需要量较大的元素，包括钙、磷、钾、钠、氯、镁等；微量元素是指家兔体内需要较少的元素，包括铁、铜、钴、锰、锌、碘、硒等。

（1）钙和磷：是组成家兔骨骼和体组织的重要成分。家兔对钙和磷的需要量，因兔的年龄和生理阶段而有差异。幼兔、孕兔及哺乳母兔需要足量的钙和磷，当日粮中缺乏时，常发生软骨病。因此，兔的饲料中切不可缺乏钙和磷，钙和磷的比例为12∶1时，家兔生长不会受到影响。而磷的比例高时，如饲料中含量达到1%时，家兔就会拒绝采食。麦麸是含钙、磷丰富的饲料，钙占0.02%~0.11%，磷占0.27%~1.36%。骨粉、贝壳粉是钙的补充饲料，一般以添加1%~2%为宜。

（2）钠、氯、钾：可以调节血液中的酸碱度，增加酸的活性，提高食欲，促进碳水化合物的消化吸收。

氯是胃内生成胃酸的原料，还以盐酸的形式分布于全身各组织和体液中。钠和氯有调节血液和体液渗透压的作用。缺乏钠和氯时，家兔食欲减退、目光无神、被毛粗乱无光、体重减轻，此时家兔会出现啃咬墙壁或舔食泥土的异食现象。

实验表明，在饲料中添加0.5%~1%的食盐，或0.5%的碳酸氢钠（小苏打），家兔食欲明显增加，消化吸收快，特别是仔幼兔，胃肠疾病明显减少，大大提高了成活率。

钾存在于家兔的软组织和肌肉中，常饲喂青绿饲料的家兔不会缺钾。如果缺钾，则神经传导就会发生障碍，神经兴奋性减弱，有时会出现神经麻痹，使母兔性成熟和排卵期迟缓，不易受孕；公兔精子活力下降，不易授精。因此，家兔配种生长时期必须多喂青绿饲料。

（3）铜、铁、钴、硫：铁是红细胞中血红蛋白的主要成分，铜和钴则可以促进红细胞的形成。缺乏这三种元素，家兔就会出现营养性贫血，尤其是产后哺乳母兔更为严重。在饲料营养元素分析中发现，铜、铁、硫青饲料、麦麸、豆饼、鱼粉中含量较多，钴在饲料中的含量则与土壤有关。

硫是生成兔毛的主要元素，在兔毛中含 5%，因此硫对毛用兔有特殊的意义和影响。甘蓝、白萝卜中含有丰富的硫。

6. 维生素

（1）维生素 A：是上皮细胞、神经和骨骼组织正常发育所必需的物质。缺乏维生素 A 时，家兔食欲降低，对疾病的抵御能力减弱，严重时会发生肺炎、下痢、母兔难受孕、孕兔流产甚至死亡等。

在胡萝卜、南瓜、紫穗槐叶中，都含有丰富的胡萝卜素，能在兔的肠壁和肝脏中转化成维生素 A。

（2）维生素 D：能促进钙、磷的吸收，增加钙、磷在骨骼中的沉积。缺乏维生素 D，常使兔患软骨病和佝偻病。

常晒太阳，能减少兔软骨病和佝偻病的发生。因为家兔皮肤中的胆固醇，经日光照射后能转化为维生素 D_2 和维生素 D_3。因此，夏季和常晒太阳的兔不会缺乏维生素 D。

快速晒干的青草中含丰富的维生素 D，多喂优质干青草和多晒太阳，可防止维生素 D 缺乏症的发生。

（3）维生素 E：又叫抗不孕症维生素，它可以提高公兔精液的品质，促进母兔发情，有利于胎儿的生长发育，减少流产和死胎。

如果缺乏维生素 E，则公兔精子活力降低，数量减少，甚至完全丧失生育能力。

维生素 E 在粮食的胚芽、米糠和麦麸中含量较多，对提高家兔受胎率起着重要作用。

（4）B 族维生素：包括维生素 B_1（硫胺素）、维生素 B_2（核黄素）、维生素 B_{12}（烟酸胆碱）等。饲料中如果缺乏 B 族维生素，就会使蛋白质和碳水化合物的代谢发生障碍，引起家兔食欲减退、神经系统和心血管系统功能紊乱。

干酵母、谷实类、麦麸、干草、土豆、甘蓝、豆类中含有丰富的B族维生素。兔在夜间采食的软粪中，也含有大量的B族维生素。家兔对软粪再次消化吸收，一般不会缺乏核黄素。

（四）添加剂

饲料添加剂是为了满足家兔的营养、生长及抗病需要，向饲料中添加的少量或微量物质，其目的是补充天然饲料中某种营养成分的不足，保持饲料中各种营养的相对平衡，防止疾病和提高家兔的免疫力和抗病力，促进家兔的生长发育，提高兔产品的产量和质量。近20年来，我国饲料工业快速发展，饲料添加剂被广泛用于我国畜牧业生产，在养兔生产上应用以后，大大提高了我国兔产品的产量（如长毛兔、肉兔）和质量（如獭兔皮质量）。实践证明，添加剂在兔饲料中的用量虽很少，但发挥的作用很大。有专家提出，家兔80%的生长速度是由20%的营养成分所决定的，也就是专门用于改善饲料品质起营养平衡作用的专用饲料添加剂。添加剂可以有效地降低饲料成本，提高饲料转化率，越来越被养兔业和其他养殖业所应用。添加剂的种类很多，这里仅介绍几种养兔生产中常用的饲料添加剂。

1. 维生素添加剂 维生素是动物维持正常生理功能所不可缺少的低分子有机化合物。维生素在兔饲料中的用量虽然不大，但起到的作用非常显著。在我国农村传统粗放饲养的情况下，家兔通过自由采食各种野杂草等粗饲料，一般可以满足对维生素的需要，但是在现代养兔业逐步向规模化、工厂化、产业化迈进的形势下，家兔被限制在一个狭小的空间，并且由于生产规模大，各种青绿饲料的供应受到了限制，甚至有什么喂什么，饲料单一，常造成饲料中某种维生素的缺乏。如维生素A、维生素E、维生素D_3等缺乏，会使家兔的免疫力下降，对各种病菌、病毒感染和寄生虫病的抵抗力减弱，生长速度和繁殖力受阻。又如，现代规模化、工厂化封闭式兔舍，常采用限制运动、弱光育肥。殊不知，家兔长期得不到阳光中的紫外线照射，皮肤中不能合成足够的维生素D_3，影响了对饲料中钙和磷的吸收利用。特别是养兔新技术的推广、颗粒饲料的广泛应用，在饲料加工时，由于饲料机磨辊和磨盘的摩擦形成的高温高压也会破坏一些对热敏感的维生素，如维生素 A、维生素 D_3、维生素 K_3、维生素 B_1 及叶酸、胡萝卜素等。所以，必须根据自己的实际情况和饲料品质适当添加一些维生素，否则会影响家兔的生产性能。

维生素的种类很多，按其溶解性质，可分为脂溶性维生素（如维生素 A、维生素 D、维生素 E 和维生素 K 等）和水溶性维生素（主要是 B 族维生素、生物素、叶酸、烟酸、泛酸、胆碱等）。在使用时，应根据自己的饲料种类和品质酌情添加。

2. 微量元素添加剂 俗称“生长素”。与维生素一样，是家兔全价饲料中不可缺少的营养物质，微量元素添加剂被广泛应用于我国畜牧业生产，特别是猪、鸡、牛、羊、兔等用量较大。通过笔者多年的生产实践及对全国各地养兔企业和农户的调查，在家兔饲料中使用添加剂时，存在着很大的随意性和盲目性，常常将猪、鸡用生长素添加到兔的饲料中（这是一个误区），虽然短期内有一定的效果，但是猪、鸡的生理功能和消化特点与家兔有很大差异，其对各种营养物质（如蛋白质、消化能粗纤维等）的需求量更不相同，如果长期使用猪、鸡用生长素，很容易使饲料中的营养失去平衡，或不被家兔机体吸收导致浪费。所以，应当有针对性地选用家兔专用的微量元素添加剂和生长素，如河北农业大学谷子林博士研制的“兔乐”兔用维生素和微量元素添加剂“球净”（抗球虫添加剂）、鼻肛净（防治鼻炎、肠炎），以及笔者研制的 PB 一号幼兔添加剂、PB 二号肉兔添加剂。这几种添加剂的共同特点是，促进家兔的生长发育、防治兔的球虫病及肠道疾病，提高幼兔的成活率。所以，推广之后很受各地养兔场和养兔户的欢迎。河北农业大学谷子林博士通过多年研究实验发现，使用微量元素添加剂比不使用微量元素添加剂，日增重提高 27. 13%，饲料转化率提高 15. 06%。另外，使用家兔专用添加剂，不但能提高幼兔成活率、防治疾病，而且要比使用猪、鸡生长素日增重提高 31. 32%，饲料转化率提高 23. 89%。家兔微量元素添加剂（生长素）的主要成分有硫酸铜、硫酸镁、硫酸锌、硫酸锰、硫酸亚铁、亚硫酸钠、氯化钴、碘化钾等，在自制微量元素时要选用正规厂家生产的饲料级原料，绝不可选用工业级原料；要严格控制用量，不可使金属含量超标，否则兔产品对人体有害，因达不到绿色无公害标准，使兔肉产品出口贸易受阻。

3. 氨基酸添加剂 蛋白质是家兔生存的重要物质基础，它参与了家兔生长发育和繁殖的整个过程。蛋白质的主要成分是氨基酸，常见的氨基酸有20余种，但必需氨基酸仅七八种，而蛋氨酸和赖氨酸则被称为限制性氨基酸。家兔是草食动物，其饲料原料95%以上由植物性饲料组成，而蛋氨酸和赖氨酸在植物性饲料中很容易缺乏，为了满足家兔对蛋氨酸和赖氨酸的需要，养兔生产者往往采用提高蛋白质饲料（如豆粕、花生粕、鱼粉、蚕蛹粉等）的比例来解决。这样做，不但提高了家兔饲料的成本，而且也造成饲料原料的浪费。如果在饲料中额外添加人工合成的蛋氨酸和赖氨酸，不但能有效地提高兔产品的产量（如兔毛）和质量（如獭兔皮），而且降低了饲料成本。人工合成的蛋氨酸和赖氨酸，一般分D型和L型两种，家兔饲料中宜使用L型蛋氨酸和赖氨酸；一般添加比例为0.05%~0.1%，多了则不易吸收，造成浪费。

4. 抗球虫添加剂 球虫病是家兔体内主要寄生虫病，主要发生在高温高湿季节，对断奶幼兔危害最大，死亡率在70%以上，给养兔业造成严重的危害。球虫病是兔病防治的重点。笔者认为，只要治住球虫病，养兔就成功大半。防治球虫病，除科学管理和合理的饲料配方外，还必须在幼兔日粮中添加抗球虫添加剂，近年来常用的效果较好的抗球虫添加剂有氯苯胍、氯羟吡啶、地克珠利、盐霉素钠、二甲氧苄氨嘧啶（敌菌净）等。

（1）氯苯胍：是应用最广泛的抗球虫添加剂。白色或结晶状粉末，有异臭味，微溶于乙醇，不溶于水，对家兔常见的8种球虫均有良好的防治效果。为高效低毒抗球虫添加剂，同时具有促进幼兔生长发育和提高饲料利用率的效果，在我国养兔业生产中推广以来，发挥了很大作用，较受欢迎。因各个厂家生产的氯苯胍产品含量不尽相同，在使用时要按厂家生产标签说明酌情添加。因氯苯胍不耐高温，过夏天后其药效渐减，购买使用时一定要看其生产批号和生产日期，并低温保存。过 2~3 个夏天并超过有效期的氯苯胍，几乎没有效果，使用时一定要注意。氯苯胍含有氯化物的异臭味，所以屠宰前 7 天要停止使用，以免影响兔肉质量。

（2）氯羟吡啶（可爱丹、克球粉、克球多等）：白色或淡黄色粉末，无臭味，难溶于水。氯羟吡啶主要作用于兔球虫的孢子和第一代裂殖体，对成虫无杀灭作用，因此适合早期在饲料中添加使用。其在兔体内代谢快，粪便对环境和农作物无污染。兔饲料添加预防量为每 1000 千克饲料 200 克，克球粉、可爱丹预混剂则按标签说明使用。因连续使用易产生抗药性，故应与其他抗球虫添加剂交替使用效果更好，屠宰前 7 天应停止用药。

（3）地克珠利（杀球灵）：微黄色或灰棕色粉末，不溶于水，性质稳定；是新型广谱、高效、低毒的抗球虫药物添加剂，是目前抗兔球虫药物中用药浓度最低的一种，防治效果明显优于氯羟吡啶、莫能霉素等其他抗球虫药物添加剂；可连续使用并不产生抗药性。可有效地干扰球虫体细胞核的分裂和线粒体呼吸及代谢，在兔饲料中使用时，添加的原粉净含量为每 1 000 千克饲料 1 克。市面销售的地克珠利一般是 0.5%的预混剂，其使用添加量为每 1 000 千克饲料添加 200 克。使用时要按产品标签说明，并逐级混合均匀。

（4）盐霉素钠：其游离酸为白色粉末。盐霉素钠对多种球虫均有效果，与氯苯胍、氯羟吡啶、莫能霉素等抗球虫添加剂不存在交叉耐药性，盐霉素钠能提高饲料消化率，促进家兔生长发育。它是一种效果较好的抗球虫添加剂，在兔饲料中的添加量为每 1 000 千克饲料添加 60~80 克，或按生产厂家标签说明使用。

（5）二甲氧苄氨嘧啶（敌菌净）：白色结晶粉末，无味，微溶于水，内服吸收较少，在消化道保持较高的浓度。具有抗菌作用，对兔球虫、弓形体有抑制作用，与磺胺类药物配伍用于防治肠道细菌感染，禽、兔的球虫病和猪的弓形体病。兔饲料中的添加量为每1 000 千克饲料添加 200 克，复方预混剂内服为每千克体重 20~25 毫克。为了避免药物残留，保证兔产品（兔肉）安全，屠宰前 10 天应停止使用。

（6）常山酮（速丹）：是由中草药常山提取出的生物碱化而成的，具有较高的杀灭球虫的活性，而且不产生耐药性。它对球虫发育的三个阶段都有作用，故停药后复发的可能性很小；抗球虫谱广泛，对鸡的多种球虫有效，对球虫早期生殖芽孢，以及第一代、第二代裂殖体均有抑制作用，并能控制卵囊排出，减少再感染的机会和可能性。与其他抗球虫药无交叉耐药性。常山酮对鸡和兔较安全，但对鸭和鹅有毒性，能抑制鸭和鹅的生长发育，应禁用。常山酮适口性差，过量使用会影响家兔的采食量，故应严格控制剂量，并配伍适量甜味素逐级混合均匀。兔饲料中的添加量为每 1 000 千克饲料添加 3～4 克，或按产品标签说明使用。

（7）磺胺氯吡嗪（三字球虫粉）：白色或淡黄色粉末，无味，难溶于水，其钠盐易溶于水，是一种新型的磺胺类抗球虫药物添加剂。其作用与特点与磺胺喹噁啉相同，对家禽和家兔球虫病都有较强的抑制效果，并且对巴氏杆菌、沙门杆菌有较强的抗菌效力。多用于球虫暴发阶段的控制和治疗。家兔饲料中的添加量为 1 000 千克饲料添加 600 克，连用 3～5 天。长期使用易产生耐药性。屠宰前 7 天停止使用。三字球虫粉含磺胺氯吡嗪 30%。

（8）使用抗球虫药物添加剂应掌握的原则：在饲料中合理使用抗球虫药物添加剂，对于提高幼兔成活率，促进生长发育，保证其使用效果，避免产生不良反应具有十分重要的意义。添加合理可获得满意的效果，否则会造成不良反应或引起家兔中毒死亡。所以在使用时一定要注意以下几个问题。

①要按产品标签说明，严格控制添加剂用量，减少盲目性和随意性。并且一定要混合均匀。

②不可长期低剂量使用某一种抗球虫添加剂，否则很可能使球虫产生耐药性。要有计划地在短期内轮换使用作用机制不同、抗球虫活性峰期不同的抗球虫药物添加剂，避免球虫产生耐药性。

③要根据球虫种类及其发育阶段合理地选择和使用药物，并逐级混合均匀，以便更好地发挥其抗球虫效果。

④要注意抗球虫药物添加剂对兔体的影响，药物残留及异味，如

氯苯胍的氯化物的臭味对兔肉质量的影响。故应在屠宰前 7 天或更早停止使用，以保证兔产品的质量，做到无异味、无残留、无污染、无公害。

⑤要注意对兔体产生的免疫力和效果。禁止使用马杜拉霉素，以免引起中毒死亡。

⑥使用抗球虫药物添加剂一定要适时，注意一个“早”字，并注意低温保存，不使用过期失效的抗球虫添加剂。也不要同时使用两种添加剂。

⑦强化饲养管理，注意环境卫生，如果兔舍阴暗潮湿、环境污秽、兔群拥挤，很容易使带球虫卵的家兔粪便污染用具和饮水，诱发球虫病的传播。所以在使用抗球虫药物添加剂期间，一定要加强饲养管理，注意环境卫生，保持笼舍通风干燥，并定期火焰消毒，减少球虫病的传播，以提高抗球虫添加剂的使用效果。

5. 抑菌促生长添加剂 主要作用是抑制家兔体内有害微生物的繁殖，促进消化道的吸收，预防家兔疾病，增强家兔体质，提高饲料利用率，达到提高家兔生产性能，以及兔产品产量和质量的目的。抑菌促生长添加剂的种类很多，有抗生素，也有化学合成的抗菌药。

（1）杆菌肽锌：对革兰氏阳性菌、部分革兰氏阴性菌、螺旋体、放线菌等有效。其抗菌谱与青霉素十分接近。杆菌肽锌是由特殊细菌发酵产生的多肽与锌盐结合而成。河北农业大学谷子林博士试验证明，杆菌肽锌对兔具有良好的防病、促进生长发育、提高饲料利用率的作用。其毒性小，致突变、致畸胎实验证明是安全的。杆菌肽锌几乎不产生耐药性，与其他药物也不易产生交替耐药。但长期大量使用对肾功能会有损害。在兔饲料中的添加量为每 1 000 千克饲料添加 40 克。现在市面上销售的杆菌肽锌多为预混剂，有效成分含量仅在 10%左右，使用时要按产品说明或有效量添加。

（2）喹乙醇（倍育诺）：黄色或淡黄色结晶粉末，微溶于水，是化学合成的抗菌促生添加剂。通过多年实践证明，喹乙醇在兔饲料中使用，抗菌效力好，促进生长发育效果明显。对革兰氏阴性菌（如大肠杆菌、巴氏杆菌、沙门杆菌及变形杆菌等）特别敏感，对革兰氏阳性菌（如葡萄球菌、链球菌等）抗菌效力优于金霉素。它对致病性溶血性大肠杆菌有选择性抑菌作用，不影响其他常见的大肠杆菌，也不影响其他革兰氏阳性菌。对其他抗生素有耐药性的细菌对喹乙醇仍然敏感。喹乙醇具有加强蛋白质的同化作用，能有效地促进家兔的生长发育，提高饲料消化利用率。喹乙醇的毒性小，使用安全，促进生长发育时，在兔饲料中的添加量为每 1 000 千克饲料添加 50~100 克。防治疾病时可适当提高到每 1 000 千克饲料添加 100~200 克，连用 5~7 天。注意长期超量使用会造成积蓄性中毒，影响肝功能，降低种兔繁殖力或致母兔流产。

（3）兔病克星 PB 一号幼兔添加剂：该添加剂是笔者根据幼兔的营养及抗病需要，经多年临床实验研制而成的。具有促进幼兔生长发育，预防各种维生素缺乏症，提高食欲，帮助消化，增强体质，提高抗病力的作用。对幼兔球虫病、巴氏杆菌病、大肠杆菌病、魏氏梭菌病有综合性防治效果，并能代替青绿饲料，是提高幼兔成活率的保证。每 100 千克饲料添加 450~500 克。使用时逐级混合均匀，仔兔 18 日龄开食即开始喂服。

注意：使用本品不需要再添加其他药物和添加剂，以免发生不良反应。

（4）PB 二号兔用添加剂：是笔者为了提高家兔中后期生产力而研制的抗病促生长专用添加剂，适用于 2 月龄以上不同类型的家兔。具有提高食欲、帮助消化、促进生长发育、补充维生素的不足、代替青绿饲料、促使毛囊发育、使被毛稠密光亮的作用，并能有效地防止大肠杆菌病和其他肠道病的发生。对于种用公母兔，可使其发情正常，提高授精受胎率，减少死胎，使胎儿发育健壮整齐，预防软骨病、母兔乳腺炎及仔兔黄尿病的发生。它是备受养殖户欢迎的兔用添加剂。每 150 千克饲料添加 500 克 PB 二号，充分搅拌均匀，冬季水温不超过 40 ℃，现拌现喂。屠宰前 7 天停止使用。

注意：使用本品不需要再添加其他药物和添加剂，以免发生不良反应。

6. 中草药添加剂　中草药是我国医学的瑰宝，是我国劳动人民智慧的结晶，是我国文化遗产的一颗灿烂明珠。中草药不但为我国医学发展和劳动人民的身体健康做出了巨大贡献，同时也为我国畜牧业发展发挥了积极作用。

草药添加剂具有资源丰富、成本低廉、作用广泛、无药物残留、不易产生抗药性和毒副作用小的优点。其越来越被人们所重视，在养兔业正被普遍关注和推广应用，虽然大多数研究还是停留在自发性实验和探索阶段，专业化、商品化程度不高，尚无统一国家标准。一些天然药源性植物如蒲公英、车前草、马齿苋、洋葱、大蒜等添加到家兔饲料中或直接投喂家兔，已证实对一些病毒性疾病、肠道性疾病和球虫病有一定的疗效，为我国兔业发展发挥了积极作用。因此，充分利用天然中草药植物作饲料添加剂，对家兔绿色无公害饲养具有重要意义，也是打破世界绿色贸易壁垒，使中国兔肉产品进入国际贸易市场的首要选择和发展方向。

中草药添加剂按其功能可分为抗病毒病、促进生长发育、提高繁殖力和抗球虫病等几种。按使用中草药种类多少，又分为单方（一种中草药原料）和复方（两种以上中草药原料配伍）饲料添加剂。按剂型可分为天然中草药（不经任何加工，直接饲喂）、粉剂（经晾干、焙炒炮制、加工粉碎）和水剂（经煎煮、挤汁、过滤加工提取）几个剂型。常用的一般是天然和粉剂两种。

中草药添加剂歌诀

中草药用添加剂，资源丰富成本低。
标本兼治无公害，无抗药性无毒遗。
单味鲜草直接喂，复方配伍显威力。
清热解毒杀球虫，催情促长防肠疾。
中西合璧巧利用，绿色养殖病自驱。

（1）单方中草药添加剂：

①海带粉：海带中含有碘，对球虫有较强的杀灭和控制作用，而且还具有促进生长发育的作用，饲喂幼兔时一般按3%的比例添加。

②黄芪粉：黄芪味甘，性微温，归脾、肺经，具有健脾胃、升阳固表、利尿排毒之功效。在饲料中添加1%~2%，可提高家兔抗病力

和日增重。

③山楂粉：山楂味酸、甘，性微温，归脾、胃、肝经，具有消食化积，行气散瘀之功效。在饲料中添加1%～1.5%干粉，连喂2～3天，可明显增加家兔食欲，帮助消化。鲜山楂一颗，捣烂如泥，拌入饲料，使兔食欲明显增加。

④艾叶粉：艾为多年生草本植物，全国大部分地区均有分布。其味辛、苦，性温，有微毒，归肝、脾、肾经，有温经止血、散寒调经、安胎之功效。同时艾叶中含有丰富的蛋白质、胡萝卜素、叶绿素、多种氨基酸、维生素A、B族维生素、维生素C等。饲料中添加1%～2%的艾叶粉，日增重可提高15%以上。而且还具有提高抗病力，促进血液循环，提高繁殖率和饲料利用率的作用。

⑤蒲公英粉：为菊科草本植物蒲公英干燥加工而成的粉末，以开花初期挖取全草干燥加工的质量最佳。其药味苦、甘，性寒，归肝、胃经，具有清热解毒、消肿散结、利湿通淋之功效。现代研究证明其化学成分有蒲公英素、蒲公英苦素、肌醇和莴苣醇、蒲公英赛醇、咖啡酸及树脂等。蒲公英是全国各地生长最普遍最易采集的中草药，亦可鲜草饲喂，饲料中添加1%～2%的干粉可起抗病解毒、减少发病率的作用，对金黄色葡萄球菌、溶血性链球菌、绿脓杆菌、肺炎双球菌，均有较强的抑制作用。

⑥松针粉：松针粉含氨基酸6.33%、维生素C 522毫克/千克、维生素B_1 3.3毫克/千克、维生素B_2 17.2毫克/千克、胡萝卜素121.8毫克/千克，并且还含有甾醇植物杀菌素等生物活性物质，以及铁、铜、锌、锰、钴等微量元素。在饲料中添加5%～10%松针粉，可使肉兔日增重12%，毛兔产毛量提高16.5%，母兔产仔率提高10.9%，仔兔成活率提高7%，而且獭兔毛皮质量也有所提高。

⑦沙棘果渣：沙棘为胡颓子科落叶灌木或小乔木，沙棘果子经榨汁后的残渣可作为饲料添加剂喂兔。据报道，沙棘果渣含粗蛋白质18%，并含有大量的维生素C、B族维生素及多种微量元素。每兔每日饲喂20克，具有开胃健脾、增强食欲、促进消化吸收、提高抗病力的功效，日增重可提高27%。

⑧大蒜：大蒜为百合科多年生宿根草本植物。蒜头中含有大蒜素，药味辛，性温，具有杀虫、解毒、消肿、止痢之功效。大蒜可促使肠道蠕动，对于痢疾、泄泻、肺痨、顿咳，有很好的治疗作用；对于钩虫、蛲虫、滴虫，亦有抑制和治疗作用。在家兔饲料中添加 2% ~3%的鲜大蒜，可增加食欲、帮助消化，并可防治球虫病、蛲虫病、大肠杆菌病及普通性腹泻。大蒜秸中含有挥发性大蒜素，在家兔饲料中添加 10%~15%干大蒜秸粉，可防治球虫病及多种肠道病发生并可提高饲料利用率，有明显的增重效果。

⑨党参：党参为桔梗科多年生缠绕性柔弱草本植物，性平，味甘，归脾、肺经，具有补脾肺气、补血生津之功效，可治疗中气虚弱、脾虚泄泻、血虚萎黄、便血崩漏等症。据报道，党参茎叶中含有 18 种氨基酸，总氨基酸含量达 5. 17%，能促进家兔生长和提高生产性能。

另外，王不留行、益母草、虫卧单、泡桐叶、薄荷叶、大麦芽、刺五加等，均有促进家兔生长和提高繁殖性能的功能。洋葱、车前草、青蒿、兰花蒿、马齿苋、罗布麻、芫荽、桑树叶、白茅根、紫花地丁、大青叶、南瓜子、石榴皮等，也有清热解毒、杀虫化积、抗肠道病的作用。生产实践中，可根据各地情况采集加工，酌情添加，使家兔的某些疾病在中草药添加剂使用中自然化解。

单方剂中草药添加剂歌诀

泡桐薄荷防疾病，麦芽益母催欲生。
苦楝榴皮南瓜子，皆是良药能杀虫。
王不留行虫卧单，芫荽能把兔乳通。
马齿苋菜罗布麻，保肠大蒜与洋葱。
紫花地丁大青叶，野菊蒿类病毒清。
艾叶多含氨基酸，山楂能把食欲增。
黄芪升阳又固表，海带助长杀球虫。
营养丰富松针粉，清热解毒蒲公英。
沙棘果渣开胃脾，党参补脾生津功。
通淋止泻车前草，荠菜止血且消肿。

（2）复方中草药添加剂：由两种以上中草药配伍加工炮制而成的中草药添加剂称为复方中草药添加剂。现介绍用于催情，提高繁殖力，促进生长发育和抗菌杀虫的几种。

① 催情散：主要由党参 30 克，黄芪 30 克，白术 30 克，当归 20 克，炙甘草 20 克，肉苁蓉 40 克，淫羊藿 40 克，阳起石 40 克，狗脊 40 克，巴戟天 40 克等配伍组成。具有补气壮阳，滋阴养血，扶本固正的功能，有促进新陈代谢，增强体质，促进发情，提高繁殖性能的作用。经粉碎加工拌匀后，每兔每天喂 4～5 克，或在饲料中添加 2%～3%喂服，对母兔有明显的催情效果。对冬季卵泡处于相对静止期的母兔，催情率可达 60%以上，且交配受胎率达 95%以上。对于性欲低下、长期不旺盛的公兔，催情效果在 75%以上。

催情散歌诀

黄芪淫羊藿相配，阳起巴戟天当归。
白术狗脊炙甘草，党参苁蓉把情催。
固本扶正养气血，催生繁殖仔成堆。

② 催生增重添加剂：方剂由黄芪 60%，甘草 20%，五味子 20%组成。粉碎拌匀后，按 3%比例添加到饲料中喂兔，有明显的增重效果。

催生增重添加剂歌诀

黄芪升阳补脾肺，益气宁心肾不亏。
甘草调和加五味，固表生肌兔子肥。

③ 山神催长散：山楂 30 克，神曲 30 克，厚朴 30 克，草甲 30 克，槟榔 30 克，苍术 30 克，蚯蚓粉 1 000 克，白糖 1 000 克，粉碎拌匀，按 0. 5%～1%的比例添加喂兔，有明显的催长增重效果。

山神催长散歌诀

苍术槟榔巧相配，山楂神曲厚朴随。
白糖草甲蚯蚓粉，催长增重效果明。

④ 常胡散：方剂由常山 40%，柴胡 40%，甘草 20%组成，加工粉碎拌匀，按每兔每天 5 克喂服，可防治家兔球虫病、蛔虫病和巴氏杆菌病。

常胡散歌诀

柴胡甘草双管下，球虫怕将常山见。

常胡散来治虫病，兔体虫疾一窝端。

⑤四黄散：黄连 60 克，黄柏 60 克，黄芩 150 克，大黄 50 克，甘草 80 克，共研末，每兔每天按 5 克量拌入饲料喂服 5~7 天，可有效地防治球虫病、巴氏杆菌病。

四黄散歌诀

四黄散能杀球虫，兼治巴氏不留情。

黄连黄柏黄芩选，大黄甘草病毒清。

我国地域辽阔，中草药资源极其丰富，田间、路旁、沟坎、荒山、湿地等处比比皆是，各种野生植物都有一定的药用价值，可根据当地情况就地取材，采集加工炮制，科学配伍，综合利用，既有营养作用，又有防病治疗效果，对家兔整个机体功能有调节作用。它可以保持兔体阴阳平衡，标本兼治；同时，长期饲喂无耐药性，无药物残留，对家兔进行绿色无公害饲养、提高兔产品质量，具有重要的意义，是我们今后努力发展和推广的方向。

7. 正确选择和使用添加剂 目前市场上出售的饲料添加剂种类繁多，且良莠不齐，鱼龙混杂，无统一质量标准，用途特点差异很大，选择使用时应充分注意。

（1）在选择使用添加剂时，不要随意选择猪用或禽用添加剂，要使用兔专用添加剂，而且要了解生产厂家的信誉度和质量情况，最好是向使用过该厂产品的用户了解情况，或使用专家技术人员推荐的专用添加剂。同时要选用近期生产的添加剂，因为某些饲料添加剂储藏和放置时间的长短，会直接影响其效价，储存时间越长，效价损失越大，一般不宜超过半年为好。

（2）要选择正规渠道来源和有国家批准文号的产品，不选用假冒伪劣产品；假冒伪劣、非法生产的添加剂，质量没有保证，饲喂后有的起不到应有的作用，有的反而会引起不良反应，使家兔生长受阻，甚至引起中毒。

（3）要选择干燥、松散、流动性好且容重小的添加剂。如果潮解、结块、色泽差、有异常发霉气味的不宜使用。容重大的产品，其载体大部分是石粉，石粉相对密度大，在运输途中由于振动会下沉，造成上层是有效成分，下层是石粉。

（4）要根据家兔的年龄、种类选择添加剂，并对产品的性能、成分、含量、效价、用途有所了解，有目的地选择使用，克服盲目性。

（5）在饲料中要充分搅拌均匀，切记不要同时使用两家产品。如果同时使用两家产品，一是容易使相同的成分超量引起不良反应甚至中毒，二是有的添加剂会产生拮抗作用而降低使用效果。

（6）如果使用的是水拌粉料，要现配现喂，当次用完；放置时间过长，会使某些成分失效分解；如制颗粒饲料，要用干进干出的颗粒机（如山东莱州成达机械厂生产）制粒，不要用加水的颗粒机制粒。加水的颗粒机制成的颗粒要在阳光下晒干，而暴晒会使某些添加剂成分和部分饲料营养流失；如不晒干，易使颗粒发霉变质。

（7）注意有几种添加剂不能同时使用。如胆碱不能和某些维生素、钙、磷同时使用。胆碱易溶于水，碱性较强，会对水溶性维生素 C、B 族维生素和泛酸等起破坏作用。此外，钙和磷在酸性环境中易被吸收利用，而在碱性环境中则吸收很少。因此，胆碱也不能与钙粉、磷酸氢钙一起添加。硫酸亚铁、硫化亚铁等不能与维生素 A、维生素 D、维生素 E、维生素 B_1、维生素 B_2 同时使用，如同时添加，前者会加速后者的氧化过程。碳酸钙也不能与维生素 B_1、维生素 B_2、维生素 C、维生素 K_1、维生素 K_2、泛酸、链霉素、土霉素同时使用，因碳酸钙属强碱性，上述添加剂会在碱性环境中受到破坏。维生素 B_1 不能与青霉素同时使用，土霉素也不能与青霉素、链霉素同时使用，因土霉素酸性很强，会破坏链霉素、青霉素的抗病及促生长效果。

（五）家兔的全价饲料、预混合饲料及浓缩饲料

为了推动我国养兔业向规模化、产业化、工厂化健康发展，使各地农村的饲料资源得到充分有效地利用，我国兔业科技工作者及动物营养学家，根据家兔的生理功能及消化特点，结合我国的基本国情和农村的客观实际，研制了不同品牌的家兔预混合饲料和浓缩饲料，在

我国兔业产业化发展中发挥了积极的作用，受到了养兔企业和农村广大养殖户的欢迎。实践证明，推广使用家兔全价饲料、预混合饲料和浓缩饲料，不但能使家兔全价饲料的各种营养成分足量、全面和平衡，使各地农副产品饲料资源得到有效利用，而且大大减少了中间生产环节，节省了人力和财力。

1. 家兔的全价饲料 家兔的全价饲料是根据家兔不同生长发育阶段的需要配置加工而成的，可直接饲喂家兔的成品饲料。家兔的全价饲料中不但含有草粉、玉米、豆粕、麦皮等精饲料，粗饲料，能量饲料和蛋白质饲料，而且含有家兔必需的氨基酸如蛋氨酸、赖氨酸和胱氨酸，以及多种维生素、微量元素、抗球虫药物添加剂。家兔全价饲料不但减少了用户在饲料加工过程中对各种原料采购的麻烦和困难，而且也减少了养兔企业特别是中小养兔户加工设备（如粉碎机、搅拌机、颗粒机、包装机）的经济投入，同时也减少了饲料存储房屋的建设，极大地方便服务了中小养兔企业和养殖农户。

随着饲料工业的快速发展及加工工艺技术的提升，我国兔业科技工作者及动物营养专家共同研制开发了家兔不同生长发育阶段（如幼兔、青年兔、哺乳母兔）的营养标准和不同类型家兔（如肉用兔、皮用兔、毛用兔）的全价饲料，由专门的饲料加工企业加工生产，服务于养兔企业和养殖农户。

专门的饲料加工企业，都有一支专门的技术团队，在原料采购过程中都能对原料质量严格要求，在加工过程中有严格的营养标准，在包装、仓储、物流方面有严格的管理规范。

目前对于家兔全价饲料的加工，国家尚无统一标准，用户可根据需要通过多方面了解酌情选择，目前养兔户普遍反映质量较好的家兔全价饲料是山东临沂市顶顺饲料有限公司（法人代表：张晨萍）生产的顶顺牌兔饲料系列产品，该产品投放市场25年来，一直受到广大养殖户的好评。

2. 家兔预混合饲料的特点及利用 家兔的预混合饲料是一种有各种饲料添加剂和载体的稀释混合物，在加入到家兔饲料前不能直接喂兔。预混合饲料是为了把复杂的饲料配方简单化，并保证家兔饲料中的各种营养成分足量、全面和均衡。使用预混合饲料，除了可以使饲料加工者和养兔生产者减少采购各种微量元素、维生素等的麻烦外，还可以使添加剂在家兔饲料中的添加标准化——预混合处理改变微量元素在饲料中的不理想状态，使添加剂的微量成分在饲料中均匀分布，得到充分利用。使一般饲料加工厂、规模化养兔场和养殖户在饲料加工时简化工序，减少生产环节投资。

家兔的预混合饲料包括微量元素预混合饲料、维生素预混合饲料和抗病促生长等综合性预混合饲料。家兔的预混合饲料一般占家兔全价饲料的0.5%~5%，即家兔的预混合饲料由载体稀释剂和微量添加部分组成。而微量添加部分又有营养性物质如氨基酸、非蛋白氮、维生素、微量元素等和非营养性物质如抗生素、中草药、驱虫药、激素类、增食助消化类、饲料加工保存防霉剂等。养兔场及养殖户只需按预混合饲料生产企业推荐的参考配方酌情按比例加入蛋白质饲料、能量饲料、粗纤维饲料、预混合饲料即可。如北京一家比较受欢迎，质量、效果较好的预混合饲料原料组成、产品成分分析保证值及推荐配方如下。

（1）主要原料组成：维生素A、维生素D_3、维生素E、维生素K_3、维生素B_1、维生素B_2、维生素B_6、维生素B_{12}、生物素、烟酸、叶酸、泛酸钙、氯化胆碱、硫酸铜、硫酸亚铁、硫酸锌、硫酸锰、亚硒酸钠、碘酸钙、磷酸氢钙、石粉、食盐、酶制剂、蛋氨酸、抗氧化剂，载体为麦饭石和次粉。

（2）每千克产品成分分析保证值：见表11。

表11　每千克产品成分分析保证值

维生素A（万国际单位）	维生素D_3（万国际单位）	维生素E（万国际单位）	维生素K_3（毫克）	维生素B_1（毫克）	维生素B_2（毫克）	维生素B_6（毫克）	维生素B_{12}（毫克）
16	4	60	40	40	100	100	1.2
生物素（毫克）	**烟酸（毫克）**	**叶酸（毫克）**	**泛酸（毫克）**	**氯化胆碱（克）**	**铜（克）**	**铁（克）**	**锌（克）**
4.0	800	40	400	2.5	0.1~0.4	≥1.0	1~2
锰（克）	**碘（毫克）**	**硒（毫克）**	**食盐（%）**	**钙（%）**	**磷（%）**	**蛋氨酸（%）**	**水分（%）**
≥0.5	≥10	2~10	6~12	10~20	2~5	1.7	10

（3）推荐配方（供参考）：见表12。

表12 推荐配方

产品编号	使用阶段	配方组成（%）							
		玉米	小麦麸	豆粕	棉粕	菜粕	草粉	预混料	合计
RT95	仔兔	28	17	25			25	5	100
	生长兔	25	10	16	5	4	35	5	100
	打皮兔	28	12	14	5	6	30	5	100
	妊娠兔	22	20	14		4	35	5	100
	哺乳兔	27	15	20		5	28	5	100

3. 家兔浓缩饲料的概念及种类

（1）家兔浓缩饲料：家兔全价饲料生产过程中，部分饲料的组成成分主要有添加剂预混合饲料、常用矿物质饲料（含钙、磷、食盐等）、蛋白质饲料（如豆粕、花生粕、油菜籽粕、棉籽粕、鱼粉、蚕蛹粉等）。配制家兔浓缩饲料的目的是充分利用当地的饲料资源，即80%的饲料原料自筹，并使家兔全价饲料中的营养成分保持足量、全面和均衡，节省人力和财力，减少一些原料的采购环节。浓缩料是饲料厂生产的半成品，不能直接喂兔，必须加入一定比例的能量饲料如玉米、大麦、麦麸等和粗纤维饲料如苜蓿草粉、花生秧粉、大豆秸粉、红薯秧粉、米糠、稻糠等才可构成各种营养足量、全面、均衡的全价饲料。

（2）家兔浓缩饲料的种类：目前我国各地饲料厂生产的浓缩料一般占全价饲料的5%～20%，根据家兔的不同经济类型分为长毛兔浓缩料、獭兔浓缩料、肉兔浓缩料。而这些不同经济类型家兔的浓缩料，又按不同生长发育阶段分为幼兔浓缩料、生长兔浓缩料、种兔浓缩料和哺乳兔浓缩料等。

家兔饲料厂家良莠不齐，在使用时要对其饲料厂家的产品全面了解或少量试用之后看其具体效果，然后再大批量购买使用。在使用时不能生搬硬套，要根据当地饲料资源和自身实际情况，参考产品推荐配方酌情调整使用。

（六）家兔混合饲料的配制

农村养兔，饲料来源丰富，应本着就地取材、变废为宝的原则，根据家兔营养的需要，力争做到饲料多样化，适口性好，并保持饲料中的各种营养成分相对稳定。

配制混合饲料时，要根据家兔的年龄及不同发育阶段对营养水平的要求而酌情配制。一般幼兔料营养水平要高些，而且应容易消化；青年兔料一般营养水平稍低，要以青草及粗饲料为主，精料为辅；怀孕母兔及哺乳母兔料既要考虑维持和保证自身的体质，又要考虑胎儿的发育和泌乳；种公兔蛋白质饲料要稍高些。

如配制粗纤维含量在10%~13%、粗蛋白质在15%~17%、消化能在10%~12%的饲料，配方参见表13、表14。

表13　饲料配制计算

饲料名称	数量（%）	消化能（兆焦/千克）	粗蛋白质（%）	粗纤维（%）
玉米	25	14. 36×0. 25＝3. 59	8. 8×0. 25＝2. 2	1. 6×0. 25＝0. 4
麸皮	18	10. 59×0. 18＝1. 9	14. 4×0. 18＝2. 59	9. 4×0. 18＝1. 69
花生饼	18	16. 50×0. 18＝2. 97	41. 0×0. 18＝7. 38	8. 0×0. 18＝1. 44
花生秧粉	36	7. 41×0. 36＝2. 67	11. 7×0. 36＝4. 21	21. 8×0. 36＝7. 85
骨粉	2			
PB一号	0. 45			
食盐	0. 55			
合计	100	11. 13	16. 38	11. 38

在配制家兔混合料时，首先根据要求制订百分比，然后再检查饲料的营养成分表（表14），将各种饲料的消化能、粗蛋白质、粗纤维标准逐一相加，再与营养标准比较，如果基本吻合即可。同时再补饲些青绿多汁饲料，一般是能满足家兔的营养要求的。

表 14 家兔常用饲料营养成分

饲料名称	干物质（%）	消化能（兆焦/千克）	粗蛋白质（%）	粗纤维（%）	钙（%）	磷（%）	赖氨酸（%）
玉米	85.0	14.36	8.80	1.6	0.08	0.18	0.22
大麦	88.5	12.44	11.10	4.9	0.03	0.31	0.53
燕麦	89.6	2.37	9.90	8.90	0.15	0.23	0.40
小麦	86.10	13.60	14.6	2.40	0.05	0.32	0.33
米大麦	89.6	12.01	9.90	8.90	0.15	0.23	0.39
稻谷	88.6	2.77	6.80	8.20	0.03	0.27	0.31
高粱	87.0	14.10	8.49	1.5	0.09	0.35	0.23
碎米	87.6	3.51	6.90	1.20	0.14	0.25	0.34
大豆	88.80	16.57	37.11	5.10	0.25	0.55	2.30
黑豆	91.0	3.92	37.9	6.70	0.27	0.52	2.18
红薯干粉	89.10	14.45	3.10	2.31	0.34	0.10	0.14
豆饼	84.8	14.28	44.5	5.1	0.30	0.50	2.90
花生饼	89.6	16.50	41.0	8.0	0.33	0.58	1.60
胡麻饼	90.0	4.20	31.1	12.5	0.45	0.54	0.77
葵花子饼	89.00	7.61	31.5	19.8	0.40	0.40	1.13
玉米胚芽饼	91.8	3.99	16.8	5.5	0.04	1.48	0.67
棉籽粕	89.8	10.13	32.60	13.60	0.23	0.90	1.10
芝麻饼	90.2	3.35	35.4	7.20	1.49	1.16	0.88
菜籽粕	89.80	11.45	41.40	11.80	0.79	0.98	1.11
小麦麸	88.4	10.59	14.40	9.40	0.03	0.48	0.60
大麦麸	88.0	12.39	15.40	5.11	0.33	0.47	0.32
米糠	89.3	2.76	6.2	36.8	0.36	0.43	0.21
干豆腐渣	97.10	16.30	27.45	13.55	0.22	0.26	1.45
甜菜渣粉	84.8	0.54	1.3	2.8	0.11	0.02	0.34
红薯渣粉	88.2	0.55	2.0	1.8	0.08	0.04	0.14
啤酒糟粉	86.4	0.62	3.6	2.3	0.06	0.08	0.14

续表

饲料名称	干物质（%）	消化能（兆焦/千克）	粗蛋白质（%）	粗纤维（%）	钙（%）	磷（%）	赖氨酸（%）
花生秧粉	87.5	7.41	11.7	21.8	1.89	0.09	0.40
麦秸粉	90.07	6.2	5.7	40.0	0.28	0.03	0.15
大豆秸粉	88.0	5.23	8.1	28.5	1.55	0.11	0.28
玉米秆粉	88.8	2.30	3.3	33.4	0.67	0.23	0.05
干青草粉	90.6	5.49	8.9	30.8	0.54	0.25	0.31
苜蓿草粉	90.2	8.49	16.1	25.2	1.05	1.31	0.87
洋槐叶粉	90.30	10.00	18.10	11.20	2.21	0.21	1.35
紫穗槐叶粉	90.60	10.55	23.00	12.90	1.40	0.40	1.45
紫云英粉	87.0	9.74	18.1	44.0	0.40	0.20	0.92
松针粉	83.3	8.28	8.5	26.7	0.20	0.98	0.39
进口鱼粉	92	15.76	58.5		3.91	2.98	4.01
国产鱼粉	90.8	14.50	53.6	2.8	3.10	1.17	3.90
蚕蛹粉	91	23.07	45.3	5.3	0.29	0.58	2.91
骨粉						30.12	13.46
贝壳粉						33.60	10.18
红薯	25.0	1.34	1.0	0.1	0.06	0.07	0.13
胡萝卜	10.0	0.39	1.2	1.5	0.05	0.01	0.06
胡萝卜缨	12.0	0.39	2.2	2.2	0.38	0.05	0.14
南瓜	15.6	0.67	2.0	0.6	0.04	0.02	0.02
大白菜	7.6	0.39	2.1	1.8	0.29	0.07	0.02
甘蓝叶	9.90	1.00	1.80	1.60	0.08	0.04	0.09
土豆	23.5	0.83	2.30	0.90	0.33	0.07	0.09

（七）采集饲料时应注意的事项

在采集青绿饲料或加工炮制混合料时，还要注意有关饲料的毒性问题。例如，青绿饲料的焖煮、水烫或堆积时间过长，便可引起病原微生物的增殖或引起亚硝酸盐中毒。割下的油菜苗如用水烫便可引起亚硝酸盐中毒，使家兔腹疼、流涎、呕吐、拉稀等。胡萝卜缨如堆积发热就可引起病原微生物的增殖和亚硝酸盐的形成，可使家兔致病并引起死亡。夏季棉田喷施农药较多，在棉田里割草喂兔就很容易引起家兔中毒。再如田间拔掉的嫩玉米苗、高粱苗，如果喂兔或牛、羊，也可引起氢氰酸中毒，因为嫩苗中含有以氢氰酸为主的配糖体，在胃里经酸水解和胃酸的作用产生氢氰酸，麻痹呼吸神经中枢，导致组织缺氧，使家兔腹泻、胃黏膜充血而引起死亡。所以在夏季采集青绿饲料时，不要将田里拔下的玉米苗、高粱苗捡回饲喂家兔、牛、羊。

混合饲料所用的花生饼和草粉，如果受潮变霉，就有利于真菌繁殖，使饲料变质，引起黄曲霉菌中毒。如果花生秧粉的泥沙含量高，家兔食后就会发生流行性腹泻，甚至死亡。这些都是配合饲料时应注意的问题。

在饲喂家兔时，一些过长的青草秸秆还应截短，含泥沙的要洗净晾干。萝卜、红薯、南瓜等要切细或煮熟，不要整个扔到笼里让兔吃，豆饼、花生饼、玉米都要粉碎或用水泡软，否则进入胃后遇水会膨胀而产生气体，容易引起家兔消化不良或发生膨胀病。

豆腐渣虽然营养丰富，但不宜多喂，应当煮熟，并逐渐增加，否则易引起家兔消化功能紊乱。

冬季冰冻饲料、萝卜或其他块根等，应用开水将冰烫化或煮熟。带霜雪的饲料不要喂兔，否则会引起兔拉稀。有条件的可将粉碎的各种饲料混合后制成颗粒饲料。要推广使用颗粒饲料，家兔不但爱吃，而且易消化吸收，还能提高饲料利用率。

（八）家兔颗粒饲料的加工方法和技术要求

随着我国养兔技术水平的不断提升，颗粒全价饲料被广泛应用于养兔业，特别是规模化、工厂化养兔场使用颗粒饲料能极大地节省饲料、提高工作效率。

1. 使用颗粒饲料的好处

（1）颗粒饲料有一定硬度，符合家兔喜欢啃咬、需不断磨牙的生理特性。

（2）颗粒饲料加工中使饲料熟化，适口性好，易消化吸收，饲料转化利用率高。

（3）制粒过程中产生的高温，可以杀死饲料中的病菌，起到杀菌消毒的作用，可以减少家兔肠道病的发生。

（4）可以避免夏季水拌粉料的变酸和腐败发霉现象，且便于储存，饲喂方便。

（5）颗粒饲料可以减少对长毛兔和獭兔被毛的污染，使家兔被毛光亮色泽好。

2. 颗粒饲料的制作方法

（1）将各种饲料原料、药物、添加剂根据饲料配方按比例倒进饲料搅拌机搅拌均匀，农村没有搅拌机的可以堆在一起，在地坪上用锹翻动，一锹一锹地往堆尖上放，翻一遍就成圆锥体；反复翻动4~5遍即可混合均匀。注意，添加的预混料或药物添加剂应先用少量玉米粉或麸皮逐级预混，然后撒在大堆上翻匀即可用颗粒机制粒。

（2）如使用饲料预混机混合，应先将玉米倒入机器一侧的粉碎机粉碎，吸入大仓，同时将粉状麸皮、草粉、药物、添加剂等原料从进料口喂入，经20分钟左右即可搅拌均匀，倒出后即可制粒。

（3）调好颗粒机压辊螺钉，慢慢将饲料倒入颗粒机料斗，等正常出料后，即可不断地向颗粒机料斗进料制粒。

（4）颗粒轧出后，应倒在地坪或塑料膜上晾凉，然后装袋保管。

（5）注意不要购买使用需加水6%以上的颗粒机，这种机器加水多，制好的颗粒需要在阳光下晒干，在晒的过程中易使饲料中的营养物质、药物、添加剂挥发，且粉多粗糙，夏天常使饲料发霉变质，弊多利少。要选用新型干进干出的颗粒饲料机，如浙江嵊州市金塔通用机械有限公司（法人代表：石颂明）生产的干进干出颗粒机。这种机器不需加水，干进干出，制粒坚硬光滑、熟化深透、产量高、效果很好。

（九）如何做到家兔常年吃青

为了提高家兔的生产力，要使家兔常年吃青。有条件的可专门种植牧草，如紫花苜蓿、菊苣、沙打旺、三叶草、苦荬菜、聚合草、串叶松草、冬牧-70黑麦等，路边、河堤、荒地都可种植。

为了解决冬季和早春这段时间青绿饲料的不足问题，可以储备些白萝卜、胡萝卜、白菜、甘蓝等，也可以利用来年种西瓜和棉花的冬闲地种植冬牧-70黑麦，多在农历9月中下旬播种，春节前可以割第一茬，农历1月底2月初割第二茬，3月底割第三茬，到种瓜、种棉时逐步割完。一般亩产2 500~5 000千克，既可间作套种，也可实播。

家兔饲草采集歌

家兔爱吃百样草，多采巧配做食疗。
旋复花和黄花蒿，平喘镇咳治感冒。
荠荠菜嫩兔爱吃，味辛性寒叶叶苗。
野鸡冠花配香附，清肝明目降压高。
红姑娘草灯笼棵，清热解毒龙葵草。
看麦娘娘适口强，白蒿燕麦一起薅。
米瓦罐棵秃疮花，隐花狗牙兔爱挑。
清热解毒满天星，大小画眉疏风表。
白羊虎尾都可采，家兔爱吃各种蓼。
预防兔子屙尿血，打碗花草配白茅。
地黄生津又凉血，收敛利便扫帚苗。
降火止渴地梢瓜，防孕兔病益母草。
猫儿眼治乳腺炎，王不留行通乳好。
马齿苋菜治拉稀，牵牛能把积食消。
涩拉秧治球虫病，老牛筋含水分少。
草木樨和蒲公英，鸡眼止血且利尿。
猪毛菜中含钙铁，车前地丁退发烧。
泽漆麻与刺刺芽，消炎止血有特效。

独行菜和节节草，平喘化痰治咳嗽。
山楂树叶大蒜秸，防兔积食有一招。
活血平胃野豌豆，路旁麦田皆可找。
栽培菊苣最适口，家兔采食喜眉梢。
红白三叶植地皮，苦荬聚合水常浇。
苜蓿堪称牧草王，营养丰富蛋白高。
要使冬季不断青，冬牧七〇黑麦草。
紫穗槐叶营养全，蛋白切莫损失掉。
杨柳榆叶到处有，槐花作用最奇妙。
便血血痢采槐米，感冒就把桑叶找。
各种果皮菜叶蔓，作物秸秆都是宝。
玉米叶秆红薯蔓，自然风干防霉潮。
利用食品饮料厂，糖渣豆渣啤酒糟。
脱毒棉粕油菜饼，适量添加做佳肴。
麦芽根和大米糠，向日葵饼香味飘。
健胃通便香蕉皮，洋葱大蒜保肠道。
盛夏瓜皮降暑温，南瓜蒂把兔胎保。
陈皮且治腹胀满，榴皮驱虫蛔绦蛲。
萝卜块根白薯头，冬作青料不可少。
甘蓝叶子最适口，红白萝卜叶用巧。
麦秸豆秸花生秧，粉碎冬配混合料。
麸皮磷钙含量多，营养丰富润肠道。
饼类多含蛋白质，合理搭配能增膘。
采草还应多注意，防兔中毒事一条。
打过农药草别割，别喂高粱玉米苗。
发芽土豆苦楝叶，蓖麻致兔把蹄跷。
苍耳嫩芽曼陀罗，麻醉兔死似毒药。
田间是草可喂兔，四性五味合理调。
绿色养殖无公害，生产皮毛肉质好。

注：本歌诀所用植物名为河南省常用的俗名。

（十）几种常用的优质高效牧草栽培技术

1. 紫花苜蓿 是最好最经济的人工栽培牧草，被称为“牧草之王”。营养极其丰富，粗蛋白质含量高达16%~25%，钙、磷的含量分别为1.05%和1.31%，各种维生素、氨基酸的含量也极为丰富，是最优质的牧草之一。

紫花苜蓿属豆科多年生草本植物，经济利用达10年以上；根系发达，株高60~100厘米。喜温耐寒，耐旱怕涝，水淹20小时以上可大量死亡，阴雨天气应注意排水。其枝叶嫩柔多汁，家兔喜食，且易消化吸收。

（1）栽培技术：因苜蓿种子细小，出土幼苗较弱，早期生长缓慢，故整地宜精细，深耕细耙，上松下实，足墒播种，以利出苗。紫花苜蓿适宜我国长江以北大部分地区种植，华中地区宜秋播，华北、西北及东北地区宜在3~9月播种，以减少杂草的危害。每亩用种量1.0~2.0千克。条播、撒播、点播均可，条播为佳，便于中耕除草。行距20~30厘米为宜，播种深度1.5~2厘米，播种时要求土壤湿润，浅覆土，轻镇压，以利出苗。

（2）田间管理：紫花苜蓿对土壤养分利用能力很强，故播种前要施足底肥。苗期需锄草2~3次，以免受杂草危害，影响生长。秋播越冬前应结合锄草培土以利幼苗越冬。早春返青及每次刈割后要结合中耕进行施肥浇水。

（3）收获利用：苜蓿最佳刈割时间为开花初期，即有1/10开花且根茎上成对长出大量新芽的阶段。每年可刈割3~5茬，刈割时留茬高3~5厘米，西北和东北寒冷地区留茬高10厘米以上。年可收割鲜草6 000~8 000千克/亩，其干草是家兔最好的粗饲料，宜粉碎制颗粒饲料，可占饲料配方的50%~60%。紫花苜蓿又有多个品种，适合华中、华北地区种植的有苜蓿王、牧歌、乐歌、猎人河、王后、阿尔刚金等。

2. 欧洲菊苣 菊苣为菊科多年生草本蜜源性植物，原产于欧洲。国外广泛用作饲料、蔬菜和制糖原料，20世纪80年代引入我国。由于其品质优良，成为最有发展前途的人工栽培牧草；因味甜，家兔特喜食，消化利用率高。菊苣干物质中含粗蛋白质15%～22%，钙、磷含量分别为1.5%和0.42%，各种氨基酸和维生素含量也很丰富，是家兔最喜食的鲜喂青草。

（1）栽培技术：菊苣栽培不受季节限制，5 ℃以上温度均可播种，以4～10月播种最佳。菊苣种子细小，播种前应施足底肥，每亩施农家肥3 000千克；深耕细耙，土表要平整。条播、育苗移栽、撒播均可。育苗每亩用种子100克，条播、撒播亩用种子400克；行距30厘米，株距10厘米。撒播时应拌入10千克沙土，以保出苗均匀。也可将肉根切成2厘米长的小段移栽。全国各地均可种植。

（2）田间管理：菊苣喜欢温暖湿润气候，既耐寒又耐热，在南方炎热地区生长旺盛，在寒冷的北方-8 ℃时仍枝青叶绿，且对土壤要求不高，荒地、大田、坡地均可种植。在低洼易涝地区易发生烂根，因此下雨积水时要注意排水。每次刈割后要适时施肥浇水。

（3）收获利用：菊苣春季返青早，冬季休眠晚，利用期比一般青饲料长。在中原地区，如果8月底播种，入冬便可刈割一次，以后每年4～8月均可刈割，其利用时间长达8个月，可解决家兔早春晚秋青绿饲料缺乏的问题。而且一次播种可连续利用15年。菊苣连座丛叶期平均高度80厘米，抽薹开花期平均高度170厘米。叶片25～28片，叶片长30～46厘米、宽8～12厘米，折断后流出乳白色汁液。植株50厘米时即可刈割。留茬高15厘米左右，一般30天刈割一次，亩产鲜青草1万～1.5万千克（南方高，北方稍低）。菊苣鲜喂兔子适口性特好，也可晒干或烘干制成颗粒料。

3. 串叶松香草　属菊科多年生草本植物。原产北美中部高原地带，也称串叶松草、菊花草、法国香槟草。20世纪70年代从朝鲜引入我国推广，具有适应性强、产量高和蛋白质含量高的优点。生长期植株蛋白质含量在23.8%以上，钙、磷及维生素含量也极其丰富。串叶松香草叶片肥大，呈椭圆形，长40厘米，宽30厘米；叶缘有疏锯齿；茎直立，株高可达2～3米。

（1）栽培技术：串叶松香草子叶肥大，出土困难，播种时要求苗床土壤疏松、不板结、畦面平整、土壤细碎。一般苗床畦宽 130 厘米，沟宽 30 厘米，春夏秋季节均可育苗播种，亩用种量 200 克。于第二年移栽，行距 50~60 厘米，株距 20~30 厘米，每亩定植 1 500~2 000 株。移栽前每亩施有机肥 2 500~3 000 千克，过磷酸钙 50 千克，尿素 10 千克，深耕细耙。每次刈割后，每亩追施尿素 5 千克并及时浇水。

（2）田间管理：串叶松草苗期生长缓慢，要及时中耕锄草以利发育，生长旺盛期要注意培土，防止倒伏。苗期注意防治白粉病；花蕾期有玉米螟侵害，可用敌百虫 1 000 倍液喷洒防治。

（3）收获利用：刈割田，第一年育苗第二年移栽的，一般 6 月上旬即可刈割第一茬草，以后每隔 20~30 天刈割一次，每年可刈割 2~3茬。高产期每亩鲜草 1 万~1.5 万千克，可鲜喂亦可晒干粉碎储藏。需要采种时，要随熟随收，3~5 天采收 1 次。

4. 冬牧-70 黑麦 是从美国引进的高效优质牧草，属禾本科，是一年生草本植物。适应性广，耐旱、耐寒、耐瘠薄，分蘖再生能力强，成熟期株高 150~180 厘米，分蘖数 20~30 个，生长速度快，亩产鲜草 4 000~7 000 千克。营养全面，是解决家兔和其他家畜冬季和早春缺乏青饲料的最好饲草。据测定，青刈期含粗蛋白质 28.32%，脂肪 6.83%，钙、磷含量分别为 0.31% 和 0.28%，各种氨基酸和维生素的含量很高，适口性佳，兔和其他家畜都喜食，冬季饲喂冬牧-70 黑麦，可降低饲料成本，提高经济效益。

（1）栽培技术：冬牧-70 黑麦播期很长，8 月 25 日以后 10 月 30 日前均可播种，9 月中旬以前播种年前即可刈割一茬。冬牧-70 黑麦的栽培技术如同小麦，以条播为佳，亩用种量 6~7 千克。每亩施农家肥 3 000 千克，尿素 25 千克，深耕细耙。

（2）田间管理：有条件的地方可视墒情在冬、春各浇一次水。不浇水也能正常生长。每次刈割后每亩应追施尿素 5~10 千克，配合浇水，以促再生，提高产量。

（3）收获利用：9 月中上旬以前播种的，冬前株高 50 厘米时即可刈割，直接喂兔。冬季、早春刈割应在下午无霜时进行。春种前可刈割2~3次，注意青刈时留茬 5~10 厘米，最后一茬平地割完。一般现割现喂，成年兔每天可饲喂500克，青年兔、幼兔每天饲喂200~300克。

附　无公害食品　肉兔饲养饲料使用准则

（NY 5132—2002）

1　范围

本标准规定了生产无公害肉兔所需的配合饲料、浓缩饲料、精料补充料、添加剂预混合饲料、饲料原料、饲料添加剂、饲料加工过程的要求、检验方法、检验规则、判定规则、标签、包装、储存、运输的规范。

本标准适用于生产无公害肉兔所需的商品配合饲料、浓缩饲料、精料补充料、预混合饲料和生产无公害肉兔的养殖场自配饲料。

出口饲料产品的质量，应按双方签订的合同进行。

2　规范性引用文件

下列文件中的条款通过本标准的引用而成为本标准的条款。凡是注日期的引用文件，其随后所有的修改单（不包括勘误的内容）或修订版均不适用于本标准，然而，鼓励根据本标准达成协议的各方研究是否可使用这些文件的最新版本。凡是不注日期的引用文件，其最新版本适用于本标准。

GB 4285　农药安全使用标准

GB/T 6432　饲料中粗蛋白测定方法

GB/T 6435　饲料中水分的测定方法

GB/T 6436　饲料中钙的测定方法

GB/T 6437　饲料中总磷的测定　光度法

GB/T 10647　饲料工业通用术语

GB 10648　饲料标签

GB 13078　饲料卫生标准

GB/T 13079　饲料中总砷的测定

GB/T 13080　饲料中铅的测定方法

GB/T 13081　饲料中汞的测定方法

GB/T 13082　饲料中镉的测定方法

GB/T 13083　饲料中氟的测定方法

GB/T 13084　饲料中氰化物的测定方法

GB/T 13086　饲料中游离棉酚的测定方法

GB/T 13087　饲料中异硫氰酸酯的测定方法

GB/T 13090　饲料中六六六、滴滴涕的测定

GB/T 13091　饲料中沙门菌的检验方法

GB/T 13092　饲料中霉菌检验方法

GB/T 14699　饲料采样方法

GB/T 16764　配合饲料企业卫生规范

GB/T 16765　颗粒饲料通用技术条件

GB/T 17480　饲料中黄曲霉毒素 B_1 的测定　酶联免疫吸附法

饲料和饲料添加剂管理条例

饲料药物添加剂使用规范（中华人民共和国农业部公告第 168 号）

禁止在饲料和动物饮水中使用的药物品种目录（农业部公告第 176 号）

农业转基因生物安全管理条例

3　术语和定义

GB/T 10647 中确立的，以及下列术语、定义适用于本标准。

3.1　饲料 feed

经工业化加工、制作的供动物食用的饲料，包括单一饲料、添加剂预混合饲料、浓缩饲料、配合饲料和精料补充料。

3.2　饲料原料（单一饲料）feedstuff，single feed

以一种动物、植物、微生物或矿物质为来源的饲料。

3.3　能量饲料 energy feed

干物质中粗纤维含量低于 18%，粗蛋白含量低于 20%的饲料。

3.4　粗饲料 roughage feed

天然水分含量在 60%以下，干物质中粗纤维含量等于或高于 18%的饲料。

3.5　饲料添加剂 feed additive

指在饲料加工、制作、使用过程中添加的少量或者微量物质，包括营养性饲料添加剂和一般饲料添加剂。

3.6　营养性饲料添加剂 nutritive feed additive

用于补充饲料营养成分的少量或者微量物质，包括饲料级氨基酸、维生素、矿物质微量元素、酶制剂、非蛋白氮等。

3.7　一般饲料添加剂 general feed additive

为保证或者改善饲料品质、提高饲料利用率而掺入饲料中的少量或者微量物质。

3.8　添加剂预混合饲料 additive premix

由一种或多种饲料添加剂与载体或稀释剂按一定比例配制的均匀混合物。

3.9　浓缩饲料 concentrate

由蛋白质饲料、矿物质饲料和添加剂预混料按一定比例配制的均匀混合物。

3.10　配合饲料 formula feed

根据饲养动物的营养需要，将多种饲料原料按饲料配方经工业生产的饲料。

3.11　精料补充料 concentrate supplement

为补充以粗饲料、青饲料、青贮饲料为基础的草食饲养动物的营养，而用多种饲料原料按一定比例配制的饲料。

4　要求

4.1　饲料原料

4.1.1　感官指标：具有该品种应有的色、嗅、味和形态特征，无发霉、变质、结块及异味、异臭。

4.1.2　青绿饲料、干粗饲料不应发霉、结块、结冰、变质。

4.1.3　鲜喂的青绿饲料应晾干，表面无水分。

4.1.4　有毒有害物质及微生物允许量应符合 GB 13078 和附录 A 的

规定。

4.1.5 肉兔饲料中禁用各种抗生素滤渣。

4.2 饲料添加剂

4.2.1 感官指标：具有该品种应有的色、嗅、味和形态特征，无发霉、变质、结块。

4.2.2 饲料中使用的营养性饲料添加剂和一般饲料添加剂产品应是农业部允许使用的饲料添加剂品种目录中所规定的品种和取得产品批准文号的新饲料添加剂品种。

4.2.3 饲料中使用的饲料添加剂产品应是取得饲料添加剂产品生产许可证企业生产的、具有产品批准文号的产品。

4.2.4 有毒有害物质应符合 GB 13078 和附录 A 的规定。

4.3 药物饲料添加剂

4.3.1 药物饲料添加剂的使用应按照中华人民共和国农业部发布的《饲料药物添加剂使用规范》执行。

4.3.2 使用药物饲料添加剂应严格执行休药期规定。

4.4 配合饲料、浓缩饲料和添加剂预混合饲料

4.4.1 感官指标：无霉变、结块及异味、异臭。

4.4.2 有毒有害物质及微生物允许量应符合 GB 13078 和附录 A 的规定。

4.4.3 肉兔颗粒饲料应符合 GB/T 16765 的规定。

4.4.4 肉兔配合饲料、浓缩饲料、精料补充料和添加剂预混合饲料中不应使用违禁药物。

4.4.5 肉兔配合饲料、浓缩饲料、精料补充料和添加剂预混合饲料使用药物饲料添加剂应符合附表的规定。

附表 允许用于肉兔饲料药物添加剂的品种和使用规定

（摘于农业部 168 号公告）

名称	含量规格（%）	用法与用量（1 000 千克配合饲料中添加本品）（克）	作用与用途	休药期（天）
盐酸氯苯胍	10	1 000~1 500	用于防治兔球虫病	7
氯羟吡啶	25	800	用于防治兔球虫病	5

4.5　饲料加工过程

4.5.1　饲料企业的工厂设计与设施卫生、工厂卫生管理和生产过程的卫生应符合 GB/T 16764 的要求。

4.5.2　配料

4.5.2.1　定期对计量设备进行检验和正常维护，以确保其精确性和稳定性。

4.5.2.2　微量组分应进行预稀释，并且应在专门的配料室内进行。

4.5.2.3　配料室应有专人管理，保持卫生整洁。

4.5.3　混合

4.5.3.1　按设备性能规定的时间进行混合。

4.5.3.2　混合工序投料应按先大量、后小量的原则进行。投入的微量组分应将其稀释到配料秤最大称量的5%以上。

4.5.3.3　生产含有药物饲料添加剂的饲料时，应根据药物类型，先生产药物含量低的饲料，再依次生产药物含量高的饲料。

4.5.3.4　同一班次应先生产不添加药物饲料添加剂的饲料，然后生产添加药物饲料添加剂的饲料。为防止加入药物饲料添加剂的饲料产品生产过程中的交叉污染，在生产加入不同药物添加剂的饲料产品时，对所用的生产设备、工具、容器应进行彻底清理。

4.5.4　留样

4.5.4.1　新接收的饲料原料和各个批次生产的饲料产品均应保留样品。样品密封后置于专用样品室或样品柜内保存。样品室和样品柜应保持阴凉、干燥。采样方法按 GB/T 14699 执行。

4.5.4.2　留样应设标签，标明饲料品种、生产日期、批次、生产负责人和采样人等事项，并建立档案由专人负责保管。

4.5.4.3　样品应保留到该批产品保质期满后 3 个月。

5　检验方法

5.1　粗蛋白：按 GB/T 6432 执行。

5.2　水分：按 GB/T 6435 执行。

5.3　钙：按 GB/T 6436 执行。

5.4　总磷：按 GB/T 6437 执行。

5.5 总砷：按 GB/T 13079 执行。

5.6 铅：按 GB/T 13080 执行。

5.7 汞：按 GB/T 13081 执行。

5.8 镉：按 GB/T 13082 执行。

5.9 氟：按 GB/T 13083 执行。

5.10 氰化物：按 GB/T 13084 执行。

5.11 游离棉酚：按 GB/T 13086 执行。

5.12 异硫氰酸酯：按 GB/T 13087 执行。

5.13 六六六、滴滴涕：按 GB/T 13090 执行。

5.14 沙门菌：按 GB/T 13091 执行。

5.15 霉菌：按 GB/T 13092 执行。

5.16 黄曲霉毒素 B_1：按 GB/T 17480 执行。

6 检验规则

6.1 感官指标、水分、粗蛋白、钙和总磷含量为出厂检验项目，其余为形式检验项目。

6.2 在保证产品质量的前提下，生产厂可根据工艺、设备、配方、原料等的变化情况，自行确定出厂检验的批量。

6.3 试验测定值的双试验相对偏差按相应标准规定执行。

6.4 检测与仲裁判定各项指标合格与否时，应考虑允许误差。

6.5 判定规则：卫生指标、限用药物和违禁药物等为判定指标。如检验中有一项指标不符合标准，应重新取样进行复检，复检结果中有一项不合格即判定为不合格。

7 标签、包装、储存和运输

7.1 标签

商品饲料应在包装物上附有饲料标签，标签应符合 GB 10648 中的有关规定。

7.2 包装

7.2.1 饲料包装应完整、无污染和异味。

7.2.2 包装材料应符合 GB/T 16764 的要求。

7.2.3 包装印刷油墨无毒，不应向内容物渗漏。

7.2.4　包装物不应重复使用。生产方和使用方有约定的除外。

7.3　储存

7.3.1　饲料储存应符合 GB/T 16764 的要求

7.3.2　不合格和变质饲料应做无害化处理，不应存放在饲料储存场所内。

7.3.3　饲料储存场地不应使用化学灭鼠药和杀鸟剂。

7.4　运输

7.4.1　运输工具应符合 GB/T 16764 的要求。

7.4.2　运输作业应防止污染，保持包装的完整。

7.4.3　不应使用运输畜禽等动物的车辆运输饲料产品。

7.4.4　饲料运输工具和装卸场地应定期清洗和消毒。

8　其他有关使用饲料和饲料添加剂的原则和规定

8.1　严格执行《农业转基因生物安全管理条例》有关规定。

8.2　严格执行《饲料和饲料添加剂管理条例》有关规定。

8.3　栽培饲料作物的农药使用按 GB 4285 规定执行。

附录（略）

饲料安全卫生指标限量

序号	安全卫生指标项目	原料名称	指标限量	备注
1	砷（以总砷计）的允许量（每千克产品中）（毫克）	磷酸盐	≤20.0	
		沸石粉、膨润土、麦饭石、氧化锌	≤10.0	
		硫酸铜、硫酸锰、硫酸锌、碘化钾、碘酸钙、氯化钴	≤5.0	
		硫酸亚铁、硫酸镁、石粉	≤2.0	
2	铅（以 Pb 计）的允许量（每千克产品中）（毫克）	磷酸盐	≤30	
		石粉	≤10	
3	氟（以 F 计）的允许量（每千克产品中）（毫克）	石粉	≤2 000	
		磷酸盐	≤1 800	

续表

序号	安全卫生指标项目	原料名称	指标限量	备注
4	汞（以 Hg 计）的允许量（每千克产品中）（毫克）	石粉	≤0.1	
5	镉（以 Cd 计）的允许量（每千克产品中）（毫克）	米糠	≤1.0	
		石粉	≤0.75	
6	氰化物（以 HCN 计）的允许量（每千克产品中）（毫克）	胡麻饼（粕）	≤350	
		木薯干	≤100	
7	游离棉酚的允许量（每千克产品中）（毫克）	棉籽饼（粕）	≤1 200	
8	异硫氰酸酯（以丙烯基异硫氰酸酯计）的允许量（每千克产品中）（毫克）	菜籽饼（粕）	≤4 000	
9	六六六的允许量（每千克产品中）（毫克）	米糠、小麦麸、大豆饼（粕）	≤0.05	
10	滴滴涕的允许量（每千克产品中）（毫克）	米糠、小麦麸、大豆饼（粕）	≤0.02	
11	沙门杆菌	饲料	不得检出	
12	霉菌的允许量（每克产品中）（霉菌总数×10^3个）	玉米	<40	限量饲用：40~100；禁用：>100
		小麦麸、米糠	<40	限量饲用：40~80；禁用：>80
		豆饼粕、棉籽饼（粕）、菜籽饼（粕）	<50	限量饲用：50~100；禁用：>100
13	黄曲霉毒素 B_1 的允许量（每千克产品中）（微克）	玉米、花生粕、棉籽饼、菜籽饼	≤50	
		豆粕	≤30	

注：1. 本表摘自 GB 13078—2001《饲料卫生标准》，稍有变动。

2. 所列允许量均为以干物质含量为 88%的饲料为基础计算。

十二、兔病防治

（一）严格科学饲养管理——防疫与环境卫生

1. 卫生防疫目的及防疫区域 为了维护兔场安全生产和保证兔群健康出栏，生产无公害的优质兔产品，必须严格执行《中华人民共和国动物防疫法》和《无公害食品 肉兔饲养兽医防疫准则》。加强兔场、兔舍饲养管理，搞好防疫和环境卫生，是防治兔病的重要措施。所以，兔舍要保持清洁卫生，空气新鲜流通，室内要阳光充足，冬季保暖，夏季凉爽通风，并保持适宜的温度和湿度。种兔繁育舍、育肥饲养出栏区、饲料加工区、病理观察治疗区，应为兔场防疫的重点。

2. 兔场人员进出管理

（1）规模化兔场要建立严格的卫生防疫和消毒制度。饲养管理人员要注意个人卫生和环境卫生，要保持兔舍、兔笼和用具的清洁干燥，每天清扫兔舍粪便，污物应堆积发酵。

（2）除饲养人员、饲料加工人员及分管防疫区工作的技术人员外，一切非生产人员不得随便进入防疫区。确需进入防疫区的其他人员必须经严格消毒后穿消毒鞋、工作服方可进入，任何人不得随便带人进入防疫区参观或会友。

（3）饲养技术人员进入防疫区时，必须更换工作服和鞋等，经严格卫生消毒处理后方可进入兔舍工作。各防疫区内配备的专用工具、工作服和鞋等，不得随意更换或混用，防疫区内人员不得随意将工作服和鞋穿到场外。

（4）饲养员、饲料加工人员、技术员等，休假或因事外出归场后，应自觉更换工作服、消毒鞋，进行卫生消毒处理，社会上流行疫病时，禁止本场人员外出，并谢绝疫区人员来访、参观、考察。

（5）要保持兔舍安静，禁止大声喧哗。一切来访人员，需经严格消毒后方可进入兔舍。但谢绝进入种兔繁育舍，更不许非饲养人员抓摸兔子。对于繁育区的参观，可安排在接待室看场内录像。

（6）机动车辆不得进入防疫生产区。

3. 饲料保护和驱蚊灭鼠

（1）严格执行《无公害食品　肉兔饲养饲料使用准则》，设计的饲料必须符合家兔各生长发育阶段的营养需要，不频繁更换饲料配方，保证饲料配方的稳定；不采购、使用发霉变质或含有泥沙、地膜等被污染的饲料原料。

（2）做好饲料防潮和储存工作，经常对饲料原料进行感官检查和仪器检测，严禁饲料霉变，已发霉变质的饲料严禁喂兔。

（3）夏不喂露水草，冬不喂冰冻料，注意食槽和饮水卫生。

（4）消灭老鼠，严禁老鼠污染饲料或在种兔繁育舍、饲料加工区出没。不得让狗、猫污染兔场饲料。严格控制饲料来源，防止农药中毒和饲料霉变中毒。

（5）夏季做好灭蚊蝇工作，防止苍蝇污染饲料，防止蚊子叮咬兔子。

4. 种兔、商品兔的进出及病死兔的处理

（1）经各方面指标测定合格的，可以作种兔的，需经严格认真检查，确系健康无病，经过消毒、驱虫、各种疫苗接种后，带系谱档案，转入核心群投入繁育生产。

（2）种兔要坚持自繁自养的原则，防止病兔的传入，如果需要调换血统引种时，必须首先了解引种地有无疫情发生，如无疫情，方可引种。引种后单独隔离饲养 1 个月，经观察确无疾病方可入群配种繁殖。绝不可将来历不清、疫苗注射不清、健康状况不清的兔子带入兔场或与别人的兔子配种，种兔场严禁对外配种，已外调或出售的家兔，严禁再送回原兔舍。

（3）从农户回收商品兔屠宰加工或调运时，不得在防疫区域内进行，应另外专门设立收购场地，应按《商品兔健康标准》进行，并不得回收带病（如疥癣）兔子。收购人员不得进入兔场防疫区域。

（4）兔子需编刺耳号、穿记耳标，转群或因病治疗时，需在工作台、周转箱或周转车内进行，严禁兔子直接接触地面。治疗真菌皮肤病、疥癣和耳螨病刮下或取掉的结痂和毛，应当立即焚烧，严禁随意抛弃。

（5）患病兔必须采取及时、可行、有效、价廉的方法进行治疗，并留在观察治疗室饲养。病愈健康后，经严格检查合格后方可放回原处饲养。

（6）因病死亡的兔子，必须用专用塑料袋或容器装载。严禁饲养员直接用手抓拿病死兔子，应用手套塑料袋从笼中将病死兔子取出，在指定的地点解剖、深埋或焚烧。有食用价值的非传染性疾病死亡的兔子，经严格的卫生处理或消毒后方可加工食用。禁止对病死兔尸体随意抛弃和处理。

（7）严禁在防疫区内解剖或宰杀兔子。

5. 严格兔场卫生消毒制度

（1）坚持预防为主的原则，加强兔场卫生管理，严格消毒制度，是兔病防治的有效措施，养兔场必须每半月进行一次化学药品消毒（发现疫情时随时消毒），所用消毒药物交替使用。因消毒药有针对病毒的，有专门杀灭细菌如大肠杆菌的，有针对芽孢和寄生虫的如2%来苏儿、百毒杀、抗毒威、菌毒敌、氢氧化钠、新洁而灭、二氯异氰尿酸钠或兽医防疫部门推荐的新型消毒药，并按标签说明兑水使用。

（2）每季度进行一次火焰消毒，火焰消毒应在空笼时、种兔进入前进行。患疥癣兔的笼具随时发现随时消毒。火焰消毒时，火焰不得喷向易燃物。注意预防火灾。

（3）产仔箱每用一次都要进行水洗消毒，用火焰消毒或2%来苏儿喷洒消毒。垫草要柔软并经日晒后放入。

（4）清除的垫草要集中焚烧；兔粪要在兔场下风口处堆积发酵

后施用；兔场种植饲料用地，严禁施用未堆积高温发酵的兔粪。

（二）家兔疾病防治要点

北京著名养兔专家渔汛先生讲，家兔 80%的死亡，是由 20%的疾病造成的。说得很有道理，这 20%的疾病是什么？我们在长期的实践中得到的结论是：兔瘟、巴氏杆菌病、腹泻病和寄生虫病，家兔80%的死亡是由这几种病造成的，找到了防治兔病的重点，就可把复杂的病简单化，使生产少受损失，少走弯路。

（1）仔兔从开食之日（20~30 日龄）起，即可在饲料中添加氯苯胍、复方敌菌净，预防球虫病的发生。已发生过球虫病的兔场，必须控制住球虫病，才能提高断奶幼兔的成活率。氯苯胍的用量一般掌握在每只小兔日服 15 毫克，或在每千克饲料中拌入 300 毫克，连续喂 45 天。敌菌净的用量，每只小兔每天 1 片，连喂 7 天，停药 3 天，再服 7 天。

用地克珠利、可爱丹盐霉素拌料混饲，都能有效地防治球虫病。仔兔 30 日龄皮下注射敌球锐克 0.1 毫升，是一种新的球虫病防治方法。

（2）仔兔 25 日龄皮下注射波氏杆菌大肠杆菌双联苗，满月后即接种兔瘟、巴氏杆菌双联苗，预防兔瘟和巴氏杆菌病。一周后注射兔魏氏梭菌疫苗，以防治兔魏氏梭菌肠炎。种用兔应每 4 个月注射一次兔瘟、巴氏杆菌双联苗。通过接种疫苗，家兔体内产生特异抗体，家兔由对疫病的易感动物变成不易感动物。

（3）怀孕母兔产前产后 3 天，每天喂服 2 片大黄苏打片和 1 片复方磺胺甲基异噁唑，能有效防止母兔乳腺炎和仔兔黄尿病的发生。母兔分娩后如乳头焦干有盖，说明缺奶，要给母兔补喂“催乳片”，每天 3 次，每次 2 片，连喂 3 天。春季和夏季可喂王不留行、虫卧单和一些“猫儿眼”，以增加泌乳量，防止乳腺炎。母兔产后 3 天要检查仔兔身体，如其浑身红润、腹满如鼓，说明母兔奶好，仔兔也吃得饱；如果仔兔身上有褶、变黄和产箱充满腥臭味，即是仔兔患了黄尿病，这时除应对母兔酌情治疗外，还应将仔兔寄养在其他母兔身边，并且每天对患黄尿病的仔兔沿口滴服氯霉素眼药水，每天3次，每次每兔滴服2~3滴，一般连滴服3天即可痊愈。

（4）每2个月，至少每个季度定期注射或饲喂伊维菌素，或用2%的敌百虫溶液或5%的三氯杀螨醇给兔蘸蹄一次。同时用1%~2%的敌百虫，或5%~10%的三氯杀螨醇溶液喷洒兔笼及场地，以防兔疥螨病的发生。如发现有长癣的兔子要隔离，同时用上述办法治疗。

（5）在天热潮湿多雨季节，除注意防止兔球虫病外，还要在饲料中添加痢特灵或恩诺沙星、喹乙醇，以防治大肠杆菌和兔拉稀。痢特灵（每片含0.1克）的用量：1千克以下小兔，3只服1片；2~2.5千克的兔，2只服1片；2.5千克以上的兔，1只服1片。

（6）春秋天家兔换毛季节，要防止家兔食入兔毛。圈里要设草架，一可防止兔粪尿污染饲草，二可防止兔子食入大量兔毛而导致毛球病。

（7）平时做到粪尿勤清扫，食槽勤刷洗暴晒，做到夏不喂露水草，冬不喂冰冻料。不喂发霉变质的饲料，防止饲料中毒。

（8）兔舍每半年用15%的石灰乳粉刷一次，每半月用3%的来苏儿和2%的氢氧化钠溶液消毒一次。多雨潮湿的季节，最好用火焰消毒。不购买使用假药和过期失效的药品，不使用违禁药品。

（9）捕杀老鼠，消灭蚊蝇，禁止狗、猫进入兔舍，减少不必要的参观，以切断疾病传播的途径。保持兔舍安静，防止孕兔因惊吓死胎或流产。

（10）坚持早晚巡视兔舍、兔笼，发现病兔应及时隔离治疗。病死的兔子要深埋或焚烧，特别是患传染病的死兔子。

家兔疾病防治要点歌诀

兔病防治有要点，制订制度是关键。
预防为主要牢记，接种疫苗要规范。
兔瘟巴氏杆菌苗，一年三次不能断。
防疫一定做记录，抗体消失速接连。
魏氏梭菌断奶用，波大二联满月前。

注射部位颈皮下，剂量要足不能减。
开食就防球虫病，用药宜早不宜晚。
地克珠利氯苯胍，敌菌净与可爱丹。
交替用药分疗程，疗效显著又安全。
敌球锐克是新法，实践证明效果显。
母兔产后要注意，喂药防止乳腺炎。
兼治三天黄尿病，母缺奶喂催乳片。
田间采割中药草，王不留行虫卧单。
定期消毒杀螨虫，兔体洁净不长癣。
冰霜露水草别喂，饲料无霉质不变。
消灭老鼠灭蚊蝇，夏防中暑冬防寒。
早晚巡视勤观察，留意食欲查粪便。
是否喷嚏流鼻涕，有无跛行脚皮炎。
兔舍安静别惊扰，防流保胎兔安全。
发现病兔要早治，打针服药别拖延。
病死兔子要深埋，谢绝闲人来参观。
牢记坚持防为主，防治结合扣紧环。

（三）家兔健康状况的一般检查方法

1. 身体状况和营养检查 家兔的身体状况是平时饲养水平及疾病过程的具体表现，是家兔健康与否的标志。

用手触摸兔的脊骨，背肉丰厚，脊骨不容易分辨，证明健康无病。如脊骨突起，嶙峋不平如算盘珠，两旁凹削，臀骨凸出，这类兔可能患有寄生虫病，伪结核病、慢性巴氏杆菌病、慢性波氏杆菌病、腹泻病或营养不良症。

2. 姿势检查 健康兔的表现是活泼，行动敏捷，两耳直立，听觉敏感，起卧运动都有一定姿势。

病兔则缩头、萎靡。如歪头可能是巴氏杆菌病、中耳炎，歪头转圈是李氏杆菌病，躺卧跛行可能是脚皮炎、骨折或瘫痪等。

3. 被毛和皮肤检查 健康兔的被毛浓密，且贴体顺滑而有光泽。

如果稀疏蓬乱，暗淡无光，沾污粪便不洁，可能患有腹泻病、慢性消耗性疾病、寄生虫病等。如背部、腿部、颈部被毛成块脱落，并有疱疹和结痂，体表可能患有霉菌病、真菌性皮肤病、脱毛癣等。

健康家兔的皮肤富有弹性。母兔腹部呈暗紫色或硬结可能患有乳腺炎，幼兔腹部发青则是臌胀或消化不良。如腹部和背部有脓性结痂，可能患有葡萄球菌病。如嘴、鼻、两耳和爪等器官周围的被毛脱落，并有鳞片结痂，可能患有疥癣病。公兔睾丸皮肤若有糠麸样皮屑，肛门及外生殖器官的皮肤有结痂，可能患有梅毒病等。

4. 眼睑检查 健康兔双眼有神明亮，眼球活泼，眼睑红润，眼角干净无分泌物。如眼睑沉滞无神，半张半闭，反应迟钝，或眼睑干燥，多为急性传染病。如眼睑流泪，有脓性分泌物，可能是结膜炎和慢性巴氏杆菌病。

5. 耳色检查 健康的白兔耳朵呈粉红色。如呈灰白色则表示体虚血亏；如呈红色且烫热即为发热；如耳色青紫，耳温过低，则可能有重病。

6. 呼吸检查 健康家兔每分钟呼吸 50~60 次，而且平稳，但是呼吸次数的变化，常随年龄、气候、运动、外在环境的不同而有差异。一般幼兔比成年兔呼吸次数多，夏季比冬季呼吸次数多。追逐运动也会使呼吸次数增多。

在正常情况下，呼吸急促伴有声音则表示有病；如呼吸有鼾声、打喷嚏、鼻漏、鼻孔周围被毛潮湿，并有黏液分泌物，则可能是巴氏杆菌病、支气管波氏杆菌病；鼻孔流出血样红色泡沫则是兔瘟；呼吸急促多为热性传染病。

7. 体温检查 家兔正常体温为 38~40 ℃，在正常环境下，体温过低或偏高都为病态。体温升高多为急性传染病，如急性巴氏杆菌、兔瘟、野兔热、李氏杆菌病等。

8. 黏膜检查 健康家兔的眼结膜红润。如果结膜苍白，多为严重慢性消耗性疾病；如结膜黄染、身体消瘦，多为肝寄生虫病或球虫病；如结膜发红，多为巴氏杆菌病；如结膜潮红，多为体温升高的表现。

9. 粪便检查 健康家兔的肛门干净，粪球圆而光滑，内含纤维，大小如算盘珠。如粪便稀烂或稀薄，呈黑煤焦油状并混有血液，气味恶臭，可能是魏氏梭菌性肠炎；粪便呈水样稀薄，可能是泰泽菌病；幼兔粪便湿烂成堆，并附有黏液，可能是大肠杆菌病或沙门杆菌病；幼兔粪便呈稀烂状，可能是球虫病、消化不良；粪便干硬、细小，或带毛成串或不排粪，可能是消化不良、便秘、毛球病或脱水。

10. 食欲检查 家兔采食量大，食欲旺盛，表示健康，消化功能强。如果不吃或少吃，表示消化功能不良，可能已患疾病，但应和临产母兔食欲下降相区别。

11. 腹围的检查 除了母兔在妊娠期腹部逐渐增大之外，一般无增大的情况。如果腹围增大，触摸盲肠大并有气体和水样感，可能是魏氏梭菌性肠炎；腹大，盲肠大而软，可能是球虫病、大肠杆菌病；如果触摸到肾有肿大之感，则是肾母细胞瘤；如食欲不佳，触摸胃大，并有异物之感，则是毛球病。

12. 行为检查 如果兔子不停地用前爪抓耳挠鼻，或两脚不停地交换负重，则可能患有鼻炎、耳螨、脚皮炎等。

13. 尿色检查 正常的尿液颜色微黄、白或混浊。尿少、红色或黄，表示有“火”或热症；尿多、清表示有寒症；尿的次数增多，带血或血块，尿痛或有氨臭味，可能患膀胱炎；尿少，红棕色或带血，并伴有皮下水肿，表现疼痛，可能患有肾炎；长期尿血而无疼痛感，则可能患有肾母细胞瘤病；黄褐色尿则提示患有肝脏病、豆状囊尾蚴病等；尿色金黄则是服用痢特灵和采食某种中草药所致。

（四）常用的家兔给药方法

因为药物的作用不同、产生效果的快慢不同和家兔的大小不同，应采取不同的给药途径。

1. 口服给药 此法操作简便，适用于多种药物，尤其是治疗消化道疾病的药物。缺点是药物易受肠胃内环境的影响，药量不易掌握，吸收不完全，效果慢。

（1）自由采食法：多用于大群预防性给药或驱虫，适用于无不良气味的药物，且病情较轻、尚有食欲的家兔。方法是混合在饲料中或撒在饲料表面，让家兔自由采食。

（2）投服法：适用于有异味的片剂药物和废食的家兔。方法是助手保定家兔，固定兔头，掰开兔嘴，将药投入口中，使其吞咽。或研成粉末，将药装入药管（钢笔管即可），掰开口将药管轻轻放入咽喉，轻弹药管，将药撒入让其咽下。

（3）灌服法：适用于有异味的药物和已废食的家兔。方法是将药片研成末溶化于水，吸入注射器或胶管，从兔嘴角插入口中，徐徐注入让其咽下。

2. 直肠灌药法 常用于发生便秘和毛球病，当内服给药效果不好时。方法是将兔侧卧保定，后躯稍高，用涂有润滑油的塑料管从肛门插入直肠 5~8 厘米，用注射器将药液注入直肠。但注意适当将药液加热至 30~40 ℃，注后捏住肛门 3~5 分钟，再将兔放开，即可排便。

3. 注射给药法 注射给药吸收快，奏效快，安全，节省药物。但需注意药物的用量及注射器、针头、皮肤的严格消毒。

（1）皮下注射法（图 33）：多在颈部、肩前、股内侧和腹下皮肤松弛易移动的部位注射。方法是左手用拇指、食指和中指将皮肤捏

图 33 皮下注射法

起呈三角形，右手用注射器将针头刺于三角形基部，将药液注入。注

射前应当剪毛，用乙醇或碘酊严格消毒。皮下注射多用于有说明要求的疫苗。

（2）肌内注射法：选择肌肉丰满的颈部、臀部、大腿内侧，用乙醇或碘酊严格消毒，将针头迅速刺入肌肉，抽动注射器活塞，无回血时即可将药液徐徐注入。拔出针头用乙醇棉球按压片刻。

（3）静脉注射法（图 34）：注射部位多在耳外缘静脉，先保定家兔，用乙醇在注射部位严格消毒，左手固定兔耳，用食指和中指夹住静脉管使其努张，右手持注射器，针头斜面朝上，从血管刺入，抽动注射器活塞，若见回血，则表示注射位置准确，即可将药液慢慢注

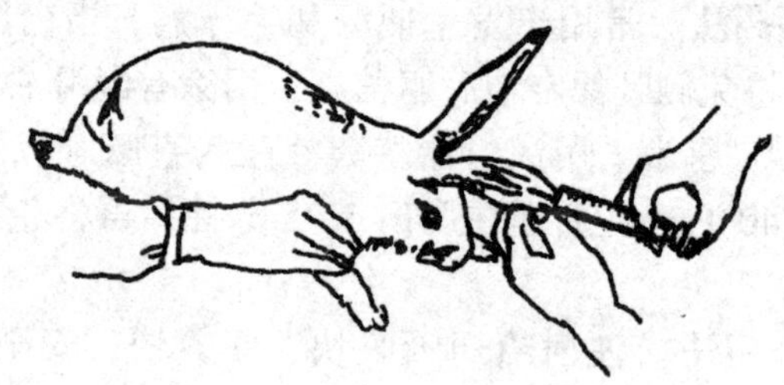

图 34　耳静脉注射法

入；若不见回血，要重新刺。注射完毕后，用乙醇棉球按住针头轻轻拔下停留片刻，防止出血。注意：静脉注射时要将注射器内空气排净，药液适当加温，特别是寒冷季节更应注意。注射时还要慢慢注入，不可像肌内注射那样快。因家兔是血少的动物，血液总量仅占体重的 7%左右，一只成年兔血液总量不足 200 毫升，静脉注射时，有时补液达血液总量的 1/10。由于兔子受惊，心跳加快，如补液速度过快，液体由静脉快速到达心脏，会使兔子心脏负荷增大，造成死亡。这是兔子常在静脉注射时死亡的原因。所以，在给兔子静脉注射时动作要轻稳，不使兔子受到惊吓，有间歇地缓缓将药液注入。

（五）有计划地进行药物预防

家兔疾病防治要点已简单讲过，兔群除加强管理，及时进行疫苗接种外，还要有计划地进行药物预防，这是继免疫之后预防疾病的主要措施。平时要根据气候变化，尤其在某些疾病流行时，用安全价廉

有效的药物拌入饲料、饮水或添加剂中，对疾病进行预防，能收到较好的效果。

比如前边讲过，产前产后3天每天每兔服1片长效磺胺和2片大黄苏打片，可预防母兔乳腺炎、消化不良。在饲料中添加痢特灵，可减少大肠杆菌病、沙门杆菌病的发生。磺胺二甲基嘧啶拌料，可预防波氏杆菌病、巴氏杆菌病和球虫病。用喹乙醇拌料，不但可促进家兔生长发育，还能预防巴氏杆菌病和魏氏梭菌病的发生。在饲料中加入抗球虫药物添加剂，可防止球虫病的发生，是提高幼兔成活率的关键。农村有条件的可经常喂点大蒜、洋葱，或用15%大蒜秸粉拌料。兔开食之日起就在饲料中添加氯苯胍、敌菌净、克球粉、地克珠利，饲料中添加氟哌酸可预防痢疾杆菌病、大肠杆菌病等多种肠道病的发生。

无论添加何种药物都要先做药物试验，并按要求剂量添加。试验时先给一两只兔子服用，看有无不良反应，而后才能大群投服。

（六）预防中毒

用于农作物杀虫、灭鼠和治疗动物外寄生虫病的常用药，均可引起中毒。如家兔采食了喷洒过乐果或1605的田间的野草、青菜以及其他农作物，便可中毒。如用敌百虫给兔蘸蹄、洗癣方法不当，也可引起中毒死亡。夏季用敌敌畏在兔舍灭蚊蝇，如喷洒到食槽里，或家兔误食灭鼠毒饵，也易中毒。霉变的饲料、发芽的土豆、黑斑病红薯等可引起中毒。防止中毒要注意以下几点：

（1）严格控制饲料来源，不到刚喷洒过农药的田间割草。如对田间不了解，割回的青草应先喂一两只兔做试验。

（2）兔舍灭蚊时注意不要将药液喷洒到兔的饲料上。食具要及时刷洗。投灭鼠药时将兔笼门关结实，防止家兔跳出误食。

（3）治疗兔体外寄生虫病时，要严格按照规定剂量和有关操作规程实施，防止家兔啃舔。用敌百虫治疗疥癣时，严禁用肥皂水或洗衣粉水软化结痂和用草木灰揉搓兔蹄。

（4）发霉的饲料、发芽的土豆及黑斑病红薯不要喂兔，也不要用嫩玉米苗、高粱苗喂兔。

(5) 发现中毒后，应及时解毒或洗胃，或注射阿托品、解磷定等。

（七）养兔必备药物

为了能及时地治疗家兔疾病，不拖延治疗时间，养兔户必须经常备一些药物，用于治疗和消毒。

(1) 庆大霉素：用以治疗兔的肠道病，如拉稀、大肠杆菌病、痢疾杆菌病、绿脓杆菌病和呼吸道病等。用量：小兔1万~2万单位，大兔2万~4万单位，每日2次，肌内注射。

(2) 卡那霉素：对呼吸道病治疗优于庆大霉素，还可治疗兔的肠道病，如大肠杆菌病、痢疾杆菌病等。用量同庆大霉素，肌内注射。

(3) 青霉素：治疗兔的肺炎、鼻炎、乳腺炎、膀胱炎、李氏杆菌病等。每千克体重注射1万~2万单位，每日2次，连续3~5天。

(4) 链霉素：治疗出血性败血症、李氏杆菌病、肺炎、鼻炎、结核病、黏液性肠炎、巴氏杆菌病等。每千克体重1万单位，每日2次，连续3~5天。

(5) 氯霉素：治疗伤寒、副伤寒、肠道感染、肺炎、鼻炎等病。片剂每次半片，日服2次；针剂，幼兔0.5毫升，成兔1毫升，每日2次。

(6) 鱼腥草：配伍青霉素治疗乳腺炎、肺炎等。

(7) 喹乙醇：治疗兔巴氏杆菌病、大肠杆菌病，促进生长发育。拌料混饲每100千克饲料用10~20克。

(8) 四环素：治疗巴氏杆菌病、大肠杆菌病等。每次半片至1片（0.125毫克），口服，每日2次。

(9) 安乃近：治疗感冒、发烧，止痛。每次半片，日服2次。

(10) 大黄苏打片：属健胃消化药，治疗伤食、臌胀。每次1~2片，日服2次。

(11) 酵母片：健胃消化药，也用于维生素B缺乏的治疗。健胃，每次1片，日服2次。

（12）恩诺沙星：预防肠道病，按产品说明书使用。

（13）痢特灵（呋喃唑酮）：预防肠道病。拌料每千克饲料0.1~0.2克。治疗拉稀、黏液性肠炎，与链霉素配合，效果更好。

（14）地克珠利：抗球虫药。按标签说明拌料混饲。

（15）氯苯胍：抗球虫药。每千克体重15毫克口服或每千克饲料加300毫克拌料，连喂45天。

（16）阿维菌素：治疗家兔体内外寄生虫病，粉剂内服，针剂注射，按标签说明使用。

（17）敌菌净：治疗兔球虫病、伤寒及肠道病。每千克体重1片，每日服2次，连服3~5天。粉剂按标签说明使用。

（18）氯霉素眼药水：治疗仔兔黄尿病、兔结膜炎、角膜炎。每次滴入仔兔口中2~3滴，每日3次。

（19）磺胺二甲基嘧啶：治疗兔球虫病，并对全身感染疾病有疗效。小兔1/4片，大兔1/2片，每日服2次，连用3~5天。

（20）复方磺胺甲基异噁唑（SMZ）：对幼兔拉稀有特效，还可以治疗口腔炎和呼吸道疾病。1/4~1/2片口服，连用2~3天。

（21）煤酚皂溶液（来苏儿）：属常用消毒药，常用3%~5%的水溶液消毒兔舍、地面、笼具，杀菌消毒力较强。

（22）高锰酸钾：0.1%~0.2%浓度消毒浸泡食槽和水槽等用具，用高浓度2%~5%在24小时内可杀死细菌芽孢。

（23）福尔马林（甲醛溶液）：常用消毒药。10%~20%溶液可用于兔舍喷雾消毒、浸泡器具和笼底消毒，与高锰酸钾配伍可用于封闭式兔舍进兔前后的熏蒸消毒。用福尔马林和高锰酸钾熏蒸消毒时，应先封闭门窗，然后按每立方米空间用福尔马林30毫升、高锰酸钾15克的比例放入陶瓷容器中。注意：使用时要先加高锰酸钾，再加福尔马林，切不可先加福尔马林再加高锰酸钾。随后，操作人员应立即离开兔舍，将门窗关闭，熏蒸24小时即可打开门窗通风换气。

（24）新洁而灭：1∶1 000倍水溶液消毒场地，或浸泡刷洗食槽等，并有去污除垢作用。

（25）氢氧化钠（烧碱）：2%～4%的热水溶液，刷洗笼具、食槽，冲刷地面、运动场、运输车辆等。对病菌、病毒有很强的杀伤力。可作兔场、兔舍出入口消毒之用。人员和车辆出入时，可以随时对车轮、鞋底消毒，杜绝病菌、病毒被带入兔场、兔舍。

（26）二氯异氰尿酸钠：为新型高效消毒药，对病毒、芽孢、细菌繁殖体及真菌孢子均有较强的杀灭作用。通常用与水 1∶1 000 浓度对兔舍笼具喷雾消毒。

（27）乙醇：常用 75%的乙醇作注射部位的皮肤消毒。

（28）碘酒：常用 1%～2%的碘酒消毒皮肤和创伤。

另外，将生石灰、草木灰撒在地面上，具有较好的消毒杀菌效果。菌毒敌、抗毒威、百毒杀及兽医防疫部门推荐的新型消毒药都可使用。

（八）正确使用和保管疫苗

给兔接种疫苗是激发兔体产生特异性抵抗力，使原来的易感兔变为不易感兔的一种有效防病方法。有计划有目的地为家兔接种疫苗，是预防和控制家兔传染病的措施。正确地使用和保管疫苗至关重要，否则会造成防疫失败，达不到防疫的目的。

（1）要购买使用通过国家农业部药品生产质量管理规范（GMP）认证企业生产的疫苗，如山东滨州华宏生物公司生产的蜂胶疫苗。这种疫苗绿色环保，无残留、无污染，注射部位无肿胀、无坏死、无脓肿；游离性好，便于运输和保存，－10 ℃不结冰，20～30 ℃亦能保存 3～6 个月。

（2）了解疫苗的种类和作用。目前我国正规厂家生产的疫苗有单联苗如兔瘟单联疫苗、巴氏杆菌单联疫苗、魏氏梭菌单联疫苗、葡萄球菌单联疫苗等，双联苗如兔瘟－巴氏杆菌双联疫苗、波氏杆菌－巴氏杆菌双联疫苗、波氏杆菌－大肠杆菌双联疫苗等；三联苗如兔瘟－巴氏杆菌－魏氏梭菌三联疫苗等。无论是单联、双联还是三联疫苗，注射前一种与后一种应间隔 5～7 天。注射前应将疫苗充分摇匀再吸取。为了避免注射后疫苗佐料引起像花生米一样大小的脓肿或脓疱，注射时针头应稍有摆动地将疫苗缓缓注入。

（3）注射疫苗前，应将注射器、针头高温煮沸 30 分钟消毒。传染病发生紧急接种疫苗时要 1 只兔子用 1 个针头，并将注射部位用乙醇或碘酒严格消毒。

（4）要掌握疫苗注射时间和免疫程序，不可过早地为仔兔注射疫苗，并在兔群健康无病时注射疫苗。已发生细菌性疾病（如大肠杆菌病）正在用抗生素治疗的兔子不宜注射疫苗，待病愈健康后再补充注射。母兔怀孕 20 天后要慎用疫苗，怀孕 25 天后禁用疫苗。仔兔断奶后注射疫苗效果最佳，2 月龄后要加强免疫。

（5）注射疫苗前要检查瓶子有无破裂、漏气现象，如有则不能使用；已开封的疫苗应在 12 小时内用完，隔夜的疫苗不宜再使用。

（6）在疫区或传染病发生紧急接种疫苗时，必须对兔群逐只进行检查，对病兔或已受感染的兔子要隔离治疗或淘汰，不能再接种疫苗。在紧急接种疫苗时，必须意识到一些外表看似健康无病，但可能已被感染而处于潜伏期的兔子，这种兔子在接种疫苗后不但不能产生免疫力，反而会加速发病死亡。在紧急接种疫苗时，特别是兔瘟疫苗用量要有所增加。平时预防使用疫苗用量要足或适当增加 0.2 毫升，掌握宜多不宜少的原则。刚从冰箱中取出的疫苗，要等与室温一致后再使用。

（7）在购买疫苗时，要看厂家、生产日期及经销商是否按规定条件保存疫苗，不购买和使用过期失效的疫苗和非法生产的疫苗。

（8）购回的疫苗要在低温下保存，有条件的可在冰箱冷藏室内保存。4~8 ℃可保存半年以上。无冰箱设备的可用塑料袋包装，用尼龙绳吊在机井内保存；或在自家的红薯窖内保存。

（9）春秋季节疫苗放室内阴凉处常温保存即可，但不可将疫苗放在窗台上或阳光照射的地方；冬季保存的疫苗不得结冰。

（10）用过的疫苗瓶不可随意抛弃，要集中销毁深埋。

（九）各类家兔主要传染病最佳免疫程序

以下提供的各类家兔主要传染病最佳免疫程序供饲养中参考。

1. 毛兔、獭兔免疫程序

（1）仔兔、幼兔免疫力的建立：见表15。

表15 仔兔、幼兔免疫力的建立

25~30日龄	兔波氏杆菌-大肠杆菌双联灭活疫苗	皮下注射1毫升
30~35日龄	多杀性巴氏杆菌病灭活疫苗	皮下注射1毫升
40~45日龄	兔病毒性出血症（兔瘟）灭活疫苗	皮下注射2毫升
60~65日龄	兔病毒性出血症(兔瘟)-多杀性巴氏杆菌病双联灭活疫苗	皮下注射1毫升
65~70日龄	兔产气荚膜梭菌（魏氏梭菌病）灭活疫苗	皮下注射2毫升

注：①兔魏氏梭菌病的防疫时间，可根据各地兔场发病规律酌情调整。

②注意一定要选择使用国家农业部GMP认证企业生产的疫苗，如山东滨州华宏疫苗。

（2）青年兔、成年兔免疫程序：每年3次定期免疫，见表16。

表16 青年兔、成年兔免疫程序

第一次	兔病毒性出血症（兔瘟）-多杀性巴氏杆菌病双联灭活疫苗，兔产气荚膜梭菌（魏氏梭菌病）灭活疫苗	皮下注射1毫升 皮下注射2毫升
间隔4个月 第二次	兔病毒性出血症（兔瘟）-多杀性巴氏杆菌病双联灭活疫苗，兔产气荚膜梭菌（魏氏梭菌病）灭活疫苗	皮下注射1毫升 皮下注射2毫升

注：①第三次需在第二次注射4个月后进行，每次注射时两种疫苗应间隔5~7天进行。

②注意一定要选择使用国家农业部GMP认证企业生产的疫苗，如山东滨州华宏疫苗。

2. 肉兔免疫程序

（1）商品兔于70~75日龄出栏时，免疫程序见表17。

表17 70~75日龄出栏商品兔的免疫程序

20~25日龄	兔波氏杆菌-大肠杆菌双联灭活疫苗	皮下注射1毫升
35~40日龄	兔病毒性出血症（兔瘟）-多杀性巴氏杆菌病双联疫苗	皮下注射1毫升

（2）商品兔于75~90日龄出栏时，免疫程序见表18。

表18 75~90日龄出栏商品兔的免疫程序

20~28日龄	兔波氏杆菌-大肠杆菌双联灭活疫苗	皮下注射1毫升
35~40日龄	兔病毒性出血症(兔瘟)-多杀性巴氏杆菌病双联疫苗	皮下注射1毫升

续表

45~50 日龄	兔产气荚膜梭菌（魏氏梭菌病）灭活疫苗	皮下注射 2 毫升
60~65 日龄	兔病毒性出血症(兔瘟)-多杀性巴氏杆菌病双联疫苗	皮下注射 1 毫升

（3）青年兔、成年兔及繁殖母兔（每年 2 次定期免疫）的免疫程序见表 19。

表 19　青年兔、成年兔及繁殖母兔的免疫程序

第一次	兔病毒性出血症(兔瘟)-多杀性巴氏杆菌病双联疫苗	皮下注射 2 毫升
	兔产气荚膜梭菌（魏氏梭菌病）灭活疫苗	皮下注射 2 毫升
间隔 6 个月	兔病毒性出血症(兔瘟)-多杀性巴氏杆菌病双联疫苗	皮下注射 2 毫升
第二次	兔产气荚膜梭菌（魏氏梭菌病）灭活疫苗	皮下注射 2 毫升

注意：一定要选择国家农业部 GMP 认证企业生产的疫苗，如山东滨州华宏疫苗。

（十）家兔传染病

兔　瘟

本病是由病毒引起的一种急性、烈性传染病，俗称“兔瘟”。死亡率在 95%以上，但正吃奶的小兔和 100 天以内的幼兔很少发生。

1. 临床症状　根据临床症状，分为最急性型和急性型两种。潜伏期为 48~72 小时。患兔多为最急性型，常不见症状，突然倒地抽搐、惨叫而死。死后肛门松弛，周围被毛有少量淡黄色黏液沾污，鼻孔有红色泡沫流出。急性型发作时，患兔食欲减退或废绝，数小时后体温急剧下降，呼吸急促，突然惊厥兴奋，在笼中或场地狂跳，倒地后抽搐、惨叫直至死亡。很少有康复的。应当注意的是，近年来兔瘟已有幼龄化发病趋向。

2. 病理变化　死后剖检可见肺部瘀血、水肿、出血，因肺和气管相通，肺部瘀出的血液通过气管从鼻孔溢出。这是典型的兔瘟症状。再者，死兔肝脏也肿大出血、瘀血，特别是脾脏变成了蓝紫色，这是兔瘟的又一典型解剖症状。

3. 预防治疗措施　按时注射兔瘟疫苗（如山东滨州华宏生物公司生产），每兔 1 毫升，45 日龄即注射第一次，2 月龄加强免疫，以后每半年一次。不从疫区和市场购买种兔。发现疫情及时隔离病兔，严格消毒制度，谢绝不必要的参观。处于潜伏期的病兔可用黄连 4 克、黄芩 3 克、黄柏 6 克，共煎汁灌服救治。

兔瘟方剂歌诀

黄连黄芩黄柏汤，清热解毒亦良方。
泻火燥湿兼消渴，瘟疫邪侵不再伤。

在兔瘟病流行时，除立即注射疫苗外，还可以用仙人掌煎汤、板蓝根冲剂饮水或拌料，或注射复方大青叶针剂，能有效地缓解兔瘟病情。春秋季节多采割饲喂有清热解毒作用的车前草、蒲公英等，能有效降低兔瘟的发病率。

兔瘟综合防治歌诀

猛然狂跳叫一声，鼻孔出血兔瘟病。
兔群毁灭死亡高，药物治疗不管用。
解剖病兔肝肿大，质地变性色暗红。
肾有花斑肺瘀血，脾脏变蓝是特征。
发病性急传染快，平时预防记心中。
注射复方大青叶，维生素 C 两毫升。
煎汤口服仙人掌，饮水常把板蓝冲。
春秋夏喂车前草，清热解毒蒲公英。
满月及时注疫苗，一年两次不能省。
引种特别要注意，先查有无疫病情。
兔舍设立消毒池，谢绝参观莫讲情。
常用几种消毒法，石灰火碱喷火灯。
捕杀老鼠灭蚊蝇，福尔马林搞熏蒸。
以上方法能做到，定能预防兔瘟病。

兔巴氏杆菌病

兔巴氏杆菌病又叫出血性败血病，是由多杀性巴氏杆菌引起的一种急性传染病，是一种最常见的家兔传染病。多发生在春秋两季，各种年龄的家兔都易感染，特别是刚断奶的仔兔最易感染，发病率在

50%~70%，一旦发病常造成整群死亡。

1. 临床症状 在流行开始时，常有不出现症状就突然倒地死亡的病例，头天晚上饲喂时还没见异常症状，第二天早上已死于笼中。一般表现为精神萎靡不振，体温升高，停食，鼻腔流出黏液和脓性分泌物。临死前体温下降，四肢抽搐。

2. 病理变化 死后剖检可见肝脏变性，并有许多小坏死点；肺部严重充血和出血；喉黏膜、气管黏膜充血和出血，并有红色泡沫；肠管肿大，肠黏膜充血和出血。

由于病菌危害部位的不同，发病情况不同，则有不同的疾病名称。如发生在鼻孔的叫鼻炎，发生在眼睛上的称结膜炎，发生在中耳内的称中耳炎，发生在生殖器上的叫睾丸炎和阴部炎。

3. 预防治疗措施 用 PB 一号幼兔添加剂拌料能有效预防巴氏杆菌病的发生，用量为 100 千克饲料添加 450~500 克。定期用巴氏杆菌疫苗预防注射（如山东滨州华宏生物制品公司生产），饲料中经常拌服痢特灵、喹乙醇、复方磺胺甲基异噁唑等长效磺胺类药物预防。一旦有兔发病，及时隔离治疗。严重的，如中耳炎歪头的及时淘汰，以减少传染源。

治疗可用链霉素肌内注射，每千克体重 1 万单位，每日 2 次，连用 5 天。庆大霉素、卡那霉素，每只兔 2 万~4 万单位，每日 2 次，连用 4 天。口服复方磺胺甲基异噁唑，每兔 0.125~0.5 克；磺胺二甲基嘧啶、四环素、喹乙醇，每千克体重 50 毫克拌料喂服，都有一定的效果。鼻炎型的可用氯霉素眼药水或青霉素、链霉素混合（每毫升各 2 万单位）滴鼻。患眼角膜炎、结膜炎，眼角极度流泪糜烂的兔子可口服头孢氨苄颗料胶囊 1~2 粒，连用 2 日即可治愈。中草药可用党参、白术各 4 克，茯苓 3 克，甘草 2 克，共煎汁灌服，每日 2 次，连用 2~3 剂。

方剂歌诀

党参白术甘茯苓，草药一剂止菌行。
抗邪扶正兼并重，眼病鼻疾各对症。

另外，要注意加强饲养管理，注意气候变化，减少一切引起应激反应的因素。引进种兔要隔离观察1个月，兔舍严禁狗、猫等其他动物进入。定期进行疫苗注射。经常用2%的氢氧化钠、3%的来苏儿、20%的石灰乳消毒。

兔巴氏杆菌病防治歌诀

巴氏杆菌病特别，多发春秋两季节。
各种家兔易感染，危害幼兔最肆虐。
病兔精神会萎靡，体温增高鼻流液。
死后多见肝变性，肠管肿大膜出血。
烈性传染死亡高，疫苗预防可解决。
发病部位有不同，治疗方法有分别。
结膜炎病眼流泪，阴部睾丸病瘀血。
中耳炎病兔歪头，及时淘汰病根源。
鼻炎滴用氯霉素，庆大卡那搞注射。
拌料常加喹乙醇，复方新诺明效特。
头孢氨苄药内服，兔无眼疾好视觉。
如果患有综合征，注射青链霉素液。
消毒常用来苏儿，石灰火碱多选择。
加强管理防应激，莫让狗猫入兔舍。

兔魏氏梭菌病

本病又称魏氏梭菌性肠炎，是由A型魏氏梭菌及其毒素引起的传染病，对幼兔危害最大，死亡率在50%以上。

1. 临床症状 以急剧腹泻下痢、拉黑色水样或带血胶胨粪便为特征。严重腹泻后，精神呆滞、沉郁、萎靡、不吃食，体温大多数不升高，水泻后1~2天死亡。少数病例消耗5~7天死亡，此时已消瘦得皮包骨头。

2. 病理变化 死后剖检，胃底黏膜脱落，肠黏膜有弥漫性出血，小肠充满气体，肠壁薄而透明；盲肠和结肠充满气体，内容物呈黑绿色并有腐败气味儿。另有肝脏变脆，脾脏呈深褐色。

3. 预防治疗措施 一旦发生本病，药物治疗效果不佳。较好品种可用高免血清治疗，每千克体重皮下注射 2 毫升，每日两次，连用 2~3 天能收到一定效果。中草药可用白头翁、生姜、石榴皮、甘草各等份共煎汁灌服，对成兔初染有一定效果。

方剂歌诀

该病治疗无良方，草药白头翁生姜，
榴皮甘草共煎服，成兔初染可预防。

预防措施：平时加强饲养管理，坚持消毒制度，保持兔舍干燥，仔兔离开产箱后应在笼底放纸板或木板，防止腹部受凉。预防幼兔受凉，应注意天气变化，减少应激反应和诱发因素。严禁引进病兔，发现疫情及时隔离淘汰。兔舍、笼具要用 3% 的热氢氧化钠溶液严格消毒。平时饲料中添加喹乙醇，每千克体重 5~10 毫克预防，同时保持饲料配方稳定。满月及时注射魏氏梭菌疫苗（山东滨州华宏生物制品公司生产）能收到良好的预防效果。

兔魏氏梭菌病防治歌诀

魏氏梭菌性肠炎，拉黑水样稀粪便。
带血胶胨是特征，气体充满肠中间。
病初肚胀兔枪毛，触摸腹部有水感。
一般体温不升高，稀粪常把肛门沾。
三两天后体变形，得病难过死亡关。
药物治疗效不佳，饲养管理是关键。
天气骤变防应激，笼舍干燥要保暖。
满月及时注疫苗，喹乙醇粉料中添。
一般常用消毒药，新洁而灭与火碱。

兔波氏杆菌病

本病是家兔常见的、多发的并广泛传播的一种慢性呼吸道传染病，多发于春秋昼夜温差大、气温骤变等引起应激反应时。家兔感冒、寄生虫病和有强烈刺激性气味时致使上呼吸道黏膜脆弱，易引发此病。

1. 临床症状 本病由于病菌危害部位不同，分鼻炎型和支气管肺炎型。

（1）鼻炎型：多为鼻黏膜充血，流出多量黏液和黏液性分泌物，通常不变为脓性。

（2）支气管肺炎型：鼻炎长期不愈使风寒邪毒入肺，病菌内行至支气管，通过支气管又感染到肺部使病情恶化。此时在肺部繁殖的细菌就侵害了肺并产生炎症化脓，致使病兔呼吸困难，又从鼻腔流出黏液性脓性分泌物，打喷嚏、食欲减退、逐渐消瘦，如不及时治疗，病程可延续数月。

2. 病理变化 病兔死后剖检可见肺部有大如蛋黄、小如芝麻粒的脓疮，多者可占肺部的90%；肝脏表面也有黄豆大小的脓疮，脓疮内积满了黏稠乳油样的白色或灰白色脓液。

3. 预防治疗措施 卡那霉素每兔一次肌内注射0.2~0.5克，每日2次。庆大霉素每次肌内注射2万~4万单位，每日2次。链霉素每次肌内注射10万~20万单位，每日2次。也可用中草药黄芪、黄芩、麻黄、桔梗、陈皮各3克，共煎汁内服，日用2次即愈。

方剂歌诀

风寒邪毒侵肺脾，鼻腔充血打喷嚏。
三黄桔梗配陈皮，煎汁共服除病疾。

仔兔20~25日龄注射波氏杆菌疫苗（山东滨州华宏生物制品公司生产）可预防本病。每兔1毫升，并加强兔舍卫生和管理。兔舍保持通风透光和适宜的温度、湿度，定期消毒，注意天气突然变化，减少应激反应。及时淘汰有鼻炎症状的兔子，以减少传染源。

兔波氏杆菌病防治歌诀

波氏杆菌病常见，慢性多发广流传。
主要侵害呼吸道，得了此病最麻烦。
病初鼻腔膜充血，兔流鼻涕稠且黏。
重症常把鼻堵塞，感染肺部呼吸难。
兔常抓鼻打喷嚏，喷沫又成传染源。
预防及时注病苗，选种把好健康关。
加强管理防应激，兔舍空气要新鲜。

卡那霉素做治疗，每次一支日两遍。
青链霉素混合用，注射单位二十万。
滴鼻选用氯霉素，每日三次不间断。
杜绝波氏杆菌病，淘汰病兔是关键。

兔大肠杆菌病（黏液性肠炎）

本病是由血清型致病大肠杆菌及其毒素引起的一种暴发性、死亡率很高的肠道传染病。各种年龄的家兔都易感染，尤其是仔兔和百天之内的幼兔，死亡率在80%以上，而且散养兔发病率高于笼养兔。

气候突然变化或其他疾病，如沙门杆菌病、魏氏梭菌病、球虫病的协同作用，导致肠道菌系紊乱，仔幼兔抵抗力降低，引起发病。

1. 临床症状 分为最急性、急性、亚急性三种类型。最急性型不见任何症状就突然死亡，急性型1~2天死亡，亚急性型5~7天死亡。

多数病兔初期精神沉郁，食欲减退，腹部鼓胀，粪便变形、细小成串、外边包有透明胶冻样黏液。后期出现水样腹泻，四肢发凉，躯体迅速消瘦，眼眶下陷，还有磨牙流涎症状，1~2天死亡。

2. 病理变化 死后剖检，胃膨大，并充满液体和气体。胃黏膜上有出血点，十二指肠充满气体和染有胆汁的黏液，空肠、回肠和盲肠充满半透明胶冻样液体，结肠扩张，有透明胶冻样黏液。肠道黏膜充血、出血、水肿，肝脏、心脏等有局部坏死病灶。仔兔在20~25日龄应注射兔大肠杆菌疫苗（山东滨州华宏生物制品公司生产）1毫升预防。

3. 预防治疗措施 链霉素每千克体重2万单位，每日2次，肌内注射；或内服氟哌酸胶囊1~2粒，小兔酌减。氯霉素每兔1支，日用2次，连用3~5日。复方磺胺甲基异噁唑、大黄苏打片，成兔各1片，日服2次，连服3日。庆大霉素或卡那霉素配合维生素B_1，每次2万~4万单位；重症用庆大霉素4万~8万单位，地塞米松2毫克，维生素C 2毫升，肌内注射，效果更好。中草药可用蒲公英、野菊花、地榆、石榴皮、泽泻各3克，煎汁，每日2次。

方剂歌诀

清热解毒泻热症，地榆野菊蒲公英。
榴皮泽泻去肠肿，扶正祛邪病自轻。

一旦发生本病，病兔隔离治疗。对健康兔全群投服痢特灵，每千克饲料混合 0.1~0.2 克喂服进行预防；或恩诺沙星按标签说明拌料，有预防作用。

定期消毒，加强饲养管理。幼兔饲料不可突然改变，以免引起肠道菌群紊乱。也不要过早地撤离产箱，撤出产箱后，应在笼底垫一块木板或纸板，让仔兔卧于其上栖息，防止腹部受凉，诱发本病。

饲料中添加 PB 一号幼兔添加剂，每 100 千克饲料添加 450~500 克，是防止发生大肠杆菌病的有效措施。

大肠杆菌病防治歌诀

大肠杆菌病常见，又称黏液性肠炎。
多发仔兔断奶后，大批死亡真可怜。
最急急性死亡快，亚急维持六七天。
初发精神多沉郁，食欲减退粪成串。
病兔症状好鉴别，胶胨粪便有牵连。
死后多为胃膨大，胃肠黏膜有血点。
透明胶胨在盲肠，结肠粪便透明黏。
内服药物痢特灵，针注链霉素四万。
卡那配伍维 B_1，新诺明配苏打片。
庆大霉素配维 C，地塞米松效果显。
有病早治效果好，拌料常加氟哌酸。
药物治疗虽有效，检查治疗显麻烦。
兔病克星拌料中，肠道疾病一起歼。
营养提高免疫力，幼兔毛尖精神欢。
减少换料出应激，平稳过渡到出栏。
发现病兔早隔离，饲料配方别突变。
环境卫生常消毒，粪便莫把草污染。
坚持巡查粪变化，消毒经常用火碱。

兔传染性口腔炎

本病是由水疱性口炎病毒引起的一种急性传染病，是病毒直侵口腔，使口舌溃烂而致。其特征是口腔黏膜发生水疱性炎症，破裂后大量流涎，因此又称“流涎病”“流口水”。多发生于20~90日龄的仔、幼兔，常是整窝同群感染。

本病的发生一是饲养管理不当、饲料霉变或带刺所致，二是家兔吃了被病毒污染的饲料所致。

1. 临床症状 发病初期口腔黏膜潮红、充血、肿胀，吃食小心缓慢，随后唇舌口腔黏膜出现小水疱，破裂后形成烂斑或溃疡，因而大量流涎。流出的水涎有灼热感，使下颌、肉髯、颈和胸部水湿。因水涎病毒的侵染而发生炎症和脱毛，如不及时治疗，易造成整窝和大批死亡。

2. 预防治疗措施 如发生本病应马上对病兔隔离治疗。可用复方磺胺甲基异噁唑、磺胺二甲基嘧啶（SM_2）、冰硼散或土霉素研末撒于口中。没有病的同窝同群兔也立即用复方磺胺甲基异噁唑、磺胺二甲基嘧啶、土霉素等拌料喂服。用量每只兔0.125~0.25克，或用冰硼散敷口。中药可用“六神丸”“保赤丸”“消炎丸”治疗，饮用板蓝根冲剂，用金银花、野菊花煎汤饮用或拌料都有很好的预防和治疗效果。发病期用中草药紫花地丁、大青叶、鸭跖草、陈皮共煎汁拌料，连用2~3天，防治效果良好。

方剂歌诀

病毒直侵口舌烂，热疮破损嘴流涎。
紫花地丁大青叶，陈皮鸭跖草共煎。

预防：平时加强饲养管理，食槽、水槽等用具要勤刷洗，用暴晒、水煮及其他消毒方式消毒。特别是在夏季，腐败或吃剩下的饲料一定要清除，并用氢氧化钠溶液刷洗食槽。

兔口腔炎防治歌诀

幼兔嘴里流水涎，疾病就叫口腔炎。
发病性急传染快，同窝易把同病染。

发现此病要快治，立即用药莫迟延。
西药可用土霉素，半片撒口半片咽。
特效复方新诺明，研末敷口效果显。
也可口服中成药，六神保赤消炎丸。
或用小儿烂嘴药，红色粉末冰硼散。
紫花地丁大青叶，银花野菊把水煎。
药物虽能把病除，管理应知防为先。
腐败饲料莫喂兔，谨防刺物口扎烂。
夏天注意灭蚊蝇，别让苍蝇把料染。
食槽水槽勤刷洗，清除剩食重新换。
兔舍笼具勤消毒，把好病从口入关。

兔葡萄球菌病

本病是由金黄色葡萄球菌引起的一种家兔常见病，病菌主要通过皮肤和黏膜的伤口感染。

1. 临床症状 病的潜伏期为2~5天。根据病原体侵入兔的部位不同和继续扩散的形式，分以下几种不同的类型。

（1）乳腺炎：常见于母兔分娩后的几天。产箱垫草不洁和笼舍缺乏消毒，使病菌通过乳头孔眼和乳房皮肤创伤而感染。急性乳腺炎时母兔体温升高、精神沉郁、食欲减退，乳房肿胀，周围呈紫色或蓝紫色。慢性乳腺炎时乳房形成大小不一的硬块，最后变成脓肿。

（2）脚皮炎：兔笼不平整（带棱刺、钉头裸露）、巢箱或场地污秽潮湿，使兔脚掌心的表皮出现红肿，摩擦化脓形成溃疡面。由于疼痛，病兔行走困难，常出现小心地换脚休息情况。食欲减退，逐渐消瘦后引起全身性感染，后因败血症死亡。

（3）脓肿：全身各器官和部位都可发生。发病初期红肿硬实，后变成脓肿。持续时间较长，破裂后流出脓汁，伤口经久不愈，由于疼痒和爪的抓挠又扩散到其他部位。可引起全身性感染，最后因败血症死亡。

（4）仔兔脓毒败血症：发生在仔兔长毛以前，开始皮肤出现粟粒大的脓肿，后变成黄豆大小。

细菌通过仔兔受损伤的皮肤（如被粗硬的垫草扎伤或擦伤、母兔脚爪的踩伤处的皮肤）或脐带部感染家兔，使家兔产生败血症而死亡。只有少数兔可康复。

（5）仔兔黄尿病：也称仔兔急性肠炎，是仔兔吃了患乳腺炎母兔的乳汁引起的。多发生在第三天，大都全窝发病。病兔整日昏睡，体软如绵，排出稀薄如水的粪便，使仔兔浑身尽湿并有褶，气味难闻。多在1周内死亡。

2. 预防治疗措施

（1）乳腺炎：母兔用高锰酸钾水热敷，每天2~3次，每次10~15分钟。并肌内注射青霉素20万~30万单位，配伍鱼腥草2毫升；或口服复方磺胺甲基异噁唑1片，连续3~5天治愈。如形成凸出于腹部皮肤的脓肿，应手术开刀排脓。伤口擦上碘酒，撒上消炎粉即可。

预防：在产前产后3天各服1片长效磺胺和大黄苏打片，产箱和垫草应暴晒消毒后使用。产前适当减少精饲料和喂量，吃不完的乳汁可让其他仔兔吸吮。中草药可用黄芪、黄芩、金银花、连翘、皂角刺，共煎汁，日服2次，有很好的防治效果。

方剂歌诀

黄芪黄芩金银花，连翘皂刺味相加。
乳房消肿奶汁溢，共煎灌服效果佳。

（2）脚皮炎、脓肿：家兔可用3%的石炭酸溶液洗涤患部，形成溃疡的应用棉球碘酒擦除坏死部分和脓液，而后涂上消炎软膏。严重的应用绷带包扎。

预防：保持兔笼干燥、清洁卫生，笼底平整、光滑无刺，无钉头裸露，无竹片节结，并清除巢箱污物。

（3）仔兔脓毒败血症：除配合治疗母兔外，对患病仔兔应用3%的石炭酸溶液或碘酒洗擦患部。

（4）仔兔黄尿病：除按上述方法预防和治疗母兔乳腺炎外，对已患病仔兔应用氯霉素眼药水或庆大霉素口角滴服，每兔每次2~3

滴，日服3次，并禁止食用患乳腺炎母兔的奶，可采取代养方法。在饲料中添加0.33%的PB二号兔用添加剂，可有效预防仔兔黄尿病和母兔乳腺炎的发生。

兔葡萄球菌病防治歌诀

葡萄球菌病广泛，连锁反应互感染。
仔兔脓毒败血症，擦伤发病长毛前。
脚皮炎因伤溃疡，疼痛常把四脚换。
仔兔黄尿病有因，其母患有乳腺炎。
吃了乳腺炎兔奶，发病生后第三天。
巢箱恶臭身有褶，身黄昏睡软绵绵。
治疗先治其母病，离母寄养他兔边。
口中滴服氯霉素，每次两滴日三遍。
乳腺炎症乳肿胀，乳周颜色紫或蓝。
慢性严重结硬块，后成脓疱似鸡蛋。
高锰酸钾水热敷，而后乳汁要挤干。
青霉素针搞封闭，沿乳注射二十万。
配伍注射鱼腥草，肿胀硬块即变软。
预防口服新诺明，产后连续喂三天。
结合喂草猫儿眼，王不留行虫卧单。
产箱垫草先消毒，日晒采用紫外线。
患有脓肿脚皮炎，擦洗使用石炭酸。
洗后涂抹消炎膏，笼底无刺平要干。
PB二号常拌料，无黄尿病乳腺炎。
杜绝葡萄球菌病，综合治理防为先。

兔沙门杆菌病

本病是兔的一种消化道传染病，主要侵害怀孕母兔，尤以怀孕25天后的母兔最为常见。以败血症急性死亡、腹泻与流产为典型症状。因此，本病又称“沙门杆菌流产”。

1. 发病原因 一是家兔肠道中寄生有此种病菌，平常不表现症状，当饲养管理不善、营养不良、再次怀孕后、遇气候突然变化、卫生条件不好或有其他疾病诱发时，抵抗能力减弱，病原趁机大量繁殖引起发病。二是由于家兔采食了被病菌污染的饲料、饮水而感染引起急性发病。

2. 临床症状 潜伏期 3~5 天，有不出现临床症状而突然死亡的现象。多数病兔表现为腹泻，从肛门排出带泡沫的黏液性粪便，体温升高、精神呆滞、采食废绝、渴欲增加、消瘦，母兔从阴道排出黏液或脓性分泌物。胎儿流产后很快死亡，随之发病母兔死亡，即使康复兔也不能再作生产用。

3. 病理变化 病兔死后剖检，胸和腹腔内脏器官有瘀血点，腹腔中有多量黏液和纤维素性渗出物。流产病兔子宫肿大，浆膜和黏膜充血，并有化脓性子宫炎。有的子宫黏膜充血和溃疡。未流产的母兔子宫内有木乃伊和被液化的胎儿。病兔肝脏有弥漫性或散在性淡黄色小米或芝麻粒大的坏死病灶。胆囊肿大，充满胆汁。脾脏肿大1~3倍，呈暗红色。肾脏有针头大的出血点。

4. 预防治疗措施 沙门杆菌病的首选药物是氯霉素，其次是土霉素和链霉素。

氯霉素的用法是每兔肌内注射 2 毫升，每日 2 次，连用 3~5 天。片剂，每兔半片至 1 片，每日 1~2 次，连用 3 天。土霉素每兔 1 片，每日 2~3 次，连服 3 天。链霉素肌内注射，每次 10 万~20 万单位，每日 2 次，连用 3 天。复方磺胺甲基异噁唑每次 0. 25~0. 5 克，加 1 片大黄苏打片，每日 2 次，连用 3 天。中草药可用黄连、黄柏、地榆各 6 克共煎汁，每日 2 次，灌服；或大蒜 3~4 瓣捣烂如泥溶水灌服。

方剂歌诀

黄连解毒驱伤寒，黄柏泻火痢不延。
凉血敛疮加地榆，三味共煎病愈痊。

发现病兔应立即隔离治疗，并对笼具彻底消毒，消灭老鼠、蚊子和苍蝇，减少传染源，并对兔群及时注射鼠伤寒沙门杆菌灭活菌苗。平时加强饲养管理，搞好环境卫生，定期严格消毒，这是预防本病发生的有效措施。

兔沙门杆菌病防治歌诀

兔子沙门杆菌病，腹泻流产为特征。
主要侵害怀孕兔，二十五天后发生。
精神呆滞体温高，采食废绝渴欲增。
粪成黏性带泡沫，阴道排液成脓性。
子宫化脓成溃疡，木乃伊留子宫中。
管理营养都不良，急性死亡败血症。
治疗首用氯霉素，肌内注射两毫升。
片剂头服用极量，以后半片不放松。
交替使用链霉素，注射部位腹腔中。
黄连黄柏加地榆，煎汁共服有奇功。
四瓣大蒜捣成泥，灌服之前加水溶。
饲养管理要加强，注射疫苗灭蚊蝇。
兔料别让鼠污染，定期消毒讲卫生。

（十一）家兔寄生虫病

兔球虫病

兔球虫病是常发的一种流行性疾病，是严重危害养兔业的疾病之一。尤其是断奶至 3 月龄以内的幼兔最易感染，发病率在 70% 以上。炎热而潮湿的夏季常暴发流行（寒冷冬季不易发生），死亡率高。

球虫病暴发的原因是兔子吃了含有球虫卵的兔粪或饲料。成兔是主要传播者。

1. 临床症状 根据球虫在家兔体内寄生的部位不同，分肠型、肝型和混合型 3 种。单一型的球虫病似乎只有书本和理论上的意义，实际临床上大都是混合型的。

病兔特征是结膜苍白或黄染，被毛蓬乱无光泽，食欲减退或废绝，精神萎靡不振，肚皮鼓胀发黑，肚有痛感，不愿活动，最后因急性拉稀而死亡。临死时四肢痉挛，头向后仰，后肢不停地向后划动，有时发出尖叫声。

2. 病理变化 腹腔大量积水，膀胱充满尿液，肠壁血管充血，黏膜充血并有出血点，肠黏膜上有许多小而硬的白色结节，内含有球虫卵囊，有时可见化脓性坏死。肝的体积缩小并有淡黄色病灶。

3. 预防治疗措施 仔兔从开食之日起就在饲料中添加地克珠利、盐霉素钠、可爱丹、三字球虫粉、氯苯胍等。氯苯胍的用量是每千克体重日服15毫克，拌料为每千克饲料添加300~400毫克，连喂45天。磺胺二甲基嘧啶每千克体重0.1~0.25克，连服3~5天。痢特灵每千克体重0.03克，治疗1千克以下小兔每3只服1片，1~2.5千克体重的小兔每两只服1片，连服3天。复方敌菌净每千克体重服1片，连服7天，停药3天，再服7天。在饲料中添加"球净"、PB一号幼兔抗球虫添加剂或复方中草药添加剂"四黄散"，都有很好的治疗和预防效果。

经常用中成药常山碱粉剂和口服液（石家庄正道动物药业有限公司生产，法人：刘宏）拌料或饮水。

另外，可用青蒿、常山各80克，地榆、白芍各60克，茵陈、黄柏各50克，共粉碎后按1.5%添加料中饲喂。或常山、柴胡、甘草各150克，共粉碎成末，按每兔每次3克，每日2次，连用10天。或洋葱、大蒜按4∶1混合切碎拌料，大兔50克、小兔10克，每日2次，连用5~7天。或常山、旱莲草、苦参各等份，粉碎后拌料喂服，每兔每日20克，连用10天。或白头翁、仙鹤草、地榆各等份，共粉碎，按1%拌料饲喂。

方剂歌诀

青蒿常山地白芍，茵陈黄柏共研末。
洋葱大蒜混料喂，柴胡甘草与仙鹤。
剂剂追杀灭球虫，兔体康健无病魔。

为了提高疗效，避免球虫的抗药性，几种药物要交替使用。已发生球虫病的家兔可采用甲硝唑治疗，小兔半片，每日1次，连服5天。

对于球虫病必须采取综合预防和治疗措施才能奏效。

（1）养兔场要选建在高燥向阳的地方。

（2）建立严格的卫生消毒制度，防止饲料和饮水被粪便污染。笼舍、食槽用具经常用氢氧化钠溶液消毒或水煮、暴晒。

（3）合理安排母兔繁殖季节，尽量注意不在梅雨季节断奶。幼兔的饲料要营养丰富，易消化吸收。当球虫病暴发流行时，要减少蛋白质饲料的喂量，因为蛋白质饲料含量高了易加速病兔死亡。

（4）大小兔分笼饲养，异窝莫混。满月断奶后的幼兔最好养在原来的笼内。

（5）夏季经常饲喂涩拉秧，在饲料中拌些切碎的洋葱、大蒜，或在饲料中添加干大蒜秸粉5%。治疗球虫病禁止使用马杜霉素，否则易造成中毒死亡。

（6）病死的兔子不要在兔场或兔舍解剖，要远离兔舍深埋。

（7）兔粪须经高温发酵后再施田，避免循环感染。

家兔球虫病防治歌诀

瓜瓤红时兔笼空，天热潮湿多球虫。
头向后仰脚又蹬，临死发出尖叫声。
得病再治难度大，预防为主记心中。
精神不振是前兆，腹部发胀黑又青。
结膜苍白毛蓬乱，急性拉稀肚子疼。
氯苯胍和敌菌净，常山碱能治球虫。
满月开食就喂服，三七一五分疗程。
初服倍量防中毒，维持减半莫放松。
氯苯胍药怕高温，产期批号要看清。
药效虽好有异味，宰前七天把药停。
盐霉素钠可爱丹，地克珠利球利灵。
还有三字球虫粉，二硝甲苯也可行。
兔病克星效果好，PB一号首选用。
复合型抗球虫药，兼治其他肠道病。
正道药业常山碱，防治球虫显功能。
家兔和鸡用它防，球虫就得判死刑。
注意用药常交换，连用易产抗药性。

防治球虫要切记，马杜霉素不能用。
梅雨季节迟断奶，炎热盛夏兔别生。
饲料营养易消化，勤喂大蒜和洋葱。
兔舍之中讲卫生，每天都把粪尿清。
食槽刷后要暴晒，消毒最好火焰攻。
笼养最好底漏粪，异窝莫混要记清。
母仔喂食分笼养，死兔深埋别乱扔。
只要治住球虫病，养兔就是大半功。

兔豆状囊尾蚴病

兔豆状囊尾蚴病是豆状带绦虫的幼虫豆状囊尾蚴寄生在兔的肝脏、肠系膜和腹腔内引起的囊虫病。狗、猫为终末宿主。该病是由家兔的饲料和饲草被狗、猫的粪便污染所致。是目前广为传播的家兔体内寄生虫病。

1. 临床症状 该病少量轻度感染者无明显症状。严重感染时幼兔发育缓慢，成兔则表现为消化紊乱、食欲下降、渴欲增加、粪球干硬且小、腹围增大、精神不佳、嗜睡、结膜苍白、逐渐消瘦、被毛无光，重者可引起急性肝炎、大脑重损而死亡。病兔死后剖检可见肠系膜、胃网膜、肝脏和肌肉中有石榴子样带核透明的囊包，囊包似葡萄状，中间透明，有白色头节，严重影响兔肉的品质。

2. 预防治疗措施 严禁狗、猫进入兔舍和饲料车间，禁止狗、猫粪便污染饲料草地和饮水。治疗可用吡喹酮肌内注射或内服，每千克体重 25 毫克，每日 1 次，连用 3 天。丙硫苯咪唑内服，每千克体重 25 毫克，连用 3~5 天。

豆状囊尾蚴病防治歌诀

兔患豆状囊尾蚴，生长缓慢体消瘦。
食欲下降渴欲增，嗜睡常拉硬粪球。
囊虫形如石榴子，透明带核白节头。
病因草料被污染，宿主就是猫和狗。

防治管好狗和猫，禁入兔舍把根由。

肌内注射吡喹酮，苯咪唑前加丙硫。

兔疥癣病

本病是由寄生在家兔体表的痒螨或疥螨引起的一种外寄生虫性皮肤病。寄生在耳郭内的称痒螨病，寄生在足部的称疥癣病。

发病原因是家兔生活环境光照不足，笼舍潮湿，而这种环境最适合螨虫的繁殖和蔓延，通过和病兔的直接或间接接触而传染。

1. 临床症状 耳螨病，主要发生在外耳道内，渗出物干燥后形成黄色或灰白色痂皮，塞满耳道，严重的像塞一团卫生纸。可引起外耳道炎，耳内奇痒，使兔不断摇头或用爪抓挠耳朵。

兔疥癣一般在嘴、鼻及脚爪处发病，使发病部位奇痒，家兔不停地用嘴啃脚部，或用爪抓挠鼻和嘴处。脚爪上出现白色皮屑结痂，逐渐变硬，使兔消瘦，甚至死亡。

2. 预防治疗措施

（1）发现疥癣病兔时，应及时用5%~10%的三氯杀螨醇水溶液或5%的油溶液给兔蘸蹄并涂擦患部，7天1次。并在治疗时用2%~5%的三氯杀螨醇水溶液喷洒兔笼和场地。

（2）用2%的敌百虫溶液涂洗患处和笼具。因敌百虫剧毒，应慎重用药。用药需掌握三个步骤：

①先用热水将患部洗涤软化（禁止用肥皂水软化），除去结痂。

②将软化后的兔蹄浸于2%的敌百虫溶液中洗涤。

③洗涤后必须用干炉渣或干沙土将兔蹄搓干（禁止用草木灰搓干），而后再放开病兔，同时用2%的敌百虫溶液喷洒兔笼和场地，7天后再用同样方法治疗1次。

④兔癣一次净：涂于患处，一次即愈。

（3）中草药防治：

①烧锅的锅底灰100克，大枫子、硫黄各50克，共研末加花生油或小麻油适量调和成稀糊状涂抹患处。

②烟叶100克、醋500克，共煎取汁涂抹患处。

③豆油或花生油 100 毫升，烧开后加硫黄 20 克，调匀后涂抹患处，连用 2~3 次。

方剂歌诀

花生油调巧相配，大枫硫黄锅底灰。
烟叶一份醋五倍，日抹两次螨虫毁。
生油烧开加硫黄，涂抹兔癣病不归。

（4）预防要注意：

①不要购买带疥癣病的兔子。

②不要用带疥癣病的家兔配种。

③每两个月，至少每一个季度用上述方法给兔蘸蹄一次。

④当用上述药物治疗耳螨时，注意不要让药液流入内耳，以免引起前庭神经中毒使兔歪头。

⑤定期用阿维菌素粉剂拌料内服，每千克体重 0.1 克，或肌内注射预防。四合剂（花生油 100 毫升，三氯杀螨醇 5 毫升，碘酊、来苏儿各 2 毫升调匀）涂抹患处，7 天后重复用药 1 次，即愈。

⑥保持笼舍干燥、通风，定期火焰消毒，及时清除污物，焚烧垫草。

兔疥癣病防治歌诀

家兔四蹄长疥癣，螨虫滋生是根源。
兔体消瘦食欲降，啃爪挠耳忙不闲。
獭兔长癣最可怕，身上掉毛一片片。
皮张利用无价值，难以出售少卖钱。
治病先要杀螨虫，操作方法要记全。
药用三氯杀螨醇，油剂涂抹效果显。
还有精制敌百虫，百分之二操作严。
热水浸泡除结痂，药后炉渣搓揉干。
三个程序别忘记，严防中毒把蹄舔。
最好兔癣一次净，一次病好新毛添。
中药烟汁加辣椒，楝根煎汁把蹄蘸。
别与癣兔做交配，能防疥癣病蔓延。

阿维菌素常内服，肌内注射防为先。
淘汰病兔是良策，兔舍向阳笼要干。
环境消毒经常搞，杀灭虫卵用火焰。
各种治法都有效，就是费力太麻烦。
兔癣克星显特效，拌入饲料喂 5 天。
可杀螨卵和真菌，安全省力无麻烦。
兼治体内寄生虫，原因不明脱毛癣。
病兔愈后食欲增，幼兔喂过膘情添。
种兔一年三次喂，癣病与兔难结缘。

兔皮肤真菌病

兔皮肤真菌病又称脱毛癣。本病是由须毛癣菌和小孢子菌引起的，以皮肤角化、炎性坏死、皮肤出现圆形或不规则形状脱毛为特征的真菌性皮肤病。各种年龄的兔都易感染，特别是獭兔最易感染，危害严重，常使獭兔皮毛失去利用价值。它是近年来严重危害兔业发展的传染性疾病。

1. 临床症状 常从嘴巴、面部、眼圈和耳根处开始脱毛，而后波及全身，呈圆形或不规则形状整块脱毛，脱毛部位呈红色且伴有炎症。拔去脱毛边沿兔毛可见灰白色麸皮状痂皮粉末。脱去的结痂粉末飞到其他兔身上即可寄生传染。病兔奇痒，烦躁不安，食欲减退，逐渐消瘦，直至死亡，獭兔皮张失去利用价值。

2. 预防治疗措施

（1）严格检疫，不从患有皮肤真菌病的兔场购买种兔。患皮肤真菌病的兔子严禁做种用繁殖。

（2）对兔场场地、兔舍笼具用 2%氢氧化钠溶液或火焰严格消毒。

（3）发现病兔隔离治疗或坚决淘汰。

（4）治疗：口服灰黄霉素，每千克体重 25 毫克，连用 15～20 天；或用稀碘酊涂抹患处；2%甲醛软膏或 2%咪康唑软膏涂抹患处，每日1次。

（5）笔者用四合剂（花生油或菜籽油100毫升，三氯杀螨醇5毫升，碘酊、来苏儿各2毫升，混合均匀）涂抹于患处，7天重复用药1次，效果较好。

（6）幼兔45~60日龄用兔癣克星拌料，连喂5~7天可保证终生不发生皮肤病，且背毛丰满光亮上膘快。

兔皮肤真菌病防治歌诀

兔患皮肤真菌病，脱毛奇痒块块红。
成块掉毛皮无用，饲养目的一场空。
发现病兔快隔离，最好淘汰别心痛。
别再用来搞繁殖，传染扩散患无穷。
防治笼舍勤消毒，氢氧化钠火焰攻。
灰黄霉素服半月，患部涂抹稀碘酊。
花氯碘来四合剂，能除疾患新毛生。
兔癣克星喂七天，膘肥毛丰好出笼。

（十二）家兔常见病

兔拉稀病

1. 临床症状 兔拉稀病是断奶后幼兔常见的疾病，一般分普通型拉稀、伤食型拉稀和胃肠炎型拉稀。

（1）普通型拉稀：多得病急，粪便稀薄如糊，肛门周围沾满粪便，病兔常啃舔其肛门处。大都是因为天气突然变化，气温骤降，家兔腹部受凉或吃了冰冻和带霜及露水的草所致。

（2）伤食型拉稀：是因幼兔贪食、采食过量、消化不良引起的。病兔排出湿烂粪便并有臭味，但食欲仍旺。

（3）胃肠炎型拉稀：粪便带有气泡，或夹杂红白鼻涕样的黏液。病兔常以蹲伏状排大便，且大便次数多而排粪量少。重者停食，易引起死亡。是由于家兔采食了发霉变质的饲料和被大肠杆菌污染的饲草所致。

2. 预防治疗措施 治疗可口服氟哌酸胶囊，大兔1粒，小兔酌减；或每次服复方磺胺甲基异噁唑0.25~0.5克，每日2次，对兔普通型拉稀、伤食型拉稀有特效；同时可服1片大黄苏打片。注射可用庆大霉素、卡那霉素2万~4万单位，每日2次。胃肠炎型拉稀可肌内注射黄连素1支。及时清除病兔肛门处粪便。

中草药治疗可选用下列方剂：

①白头翁、白矾各3份，焦炒柿蒂1份，共研细末，每兔每次10克温开水冲服。

②黄连3份，木香1份，共研细末，每兔每次温开水灌服6~10克。

③大蒜10克捣烂如泥，用米醋30毫升调匀，每日2次灌服。

④白头翁、紫花地丁、蒲公英、龙胆草各等份，共研细末，每兔每次用温开水冲服10克。

方剂歌诀

白头翁矾炒柿蒂，共研细末药一剂。
黄连木香适量配，温水灌服肠病驱。
大蒜米醋调和匀，治疗腹泻方省力。
紫花地丁白头翁，龙胆蒲公治拉稀。

加强饲养管理，注意天气变化和幼兔保暖工作。饲喂方法应掌握勤添少给的原则，冬不喂冰冻饲料，夏不喂露水草，这是防止本病发生的有效措施。

兔拉稀病防治歌诀

家兔拉稀有三种，普通伤食痢疾型。
普通拉稀兔受凉，草料带露或结冰。
伤食多为食超量，拉稀食欲仍旺盛。
患了痢疾胃肠炎，细菌感染病情重。
治疗肌注黄连素，预防常服痢特灵。
配伍大黄苏打片，也可加喂食母生。

胶囊选用氟哌酸，撒入咽喉咽腔中。
大蒜数瓣捣成泥，拌料喂服病减轻。
注意幼兔选择药，特效复方新诺明。
庆大霉素搞注射，一日两次药不停。
配伍维 C 两毫升，另加一支地米松。
平时喂料要规律，勤喂少给饱八成。
PB 一号常拌料，兔无肠疾康一生。
冰霜露水草不喂，发霉饲料一边扔。

兔积食病

家兔积食主要是由于贪食过多精料，或吃了难消化易发酵的饲料所致。

1. 临床症状 病兔卧着不愿活动，不吃食，肚鼓胀，磨牙，排出的粪便酸臭难闻。

2. 预防治疗措施 对病兔禁食 1 天，促其在外运动。治疗可用蜂蜜 10 毫升兑水 20 毫升服用，干酵母 2 片研末兑水灌服。四消丸每次 1 克，日服 2 次。也可每天对病兔手工按摩，促使粪便软化排出。中草药用山楂、陈皮、青木香、菖蒲共煎汁拌料，或鸡内金半个，研末灌服。

方剂歌诀

草药山楂青木香，陈皮菖蒲水煎汤。
或用半个鸡内金，研末冲服亦良方。

为防止本病的发生，饲喂要定时定量，青绿饲料合理搭配，不能使兔饥一顿饱一顿，豆饼、花生饼要用水泡胀发开后拌到食里喂。

兔便秘病

发病原因是饲喂精料过多、过干，缺乏青绿多汁饲料和饮水。长期和过量服用化学药物也可引起便秘。

1. 临床症状 食欲减退，排粪少，粪形小而干硬，甚至数日不排粪。

2. 预防治疗措施

（1）口服果导片，每次 1 片。大黄苏打片每次 1~2 片，每日 2 次。同时用开塞露注入肛门直肠。

（2）猪苦胆汁 5 毫升，将兔倒提，用软管从肛门注入直肠，2~3 分钟后将兔放开，即可将粪便排出。

预防：掌握家兔的草食性，加强运动，注意饮水，精粗饲料合理搭配，注意混合饲料的水料比例。平时多喂青绿多汁饲料，能有效地防止便秘的发生。如因服用化学药品引起的便秘，应当停止服药。

兔便秘积食防治歌诀

家兔得了便秘病，粪球变小而且硬。
病因是喂精料多，缺乏饮水不喂青。
积食多为兔贪吃，难以消化肚发撑。
伏卧不动常磨牙，治疗先得把料停。
服干酵母四消丸，人工按摩促运动。
便秘服用果导片，开塞露注肛门中。
中草药用猪苦胆，直肠灌入五毫升。
菜籽油或蓖麻油，两匙加水把胃冲。
合理搭配青饲料，不断饮水便畅通。

兔毛球病

此病是长毛兔易得的一种病，肉兔有少量发生。主要是因家兔吃了落进草和饲料中的兔毛，或因某种微量元素缺乏互相咬毛、啃咬自己的毛，而吞食了大量兔毛所致。

1. 临床症状 食欲减退，大便秘结，肚鼓胀好伏卧，爱喝水，日渐消瘦，用手可在其胃部触摸到毛球。毛球由于通不过幽门，或停留在小肠内，造成肠道阻塞而死亡。

2. 预防治疗措施 发现毛球病时可用植物油 20~30 毫升，一次灌服，通过油脂润滑后将毛球排出。

预防：喂草设草架，能有效地防止兔毛落在饲草上。多喂含矿物质和维生素丰富的青绿多汁饲料。

家兔毛球病防治歌诀

春秋两季把毛更，家兔易患毛球病。
症状腹胀好伏卧，排便困难把腰弓。
触摸胃部缠毛球，幽门堵塞肠不通。
日渐消瘦爱喝水，治疗不当要毙命。
预防笼舍设草架，兔毛别混草料中。
特效疗法蓖麻油，直肠灌服把便通。
还有偏方猪苦胆，肛门直灌五毫升。
适时补喂青饲料，加强营养不放松。

兔感冒病

兔感冒病是家兔的常见疾病，多在昼夜温差大的春秋季和天气骤变、气温突然下降时发生。长毛兔多因剪毛后遇到风寒所致。

1. 临床症状 病兔怕冷，缩头，眼无精神，体温升高，流鼻涕并有轻微咳嗽，眼流泪，呼吸困难。

2. 预防治疗措施 阿司匹林半片内服或安乃近半片、维生素C 1片内服，日服2次。柴胡0.5~1支，肌内注射，每日2次。复方氨基比林0.5~1支，肌内注射。为了防止诱发肺炎，可肌内注射青霉素10万单位，每日2次。

中草药防治方剂较多，可试用。

（1）大葱白10克，鲜生姜3克，绿豆10克，共煎汁，每日2次，灌服。

（2）桑树叶（冬季枝条，桑树皮也可）10克，煎汁一次服用。

（3）生姜、大蒜各10克，一起捣烂如泥，加陈醋20毫升，搅匀，可一次灌服病兔2只。

（4）金银花15克，紫苏12克，薄荷10克，甘草8克，加水300毫升，共煎汁剩60毫升，每兔每次灌服15~20毫升，每天2~3次。

（5）柴胡5克，防风4克，金银花、茵陈蒿各6克，共煎汁，每日服2次。

方剂歌诀

生姜大蒜共捣烂，食醋调匀一次灌。
桑叶十克煎汁服，银花紫苏薄荷甘。
柴胡防风金银花，茵陈蒿草一起煎。
防治感冒方剂多，葱白绿豆姜味鲜。

平时加强管理，注意气候变化。冬春注意兔舍保温，防止兔舍空气对流。仔幼兔笼中放保暖箱让其在夜间栖息。

兔感冒病防治歌诀

缩头无神又怕冷，流涕咳嗽体温升。
呼吸困难眼流泪，家兔患了感冒病。
治疗口服安乃近，预防服用感冒灵。
维生素 C 做配伍，氨比柴胡注肌中。
病重注射青霉素，防止诱发肺炎病。
平时管理多注意，家兔保暖事一宗。
昼夜温差是诱因，莫让贼风袭兔笼。
天冷及时关门窗，换气别开对流风。

兔中暑病

兔中暑病多发生于炎热的夏季。发病原因有：不注意对兔的防暑，兔舍通风不良；室外养兔没有搭设凉棚，且有太阳光的直射；长毛兔没及时剪毛，毛密结毡使散热受到影响等。

1. 临床症状 开始吃食停止，心跳加快，体温升高，呼吸困难，眼球突出，口腔、鼻腔、眼睑黏膜充血，口吐白沫，突然倒地，四肢抽搐直至死亡。

2. 预防治疗措施 在阴凉处地上泼上冷水，立即将病兔放到地上用电扇吹风，或头部敷上冷水浸湿的棉布，每 3~5 分钟换敷 1 次，同时口服十滴水 2~3 滴，或用大蒜汁、韭菜汁滴鼻，也可放耳静脉血或针刺人中穴。夏季注意防暑，室外兔舍搭设凉棚，种植丝瓜或用葡萄架遮阴，防止日光直射。室内前后门窗全部打开，使空气对流；多饮水，勤换水，并加适量食盐；多喂西瓜皮等能有效预防中暑。

家兔中暑防治歌诀

家兔得了中暑病，心跳加快体温升。
眼球突出口吐沫，呼吸困难吃食停。
鼻腔眼睑膜出血，四肢抽搐命丧生。
预防夏天防暴晒，室外兔笼搭凉棚。
长毛兔子把毛剪，产巢草毛及时清。
常饮盐水喂瓜皮，兔舍阴凉要通风。
治疗口服十滴水，针刺穴位在人中。
抢救头部敷凉水，放到地上吹冷风。

兔中毒病

兔中毒病主要是家兔吃了喷洒过农药的植物，或吃了混入农药的饲料所致。

1. 临床症状 病兔口吐白沫，流口水，四肢抽搐震颤，头向后仰，瞳孔缩小。

2. 预防治疗措施 不喂来路不明的饲料，不到刚喷洒过农药的田里割草。有机磷中毒时，每兔注射硫酸阿托品 0.5~1 毫升，解磷定每兔注射 2~4 毫升。有机氯中毒可用 1∶3 000 倍的高锰酸钾水洗胃，同时用泻盐冲服导泻。静脉注射 10%的葡萄糖 20 毫升。

中草药治疗可选用曼陀罗、天仙子、凤尾草、生甘草等。单味剂各 10~20 克，煎汁成 100~150 毫升灌服；或仙人掌 15 克捣烂如泥，加水灌服；或甘草粉 10 克，绿豆面 100 克，加温开水 200 毫克调匀灌服。

方剂歌诀

仙人掌泥水冲灌，曼陀煎汁配天仙。
单味甘草解毒用，配伍绿豆病愈痊。

在预防中毒时，还要注意不要用有毒植物喂兔，如发芽土豆、黑斑病红薯、嫩玉米苗、高粱苗等。

家兔中毒防治歌诀

诊断家兔中毒病，要与中暑分辨清。
口吐白沫流口水，四肢抽搐缩瞳孔。

病因多为草打药，让兔误食到腹中。
治疗注射阿托品，重症使用解磷定。
如果药属有机氯，高锰酸钾把胃冲。
静脉注射葡萄糖，采草最好来路明。
有毒植物草不喂，喂薯不带黑斑病。

附　兔病诊断思路表

<table>
<tr><th>项目</th><th>诊断思路</th></tr>
<tr><td>皮肤病</td><td>1. 皮肤炎
（1）外寄生虫病：螨虫病，耳螨，脚螨
（2）溃疡性皮肤炎：脚皮炎，咬伤，创伤，湿性皮炎
（3）细菌性皮炎：兔巴氏杆菌病，兔密螺旋体病，金黄色葡萄球菌感染，坏死杆菌感染，棒状杆菌感染
（4）皮霉菌病，黏液瘤病，兔痘
2. 皮肤或皮下肿胀
（1）脓肿：多杀性巴氏杆菌病，金黄色葡萄球菌病
（2）乳腺：乳腺炎，积奶肿块，乳腺肿瘤
（3）寄生虫病：蝇蛆病
（4）肿瘤形成：纤维瘤，乳头状瘤，淋巴肉瘤，乳腺癌，皮肤癌
（5）血肿：脓疮
3. 脱毛
（1）拔毛：产前造窝，食毛癖
（2）摩擦或抓搔：瘙痒应激反应
（3）遗传性稀毛症
（4）皮霉菌病：季节性换毛，营养物质缺乏，脱毛癖
（5）皮肤发黑：中毒，贫血，饲料中毒，魏氏梭菌病，球虫病，心肺病</td></tr>
<tr><td>胃肠消化道病</td><td>1. 腹泻：球虫病，大肠杆菌病，伤食性拉稀
2. 腹部下垂增大：采食过多，肝球虫病，妊娠，乳腺泌乳过多，肥胖
3. 食欲增强：怀孕初中期，哺乳，泌乳，热应激，热性病，糖尿病
4. 便秘：采食精料过多，缺乏饮水和青绿饲料，毛球病，食欲减退，肥大性幽门狭窄
5. 食欲减退：饲料适口性差或突然更换，临产，育肥成熟，饮水不足，发病或痛苦，噪声，惊扰，突然惊吓，热应激，牙齿咬合不正等</td></tr>
</table>

续表

项目	诊断思路
呼吸道病	1. 鼻液：鼻炎，支气管肺炎，热应激，变态反应，黏液瘤病，兔痘，严重感冒，吸入粉尘等 2. 呼吸困难：热应激，中暑，肺炎，鼻涕浓稠堵塞，妊娠毒血症，脓胸，胸膜炎，病危
生殖道病	1. 不孕：不成熟或衰老，过肥或过瘦，环境恶劣，交配不当，生殖道细菌感染，子宫内膜炎，子宫腺癌，营养缺乏，假妊娠，缺乏光照等 2. 阴道溢液：正常排尿，子宫腺癌，子宫蓄脓，流产征兆 3. 出生前死亡：饲料霉变中毒，妊娠毒血症，营养不良，先天性畸胎，环境嘈杂，子宫腺癌，传染病，产前子宫受压，不正当的抓捉损伤，兔群拥挤等
神经系统病	1. 斜颈：内中耳炎，脑膜炎，脑原虫，李氏杆菌病，颜面神经麻痹，颈肌损伤，前庭神经中毒 2. 运动失调或惊厥：创伤，内中耳炎，脑膜炎，中毒，妊娠毒血症，濒死现象，先天性畸形，镁缺乏症 3. 肌肉无力瘫痪：脊椎脱位或骨折，先天性畸形，营养不良，住肉孢子虫等所致

无公害食品 肉兔饲养兽医防疫准则

（NY 5131—2002）

1 范围

本标准规定了生产无公害食品的肉兔饲养场在疫病预防、监测、控制、产地检疫扑灭方面的兽医防疫准则。

本标准适用于生产无公害食品的肉兔饲养场的兽医防疫。

2 规范性引用文件

下列文件中的条款通过本标准的引用而成为本标准的条款。凡是注日期的引用文件，其随后所有的修改单（不包括勘误的内容）或修订版均不适用于本标准，然而，鼓励根据本标准达成协议的各方研究是否可使用这些文件的最新版本。凡是不注日期的引用文件，其最新版本适用于本标准。

GB 16548　畜禽病害肉尸及其产品无害化处理规程

GB 16549　畜禽产地检疫规范

NY/T 388　畜禽场环境质量标准

NY 5027　无公害食品 畜禽饮用水水质

NY 5130　无公害食品 肉兔饲养兽药使用准则

NY 5132　无公害食品 肉兔饲养饲料使用准则

NY/T 5133　无公害食品 肉兔饲养管理准则

中华人民共和国动物防疫法

3　术语和定义

下列术语和定义适用于本标准

3.1　动物疫病　animal epidemic disease

动物的传染病和寄生虫病

3.2　病原体　pathogen

能引起疾病的生物体，包括寄生虫和致病微生物。

3.3　动物防疫　animal epidemic prevention

动物疫病的预防、控制、扑灭，动物、动物产品的检疫。

4　疫病预防

4.1　环境卫生条件

4.1.1　肉兔饲养场的环境卫生质量应符合 NY/T 388 的要求，污水、污物处理应符合国家环保要求，防止污染环境。

4.1.2　肉兔饲养场的选址、建筑布局、设施及设备应符合 NY/T 5133 的要求。

4.2　饲养管理

4.2.1　饲养管理按 NY/T 5133 的要求执行。

4.2.2　饲料使用按 NY/T 5132 的要求执行。

4.2.3　具有清洁、无污染的水源，水质应符合 NY 5027 规定的要求。

4.2.4　兽药使用按 NY 5130 的要求执行。

4.2.5　工作人员进入生产区必须消毒，并更换衣鞋。工作服应保持清洁，定期消毒。非生产人员未经批准，不应进入生产区。特殊情况下，非生产人员经严格消毒，更换防护服后方可入场，并遵守场内的一切防疫制度。

4.3　日常消毒

定期对兔舍、器具及兔场周围环境进行消毒。肉兔出栏后必须对兔舍及用具进行清洗，并彻底消毒。消毒方法和消毒药物的使用等按 NY/T 5133 的规定执行。

4.4　引进兔只

4.4.1　肉兔饲养场坚持自繁自养的原则。

4.4.2　必须引进兔只时，应从健康种兔场引进，在引种时应经产地检疫，并持有动物检疫合格证明。

4.4.3　兔只在起运前，车辆及运兔笼具要彻底清洗消毒，并持有动物及动物产品运载工具消毒证明。

4.4.4　引进兔只后，要及时报告动物防疫监督机构进行检疫，并隔离 30 天，确认兔体健康方可合群饲养。自繁自养的兔场。父母代兔要进行定期的检疫。

4.5　免疫接种

畜牧兽医行政管理部门应根据《中华人民共和国动物防疫法》及其配套法规的要求，结合当地实际情况，制定肉兔饲养场疫病的预防接种规划，肉兔饲养场根据规划制定免疫程序，并认真实施。对兔出血病等疫病要进行免疫，要注意选择和使用适宜的疫苗、免疫程序和免疫方法。

5　疫病控制和扑灭

肉兔饲养场发生疫病或怀疑发生疫病时，应依据《中华人民共和国动物防疫法》及时采取以下措施：

5.1　先通过本场兽医或动物防疫监督机构进行临床和实验室诊断。当发生二类疫病兔出血病、兔黏液瘤病、野兔热时要对兔群实行严格的隔离、捕杀及销毁措施；立即采取治疗、紧急免疫；对兔群实施清群和净化措施；全场进行彻底的清洗消毒，病死或淘汰兔的尸体按 GB　16548 规定进行无害化处理。

5.2　消毒及用药按 NY/T 5133 的规定执行。

6　产地检疫

产地检疫按 GB 16549 和国家有关规定执行。

7　疫病监测

7.1　当地畜牧兽医行政管理部门必须依照《中华人民共和国动物防疫法》及其配套法规的要求，结合当地实际情况，制定疫病监测方案，由动物防疫监督机构实施，肉兔饲养场应积极予以配合。

7.2　要求肉兔饲养场和动物防疫监督机构监测的疫病有兔出血病、兔黏液瘤病、野兔热等。监测方法按常规诊断方法中的血清学方法或病原诊断法进行。

7.3　根据当地实际情况，动物防疫监督机构要定期或不定期对肉兔饲养场进行必要的疫病监测监督抽查，并反馈肉兔饲养场。

8　记录

每群肉兔都应有相关的资料记录。其内容包括：兔只来源地，饲料消耗情况，发病率、死亡率及发病死亡原因，消毒情况，无害化处理情况，实验室检查及其结果，用药及免疫接种情况，兔只发往目的地等。所有记录必须妥善保存。

无公害食品　肉兔饲养兽药使用准则

（NY 5130—2002）

1　范围

本标准规定了生产无公害食品的肉兔饲养过程中允许使用的兽药名称、作用与用途、剂型、用法与用量、休药期及其使用准则。

本标准适用于无公害食品的肉兔饲养过程中的生产、管理和认证。

2　规范性引用文件

下列文件中的条款通过本标准的引用而成为本标准条款。凡是注日期的引用文件，其随后所有的修改单（不包括勘误的内容）或修订版均不适用于本标准，然而，鼓励根据本标准达成协议的各方研究是否可使用这些文件的最新版本。凡是不注日期的引用文件，其最新版本适用于本标准。

NY/T 388　畜禽场环境质量标准

NY 5027　无公害食品 畜禽饮用水水质

NY 5131　无公害食品 肉兔饲养兽医防疫准则

NY 5132　无公害食品 肉兔饲养饲料使用准则

NY/T 5133　无公害食品 肉兔饲养管理准则

中华人民共和国兽药典（2000 年版）

中华人民共和国兽用生物制品质量标准（2001）

兽药管理条例

中华人民共和国动物防疫法

中华人民共和国兽药规范（1992）

饲料和饲料添加剂管理条例

兽药质量标准（中华人民共和国农业部农牧发〔1999〕16 号）

进口兽药质量标准（中华人民共和国农业部农牧发〔1999〕2 号）

饲料药物添加剂使用规范（中华人民共和国农业部农牧发〔2001〕20 号）

食品动物禁用的兽药及其他化合物清单（中华人民共和国农业部第 193 号）

3　术语和定义

下列术语和定义适用于本标准：

3.1　兽药　veterinary drug

指用于预防、治疗和诊断畜禽等动物疾病，有目的地调节其生理机能并规定作用、用途、用法、用量的物质（含饲料药物添加剂），包括：血清、菌（疫）苗、诊断液等生物制品；兽用的中药材、中成药、化学原料及其制剂；抗生素、生化药品、放射性药品。

3.1.1　疫苗　vaccine

由特定细菌、病毒等微生物以及寄生虫制成的动物免疫制品。

3.1.2　抗菌药　antibacterial drug

能够抑制或杀灭病原菌的药物，其中包括中药材、中成药、化学药品、抗生素及其制剂。

3.1.3 抗寄生虫药 antiparasitic drug

指能够杀灭或驱除动物体内、体外寄生虫的药物，其中包括中药材、中成药、化学药品、抗生素及其制剂。

3.1.4 消毒防腐剂 disinfectant and preservative

用于杀灭环境中的有害微生物、防止疾病发生和传染的药物。

3.2 休药期 withdrawal period

食品动物从停止给药到许可屠宰或它们的产品许可上市的间隔时间。

4 使用准则

肉兔饲养场的饲养环境应符合 NY/T 388 的规定。肉兔饲养者应供给肉兔充足的营养，所有饲料、饲料添加剂和饮用水应符合《饲料和饲料添加剂管理条例》、NY 5132 和 NY 5027 的规定。应按照 NY 5133 加强饲养管理，采取各种措施以减少应激，增强动物自身的免疫力。应严格按照《中华人民共和国动物防疫法》和 NY 5131 的规定进行预防，建立严格的生物安全体系，防止肉兔发病和死亡，及时淘汰病兔，最大限度地减少化学药品和抗生素的使用。必须使用兽药进行肉兔疾病的预防和治疗时，应在兽医指导下进行，并经诊断确诊疾病和致病菌的种类后，再选择对症药品，避免滥用药物。所用兽药应符合《中华人民共和国兽药典》《中华人民共和国兽药规范》《兽药质量标准》《进口兽药质量标准》和《兽用生物制品质量标准》的相关规定。所用兽药应产自具有"兽药生产许可证"和产品批准文号的生产企业，来自具有"兽药经营许可证"和"进口兽药许可证"的供应商。所有兽药的标签应符合《兽药管理条例》的规定。

4.1 优先使用疫苗预防肉兔疾病，所有疫苗应符合《中华人民共和国兽用生物制品质量标准》的规定。

4.2 允许使用消毒防腐剂对饲养环境、兔舍和器具进行消毒，应符合 NY 5133 的规定。

4.3 允许使用符合《中华人民共和国兽药典》二部和《中华人民共和国兽药规范》二部中收载的适用于肉兔疾病预防和治疗的中药材和中药成方制剂。

4.4 允许使用符合《中华人民共和国兽药典》《中华人民共和国兽药规范》《兽药质量标准》和《进口兽药质量标准》规定的钙、磷、硒、钾等补充药，酸碱平衡药，体液补充药，电解质补充药，营养药，血容量补充药，抗贫血药，维生素类药，吸附药，泻药，润滑剂，酸化剂，局部止血药，收敛药和助消化药。

4.5 允许使用国家畜牧兽医行政管理部门批准的微生态制剂。

4.6 允许使用附录A中的所列药物，使用中应注意以下几点：

4.6.1 使用附录A中的所列药物，应严格遵守规定的作用与用途、用法用量。

4.6.2 休药期应严格遵守附录A中规定的时间。

4.7 建立并妥善保存肉兔的免疫程序、患病与治疗记录，包括患病肉兔的畜号或其他标志、发病时间及症状，所有疫苗的品种、剂量和生产厂家，治疗用药的名称（商品名及有效成分）、治疗经过、治疗时间、疗程及停药时间等。

4.8 禁止使用未经国家畜牧兽医行政管理部门批准的兽药或已经淘汰的兽药。

4.9 禁止使用《食品动物禁用的兽药及其他化合物清单》中的药物及其他化合物。

附录（略）

肉兔饲养允许使用的抗生素类药、抗寄生虫药及使用规定

药品名称	作用与用途	用法与用量（用量以有效成分计）	休药期（天）
注射用氨苄西林钠 Ampicillin Sodium for Injection	抗生素类药，用于治疗青霉素敏感的革兰氏阳性菌和革兰氏阴性菌感染	皮下注射，25毫克/千克体重，2次/天	不少于14

续表

药品名称	作用与用途	用法与用量（用量以有效成分计）	休药期（天）
注射用盐酸土霉素 Oxytetracycline Hydrochloride for Injection	抗生素类药，用于革兰氏阳性和革兰氏阴性菌及支原体感染	肌内注射，15毫克/千克体重，2次/天	不少于14
注射用硫酸链霉素 Streptomycin Sulfate for Injection	抗生素类药，用于革兰氏阴性菌和结核杆菌感染	肌内注射，50毫克/千克体重，1次/天	不少于14
硫酸庆大霉素注射液 Gentamycin Sulfate Injection	抗生素类药，用于革兰氏阴性菌和革兰氏阳性菌感染	肌内注射，4毫克/千克体重，1次/天	不少于14
硫酸新霉素可溶性粉 Neomycin Sulfate Soluble Powder	抗生素类药，用于革兰氏阴性菌所致的胃肠道感染	饮水，200~800毫克/升	不少于14
注射用硫酸卡那霉素 Kanamycin Sulfate for Injection	抗生素类药，用于败血症和泌尿道、呼吸道感染	肌内注射，一次量为15毫克/千克体重，2次/天	不少于14
恩诺沙星注射液 Enrofloxacin Injection	抗菌药，用于防治兔的细菌性疾病	肌内注射，一次量为2.5毫克/千克体重，1~2次/天，连用2~3天	不少于14
替米考星注射液 Tilmicosin Injection	抗菌药，用于兔呼吸道疾病	皮下注射，一次量为10毫克/千克体重	不少于14
黄霉素预混剂 Flavomycin Premix	抗生素类药，用于促兔生长	混饲，2~4克/1 000千克饲料	0
盐酸氯苯胍片 Robenidine Hydrochloride Tablets	抗寄生虫药，用于预防兔球虫病	内服，一次量为10~15毫克/千克体重	7

续表

药品名称	作用与用途	用法与用量（用量以有效成分计）	休药期（天）
盐酸氯苯胍预混剂 Robenidine Bydrochloride Premix	抗寄生虫药，用于预防兔球虫病	混饲，100~250 克/1 000千克饲料	7
拉沙洛西钠预混剂 Lasalocid Sodium Premix	抗生素类药，用于预防兔球虫病	混饲，113 克/1 000千克饲料	不少于 14
伊维菌素注射液 Ivermectin Injection	抗生素类药，对线虫、昆虫和螨均有驱杀作用，用于治疗兔胃肠道各种寄生虫病和兔螨病	皮下注射，200~400毫克/千克体重	28
地克珠利预混剂 Diclazuril Premix	抗寄生虫药，用于预防兔球虫病	混饲，2~5 毫克/1 000千克饲料	不少于 14

生产 A 级绿色食品禁止使用的兽药

序号	种类		兽药名称	禁止用途
1	β-兴奋剂类		克伦特罗（Clenbuterol）、沙丁胺醇（Salbutamol）、莱克多巴胺（Ractopamine）、西马特罗（Cimaterol）及其盐、酯及制剂	所有用途
2	激素类	性激素类	己烯雌酚（Diethylstilbestrol）、己烷雌酚（Hexestrol）及其盐、酯及制剂	所有用途
			甲基睾丸酮（Methyltestosterone）、丙酸睾酮（Testosterone Propionate）、苯丙酸诺龙（Nandrolone Phenylpropionate）、苯甲酸雌二醇（Estradiol Benzoate）及其盐、酯及制剂	促生长
		具有雌激素样作用的物质	玉米赤霉醇（Zeranol）、去甲雄三烯醇酮（Trenbolone）、醋酸甲孕酮（Mengestrol Acetate）及制剂	所有用途

续表

序号	种类		兽药名称	禁止用途
3	催眠、镇静类		安眠酮（Methaqualone）及制剂	所有用途
			氯丙嗪（Chlorpromazine）、地西泮（安定，Diazepam）及其盐、酯及制剂	促生长
4	抗生素类	氨苯砜	氨苯砜（Dapsone）及制剂	所有用途
		氯霉素类	氯霉素（Chloramphenicol）及其盐、酯［包括：琥珀氯霉素（Chloramphenicol Succinate）］及制剂	所有用途
		硝基呋喃类	呋喃唑酮（Furazolidone）、呋喃西林（Furacillin）、呋喃妥因（Nitrofurantoin）、呋喃它酮（Furaltadone）、呋喃苯烯酸钠（Nifurstyrenate Sodium）及制剂	所有用途
		硝基化合物	硝基酚钠（Sodium Nitrophenolate）、硝呋烯腙（Nitrovin）及制剂	所有用途
		磺胺类及其增效剂	磺胺噻唑（Sulfathiazole）、磺胺嘧啶（Sulfadiazine）、磺胺二甲嘧啶（Sulfadimidine）、磺胺甲噁唑（Sulfamethoxazole）、磺胺对甲氧嘧啶（Sulfamethoxydiazine）、磺胺间甲氧嘧啶（Sulfamonomethoxine）、磺胺地索辛（Sulfadimethoxine）、磺胺喹噁啉（Sulfaquinoxaline）、三甲氧苄氨嘧啶（Trimethoprim）及其盐和制剂	所有用途
		喹诺酮类	诺氟沙星（Norfloxacin）、环丙沙星（Ciprofloxacin）、氧氟沙星（Ofloxacin）、培氟沙星（Pefloxacin）、洛美沙星（Lomefloxacin）及其盐和制剂	所有用途
		喹噁啉类	卡巴氧（Carbadox）、喹乙醇（Olsquindox）及制剂	所有用途
		抗生素滤渣	抗生素滤渣	所有用途

续表

序号	种类		兽药名称	禁止用途
5	抗寄生虫类	苯并咪唑类	噻苯咪唑（Thiabendazole）、丙硫苯咪唑（Albendazole）、甲苯咪唑（Mebendazole）、硫苯咪唑（Fenbendazole）、磺苯咪唑（OFZ）、丁苯咪唑（Parbendazole）、丙氧苯咪唑（Oxibendazole）、丙噻苯咪唑（CBZ）及制剂	所有用途
		抗球虫类	二氯二甲吡啶酚（Clopidol）、氨丙啉（Amprolini）、氯苯胍（Robenidine）及其盐和制剂	所有用途
		硝基咪唑类	甲硝唑（Metronidazole）、地美硝唑（Dimetronidazole）及其盐、酯及制剂等	促生长
		氨基甲酸酯类	甲奈威（Carbaryl）、呋喃丹（克百威，Carbofuran）及制剂	杀虫剂
		有机氯杀虫剂	六六六（BHC）、滴滴涕（DDT）、林丹（丙体六六六）（Lindane）、毒杀芬（氯化烯，Camahechlor）及制剂	杀虫剂
		有机磷杀虫剂	敌百虫（Trichlorfon）、敌敌畏（Dichlorvos）、发蝇磷（Fenchlorphos）、氧硫磷（Oxinothiophos）、二嗪农（Diazinon）、倍硫磷（Fenthion）、毒死蜱（Chlorpyrifos）、蝇毒磷（Coumaphos）、马拉硫磷（Malathion）及制剂	杀虫剂
		其他杀虫剂	杀虫脒（克死螨，Chlordimeform）、双甲脒（Amitraz）、酒石酸锑钾（Antimony Potassiumtartrate）、锥虫胂胺（Tryparsamide）、孔雀石绿（Malachite Green）、五氯酚酸钠（Pentachlorophenol Sodium）、氯化亚汞（甘汞，Calomel）、硝酸亚汞（Mercurous Nitrate）、醋酸汞（Mercuous Acetate）、吡啶基醋酸汞（Pyridyl Mercurous Acetate）	杀虫剂

十三、生态循环养兔是保证利润的措施

回顾我国兔业几十年的发展历程，道路可谓是坎坷不平，从业者历尽艰辛，市场价格的几次大起大落，使养兔者无所适从。市场价格大跌，极大地挫伤了养兔者的积极性。究其原因是往往在市场行情好时，一些投机者和炒种公司利用群众急于致富的心理进行虚假宣传和错误指导，说养1组兔（1♂4♀）一年赚多少钱，养100组兔就能成百万富翁，等等，使一些人在没有经过市场考察，又没有兔场饲养管理技术的情况下，心血来潮匆匆上马，不惜重金圈地建场，注册公司，只想着暴利赚钱，没想到养兔市场千变万化，存在着潜在风险。养兔者满怀激情地把兔场搞起来了，但好景不长，受国内外市场供求的影响，价格急剧下跌，獭兔活兔价格由500克十七八元一斤降到五六元，獭兔皮由上百元一张跌到一二十元一张，使养兔者卖兔赔钱。一些靠贷款上马的企业资金链的断裂，难以继续经营生产而快速下马。更有一些与养殖户签订回收合同的炒种公司，摘牌消失，人去楼空，而使养兔者苦不堪言，心灰意冷。

几十年来，全国因市场价格变化而昙花一现的养兔企业和养兔户不计其数，给本来是一项投资见效快、效益高、能使群众致富的养兔业蒙上阴影，造成不良影响。

目前畜牧养殖业在农业生产链中起着承前启后的作用，而养兔业也在其中扮演着重要角色。但应该看到养兔业包括整个养殖行业都进入了微利时代，养兔效益是规模效益。如果出栏 1 只商品兔盈利 5 元钱，那么一年出栏 1 万只，就是微利收入也赚 5 万元，一个企业如果年出栏 10 万只商品兔，那么利润也有 50 万元，加上其他生态循环养殖收入，利润仍是可观的。所以说这样的生产模式，规模越大，投资越多，创造的社会财富也越多。而同时占用的土地和消耗的社会资源，如水电也越多，排出的废弃物如粪便越多，社会影响也越大(如环境污染等)。在这种新形势下如何使兔业健康发展，提高经济效益，减少资源浪费和环境污染，真正成为能使群众致富的好项目的问题，就摆在了兔业科技工作者和从业者的面前。

根据笔者从事兔业生产研究近 40 年的体会，发展高效生态，循环养殖是一个非常好的发展途径，如养兔+养猪+农业生产模式，兔+树林+金蝉+沼气生产模式，兔+草+瓜+棉+作物生产模式。无论是小批量家庭饲养还是大规模工厂化生产，家兔必然要排出大量粪便。

家兔是食草动物，兔饲料中草粉的含量占 40%~60%，立体笼养占地面积小，适合家庭饲养、工厂化养殖，可大大节省用地面积，是最好的节粮型、省地型养殖业，发展生态循环养殖是使养兔从业者从容面对市场风险，立于不败之地的有效措施和保证。

家兔的消化生理比较特殊，有吞食自己粪便的习性。因为家兔排出的粪便含有丰富的营养物质可供家兔再次消化吸收利用。经有关专家测定，兔的粪球中含有 18.4%的粗蛋白质，4%的粗脂肪，16.8%的无氮浸出物，47.2%的粗纤维。

根据猪宜圈舍饲养并有拱食的习性，利用发酵床将兔粪发酵让猪自由拱食不失为生态循环养殖的一种良法。

这种方法是在发酵床铺 50~60 厘米厚的兔粪，用益生菌将兔粪发酵，发酵床温度可达 60 ℃左右，不但杀死了兔粪中的虫卵、细菌、病毒等病原体，而且还可使兔粪中的粗纤维降低 10%以上。兔粪在益生菌发酵过程中产生大量的菌体蛋白，从而提高了兔粪中的蛋白质含量，使兔粪成了安全可靠、营养丰富的猪饲料。将猪养在发酵床上，保证了猪的生长环境和饲料安全，并且有益于猪在冬季的生长。猪的粪尿拉在发酵床上与兔粪混在一起，经益生菌发酵，可产生分解一部分营养物质供猪拱食，猪使用后的残留废弃物，在猪出栏后一次清除，堆积发酵处理，可作为有机肥料施入农田。

利用发酵床养猪，不但可节省30%以上的猪饲料，而且不必每天对猪舍的粪尿进行冲洗，降低了劳动强度，减少了水资源的浪费和对环境、地下水的污染，实现了零排放。使用过的发酵床垫料在每批猪出栏后清除一次，可作为高级有机肥料直接施入农田，种植蔬菜和粮食作物，供农作物直接吸收利用。发酵床热化的垫料还存在大量益生菌，可快速腐化土壤中的秸秆杂草，提高土壤的肥力，土壤中可减少或不施用化肥，生产出有机健康安全的农产品，特别是生产出的无公害蔬菜，会受到消费者青睐。

1. 兔→猪→农作物生产模式 以一个四口之家利用一亩地进行兔、猪农作物生产模式为例，一亩地可建500个标准化笼位，供100只母兔繁殖生产，按每只母兔年产6胎，每胎出栏6只商品兔计算，一只母兔年产仔兔36只，100只母兔年产仔兔3 600只。若每只仔兔生长到150日龄3千克重，达到獭兔皮质量标准时出栏，需要饲料、药品及防疫费用35元，如果市场最低价格每千克15元，那么一只3千克的标准兔售价为3千克×15元/千克=45元，45元−35元（成本）=10元，每只兔子可获利10元，如果100只母兔生产3 500只商品兔会年出栏2 500只，那么利润为25 000元；如果市场价格每千克20元，那么3千克×20元/千克=60元，60元−35元（成本）=25元，那么年出栏2 500只商品兔利润为62 500元；如果市场价格每千克25元以上，那么利润就非常可观，每只兔子可以收入40元以上，100只母兔年出栏2 500只商品兔（存栏1 000只）收入可达10万元以上。

如果一个四口之家，利用一亩地养100只生产母兔，带建一个60平方米、60厘米厚兔粪的发酵床，每批可养猪40头，每批猪养150~160天、100千克出栏，可节省饲料30%以上。一般生猪养100

千克体重需全价饲料 350 千克，每千克饲料一般 2. 50 元，需 875 元。每头猪用发酵床饲养可节省饲料 30%，即养成一头猪可节省 105 千克饲料，实际每头猪用饲料 245 千克，245 千克×2. 50 元/千克 = 612. 50 元，875 元−612. 50 元 = 262. 50 元。一般行情膘猪价格 15 元/千克，100 千克膘猪毛利润为 100 千克×15 元/千克 = 1 500 元，每头猪可卖 1 500元，减去每头猪饲料费 612. 50 元，药品防疫费 50 元，发酵床制作维修费 20 元，兔粪发酵制作费 60 元，购买仔猪每头 400 元，每头猪总成本 1142 元，1 500 元−1 142 元（成本）= 358 元，每头猪收入 358 元，每年养两批 80 头猪，80 头×358 元/头 = 28 640 元。兔+猪两项收入为 25 000 元+28 640 元 = 53 640 元。在养兔市场低迷时，兔、猪两项收入为 53 640 元，农业生产收入还未计算在其内。一个四口之家利用一亩地搞兔、猪生产循环生态养殖收入 5 万多元，已达到了小康水平。

2. 林下养兔养殖模式　林下养兔可谓是当前最好的生态循环模式之一。根据兔子怕热的特点统筹规划进行林下养殖，树荫下凉爽，不但解决了兔子怕热的问题，而且兔舍空气流通新鲜，大大减少了兔子呼吸道疾病的发生，有利于家兔健康生长。渗入地下的兔尿，可直接被树木的根系吸收，有利于树木快速生长。在杨树、泡桐及果树如大樱桃、凯特杏等树下，都可以建设兔笼进行生态循环养殖，方法是在一排东西长的兔舍南面栽一行樱桃树，树距兔笼排尿沟外缘 1. 5 米。一亩地可建 500 个标准水泥兔笼供 100 只生产母兔繁殖生产，可栽植 25 棵大樱桃树，行距宽，利于通风遮光，大樱桃 5 年进入盛果期，每棵每年可收樱桃 20~25 千克，大樱桃售价一般每千克 16~20 元，按每千克 16 元计算，每棵收 25 千克，可卖 400 元，25 棵大樱桃，每年收入 10 000 元左右，加上前面 100 只母兔每年出栏2 500只商品兔的经济效益分析计算，在遭遇市场低迷的情况下每户可获利 35 000 元。

3. 兔→杨树→金蝉养殖模式　方法和大樱桃相同，每亩可在兔笼南侧栽种杨树 30 棵，在距杨树 1 米外挖 30~50 厘米条形或环形沟，每棵树下埋置 50 根金蝉孵化卵枝。当年，每棵杨树一个夏季可采收金蝉200个，每个可售0.4~0.5元，每棵树采金蝉可卖80~100元，30棵杨树每年可采金蝉卖2 400~3 000元。这种模式不需要任何资金投入，只要8月份自己在桃树园或其他树枝上采集金蝉孵化卵枝即可。第二年4~5月，以30℃温度孵化30天，孵出蚁蝉时即可进行埋植，等7月采收金蝉幼虫即可。为了防止金蝉爬高逃跑，可在树干1.3米处缠绕胶带，这样金蝉爬到胶带处就再也爬不上了，很便于晚上采收。金蝉自然卵虫一般是4年一个世代，人工孵化一般为一年，养殖金蝉技术简单，技术要点为采集卵枝—冬季保存—30℃孵化—埋植—冬季玉米秆或稻草覆盖—防止积水—缠绕透明胶带—采收—金蝉冲洗—冷冻保存。

4. 养兔+沼气+蔬菜+农家乐模式　党的十九大为我国农业发展描绘了宏伟的蓝图，提出实施乡村振兴战略，农业农村农民问题，是关系国计民生的根本问题，解决三农问题是全党工作的重中之重。要坚持农业农村优先发展，按照产业兴旺，生态宜居，治理有效，乡村文明，人民健康，生活富裕的总要求，加快推进农业农村现代化，倡导乡村旅游，观光旅游，生态健康旅游，要整合社会资源，产业结构调整。在新的历史时期无疑为兔业发展提供了新的发展机遇。

养兔必然要产生大量兔粪尿，兔场越大所产生的兔粪尿也就越多，环保压力越大。建沼气池对兔粪尿进行无害化处理，不但解决了环境污染问题，而且可以用沼气做饭、照明，可减少兔场电费这项不小的开支。同时兔粪及沼气液又是高级有机肥料。利用兔粪和沼气液种植各种绿色、无公害的有机蔬菜，必定会受到市场的欢迎。

用兔粪和沼液种植无公害蔬菜，技术简单，便于掌握。只要在种菜时，用兔粪做底肥，不施化肥，深耕细耙起垅便于浇水即可。在浇菜时将沼液顺垅施入水中就可以了。将沼液澄清过滤对蔬菜进行叶面喷洒，不但使蔬菜叶面变得浓绿，促进生长，而且可有效地防治各种病虫害，不用打农药。注意初次对幼苗用沼液喷洒，要在沼液中兑入30%~50%的清水，生长期喷洒原液即可。用沼液对大葱、韭菜进行灌根（先灌沼液随后浇水）可防止地蛆等地下害虫对大葱、韭菜的危害，避免了用辛硫磷、甲拌磷防治地下害虫的药物残留。用兔粪沼液种植的各种无公害夏季蔬菜和冬季大棚反季节蔬菜，价格高于农贸市场或超市价格30%~50%依然深受消费者喜爱。用沼液种菜既为社会提供了优质健康的食品，又增加了自己的收入，同时又减少了污染，保护了人体健康，可谓是利国利民利己。

当前社会倡导乡村旅游、生态旅游、健康旅游，在距养兔场一定距离，建上一个农家乐兔肉餐馆，无疑是为城镇居民周末和节假日休闲提供了一个好去处。在农家乐一定位置摆放一排钢丝兔笼，放一些供观赏用的宠物兔或毛茸茸的幼兔，供游人购买。放入一些可以宰杀食用的商品兔，供游人现场选择点菜食用，品尝乡村美味。根据游人的生活习惯，现场烹饪加工各种口味的兔肉菜肴，再配上游人到菜园自采自摘的黄瓜豆角，另配一盘金灿灿的油炸金蝉，让游人在休闲娱乐时充分享受美味。在开封农家乐饭店，宰杀的活兔是按每千克30~40元的售价端上餐桌的，而市场上活兔价格仅为10~18元/千克。自摘的番茄、黄瓜等时令蔬菜都比市场高出1/3~1/2。在距兔场建一农家乐兔肉餐馆，无疑是给城镇居民和中小学生周末和节假日提供了一个好去处。到美丽乡村进行生态观光旅游，不但品尝了美味，观赏了兔苑，采摘了绿色无公害蔬菜，增长了见识，体验了农村生活，观赏了乡村美景，而且给中小学生作文习作提供了活生生的素材，更主要的是使兔场稳定增加了收入，实现了城乡共赢。只要养兔从业者改变观念，大胆地创新兔业发展之路，做到这些想不赚钱都难。

生态循环养兔歌诀

养兔效益成微利，炒种暴利已过去。
商品生产是主流，理性认识平心理。
市场需要肉毛皮，供求平衡无规律。
市场价格变化大，三年高来两年低。
行情好时稳赚钱，价低赔钱枉费力。
规劝养兔要理性，赔赚历来长相依。
总结教训换策略，想法立于不败地。
好事业用好思想，莫走捷径搞投机。

生态循环搞养兔，抗击风险最给力。
种养结合又环保，强国利民又富己。
林下养兔环境好，空气新鲜兔子喜。
兔粪喂猪巧利用，节省饲料增收益。
旱涝保收稳赚钱，不怕市场价格低。
兔笼树下养金蝉，粪尿发酵用沼气。
照明做饭节能源，沼液种菜是有机。
有机蔬菜进超市，价高易售吃者喜。
沼液种菜无公害，利国利民又利己。
烹饪加工引消费，多吃兔肉强身体。
真空包装做礼盒，带回城里送亲戚。
养兔带做农家乐，周末假日迎人去。
乡村旅游成时尚，吸引多少客云集。
品尝美食观佳景，自摘蔬菜添乐趣。
选只兔子做佳肴，营养味美强身体。
全家老少赏兔苑，学生习作有话题。
乡村振兴新战略，城乡共赢打根基。
毛皮服装进市场，装扮国人衣华丽。
养兔确是好项目，赚钱诀窍靠自己。
迈开大步奔小康，乡村富美名不虚。

十四、兔肉加工

（一）食用兔肉的益处

兔肉中蛋白质含量高，兔肉中含有人体不能合成的 8 种必需的氨基酸，这种完全蛋白质是保证人体组织器官正常发育的主要营养物质，因此被称为“保健肉”。

兔肉中脂肪少，胆固醇含量低，人体内不能合成的不饱和脂肪酸，尤其是卵磷脂含量高，易被消化吸收，是补充人脑组织细胞的重要营养素，健脑益智，是儿童生长发育阶段的优质食品。也是防止老年痴呆症的保健食品，因此被称为“益智肉”。

兔肉中含有丰富的 B 族维生素，尤其是烟酸的含量高，它不但能促使其他营养素的转化合成，也能消除皮炎，防止皮肤粗糙，使人体肌肤光滑细嫩，所以也被称为“美容肉”。

兔肉中矿物质的含量丰富，尤其是钙的含量较高，对胎儿和婴幼儿的正常发育非常重要。缺钙易使骨质软化，严重者会患佝偻病，所以孕妇、儿童及老年人常吃兔肉，可保持骨骼健壮。

兔肉既能保证人体所需高营养素，又不会因摄入过多的饱和脂肪酸而增加血管中的沉积，可防止动脉硬化，因此兔肉是高血压、心脑血管疾病、肥胖和糖尿病患者最理想的肉食品，是《中国营养改善计划》倡导发展的肉食品。

兔肉肌纤维鲜嫩细腻，易于消化吸收，更适宜老年人、儿童及消化功能弱者食用。

兔肉高营养，低热量。高营养突出表现在其具有较高的生物学价值和丰富的不饱和脂肪酸。兔肉低脂肪、低胆固醇，故热量比其他肉类低（表 20）。据有关研究表明，如果限制热量摄入，而同时保证人身必需的营养，即可延缓衰老。随着科学的进步和经济的发展，兔肉的营养保健功能将不断被人们认可和接受，特别是脑力劳动者由于来自各方面的压力，生活节奏快，更需要通过健脑益智的食物来补充人体必要的营养素，因此兔肉将是现代人的最佳选择。掌握和普及兔肉烹饪加工技术，加工不同风味的兔肉食品以满足不同人群的口味和嗜好是至关重要的。

表 20　兔肉与其他畜禽肉类营养成分比较

类别	兔肉	鸡肉	猪肉	牛肉	羊肉
蛋白质（%）	24.25	19.5	20.8	20.07	16.35
脂肪（%）	1.91	7.8	6.63	6.48	7.98
灰分（%）	1.52	0.96	1.1	0.92	1.19
能量（kJ/100g）	678	519	1 288	1 259	1 100
胆固醇（mg/100g）	65	80	126	106	70
赖氨酸（%）	9.6	8.4	3.7	8	8.7
烟酸（mg/100g）	12.8	5.6	4.1	4.2	4.8
消化率（%）	85	50	75	55	68

（二）原料兔肉的加工前准备

1. 原料兔的选择　加工兔肉制品的原料兔，要选择肌肉丰满、后躯发达、腰粗、臀圆、四肢强壮、健康无病的肉用兔，要选择活体重在 2.5 千克以上的青成年兔。

2. 屠宰初加工

（1）屠宰前的准备：经过兽医检疫后确诊健康无病的肉兔或獭兔，需停止喂料 12~16 小时，在此期间只供给清洁饮水，待宰杀前 2 小时再停止饮水。停食、停水的目的是为了减少胃肠内容物，以利摘除内脏，防止因肠胃破裂污染兔胴体；饮水是为保证兔的正常生理机能，同时促进粪便排出，降低血液的黏稠度，保证宰杀时放血充分干净。停食后体内部分组织蛋白降解为氨基酸，使肉质细嫩，鲜味浓厚，同时停食也节约饲料。但要酌情控制停食时间，时间太短达不到目的，时间过长会使兔体增加失重。

（2）宰杀方法：小批量宰杀可采取棒击法和颈椎错位法，大批量宰杀可采用电麻法。

①棒击法：此法简便易行，即左手倒提兔两后肢，头部下垂，用圆木棒猛击兔的后脑部，致其昏迷，然后将兔右后肢倒挂剥皮架上。用剥刀刺破颈动脉，充分放血后剥皮，注意放血时间应不少于 2 分钟。

②颈椎错位法：左手抓住兔下巴，右手抓紧两后肢，头部靠人左胯，左手扭曲头部。右手用力猛拉后肢，使兔子颈椎错位昏迷，而后将右后肢挂剥皮架放血剥皮。

③电麻法：选用电压 70～80 伏、电流 0.5～0.75 安的专用电麻器，触接兔耳后根致其触电死亡，而后将右后肢挂于剥皮架上放血剥皮。

另外，还有耳静脉注射空气法、灌醋法和直接割颈放血法等。无论使用哪种方法，都不应当使兔挣扎、尖叫、痛苦，要实行人道主义，让兔安乐死亡，并注意避免血流污染皮毛或损伤兔皮。

（3）淋浴剥皮：为了防止兔毛飞扬粘污兔的胴体，应在剥皮前喷淋或剥皮后胴体喷淋。剥皮前喷淋是用水将兔毛淋浴后剥皮；剥皮后喷淋是在兔子剥皮后、未开膛前用高压水龙头喷净兔胴体上的兔毛，开膛后再喷淋洗净体腔内的血迹。

兔体淋浴后或剥皮前应先剪断两前肢和左后肢，右后肢在整个胴体修整后分割前截去。

剥皮时先从后肢跗关节处股内侧用尖刀平行挑开，剥出两后肢到尾根，从尾椎处割去尾巴；而后将皮翻至两股，割去后腹部结缔组织，用力将兔皮向头部拉下，俗称“倒扒皮”；最后抽出两前肢，剪断两耳、眼、唇周围的毛及结缔组织，剥下的兔皮按兔皮的防腐和初加工处理即可。

（4）开膛修整：胴体通过高压水喷淋洗净兔毛后，即可进行开膛去脏。其方法是沿胴体线正中开腹，下刀应小心缓慢，防止损伤胸软骨，避免刺破肠、胃、膀胱等内脏器官，一定要注意将肛门和阴部生殖器口剔除干净。而后将肠、胃、肝、肺、肾、心脏分别摘除放在一起，特别注意摘除时不要弄破附在肝脏的苦胆，如不小心将苦胆弄破，应立即冲洗干净。摘除的内脏器官按不同的要求进行分类处理即可。修除胴体各部位结缔组织，注意不得剪断后腿肌肉中的大血管，应从盆腔中将血液挤出，并用洗净的湿毛巾将残血拈净，勿用水洗或水浸泡。

3. 兔肉的质量要求 兔肉分为去骨和带骨两种。无论采用哪种屠宰方法都要进行修整，去骨兔肉不得带碎骨和软骨，兔肉尽量保持完整，不得带残余内脏，更不许带生殖器官和腺体，并修除干净体表和腹腔内表层脂肪。肉质要新鲜，色泽正常，无异味，无残毛，无瘀血，无杂质等。兔肉要符合国家卫生质量要求，见表21。

表21 新鲜兔肉感官质量指标（GB2723—81）

项目	新鲜兔肉	次鲜兔肉	变质兔肉
色泽	肌肉有光泽，红色均匀、脂肪白或淡黄色	肌肉色泽稍暗，切面尚有光泽，脂肪缺乏光泽	肌肉色暗无光泽，脂肪呈黄绿色
黏度	外表微干或有风干膜不粘手	外表干燥或粘手，新切面湿润	外表极度干燥或粘手，新切面发粘
弹性	指压陷后的凹陷立即恢复原状	指压陷后的凹陷，恢复慢且不能恢复原状	指压陷后的凹陷不能恢复，尚有明显痕迹
气味	具有该鲜肉的正常气味	稍有氨味或酸味	有臭味
煮沸后的肉汤	透明澄清，脂肪团聚于表面	稍有混浊，脂肪呈小滴浮于表面，香味差或无鲜味	混浊，有黄色或白色絮状物，脂肪极少浮于表面，有臭味

新鲜带骨兔肉的等级评定，一般按重量规格分级，特级每只净重1 500克以上，一级每只净重1 001～1 500克，二级每只净重601～1 000克，三级每只净重400～600克。

4. 原料兔肉的储藏 热鲜屠体的兔肉温度，一般在37～40 ℃，极易腐败变质，因此要低温储藏，低温储藏的方法主要有冷却（预冷）和冷藏（冻藏）。

（1）冷却（预冷）：刚屠宰剥皮的兔肉胴体，如果当天不能熟制加工处理，可在宰后2小时内晾干，放入0~4 ℃、相对湿度85%的冷库里预冷2~4小时，使兔肉中心温度低于20 ℃，再用专用无毒塑料膜将每只带骨兔肉包裹，放入4 ℃的冷却间，可保存35天。

（2）冷藏（冻藏）：为了延长保存期限，可将薄膜包好的冷却兔肉放入-20 ℃的速冻间，速冻约72小时，待肉温降到-15 ℃以下，即可转入冷库保存。冷库温度不得低于-16 ℃，冷藏温度越低，保存时间越长。在-5 ℃条件下，可保存42天；-12 ℃可保存100天；-19 ℃~-17.5 ℃能保存6~12个月，冷藏期内，要保持冷库温度的相对稳定，不可忽高忽低，以确保冻兔肉的质量。

5. 兔肉的熟制品加工　兔肉熟制品加工，根据我国地区不同及民族风味习惯，加工方法配料不同，可分为腌腊熏烤、酱卤、灌制、干制、罐装、红烧、火锅综合、药膳等十多种。兔肉的保健功能、益智功能、美容功能、食疗功能已被人们认可和接受。那么为什么市场上很少有兔肉制品出售呢？笔者调查发现，制约兔肉消费的症结是，缺乏特殊风味制品，还有兔肉中那种特有的草腥味，食后的感觉不好。大都靠辣椒的辣味来掩盖兔肉中的草腥味，其实这是一个大的误区，辣味压草腥味是暂时的。关键是食用者对食物的感觉，一打饱嗝草腥味就出来了，使消费者感到不舒服，因而制约了兔肉消费。要根除兔肉中的草腥味，不能靠辣椒的辣味，关键是加工工艺和配料中的中草药的用料和比例。经过多年研究，挖掘、整理、开发历史名吃——五香风干兔肉的加工工艺和配料秘方，彻底解决了这个让众多人头疼的问题。在其配料中用白芷、苹果两种中草药合理配伍结合，不但根除了兔肉的草腥味，而且赋予了兔肉鲜美的滋味和浓郁的香味，因而受到消费者欢迎。

（三）兔肉制品的调味料

兔肉制品的加工方法和种类很多，其风味各异，无论哪一种加工方法和品种都离不开辅料，不论哪一种辅料都能给兔肉制品的色、香、味、形的某一方面带来益处，有的可以抑制和矫正兔肉的不良气味，有的可以去腥味，有的增香，有的食疗保健，有的增进特殊风味，起到增强消费者食欲的作用。

1. 食盐 兔肉通过食盐腌渍，可以提高制品的除水性和黏结性，并可抑制细菌繁殖，提高产品的风味，延长保质期。

2. 白糖 在兔肉制品中，白糖是重要的风味改良剂，起到助解的作用。它不但可以冲淡卤肉中的高咸味，增鲜适口，使肉质松软，使兔肉变得细嫩柔和，而且还起着增加色泽的作用，在兔肉加工中加入适量的白糖，可以使制品变的色泽鲜艳，风味独特。

3. 料酒 料酒是兔肉加工必不可少的辅助调味原料，它不但可以除腥去膻，赋予兔肉特有的醇香气味，而且可以杀菌保鲜。

4. 酱油 酱油是具有营养价值的调味品，含有十几种复杂化合物和多种氨基酸、有机酸、醇类、酯类，在兔肉加工中不但可使色味俱佳，而且具有着色作用。

5. 大葱 在兔肉加工中，添加葱白，有增加香味、除去腥气的作用。

6. 辣椒 在兔肉加工中使用辣椒，不但能使兔肉色泽鲜艳，香味倍增，而且有强烈刺激性，可提高食欲，具有帮助消化的作用。

7. 生姜 姜中含有 0.25%~3%的挥发油及姜辣素、姜酮、姜烯酮挥发油，含有姜醇、龙脑，芳香醇、棕油精等，有特殊芳香气味。兔肉制品中多用鲜姜，鲜姜有调味去腥的作用，常用于红烧或酱制，也可榨汁或制姜末加入兔肉香肠中，以增加制品风味，并有相当强的抗氧化作用和阻断亚硝胺合成的特性。

8. 小磨香油 在兔肉加工中使用小磨香油，不但可以增加产品色泽和香味，还有掩盖兔肉中不良气味、抗氧化及保水作用，一般用于兔肉熟制出锅后的表面涂抹，以增加色泽、香气。

9. 酱 酱主要是作为调制红油用作兔肉制品的着色剂。

10. 蜂蜜 兔肉加工使用蜂蜜，为兔肉胴体油炸前涂抹，以增加产品色泽，能使制品软嫩，提高保水性。

（四）兔肉制品的香辛料

1. 八角 辛，温，归肝、肾、脾、胃经。有散寒止痛，理气和胃的功用。含挥发油3%~6%，主要成分为反式茴香脑棕檬烯。对体肠体蠕动有促进作用，促进胆汁分泌，对胃溃疡、胃液分泌均有抑制作用，并能促进肝组织再生，治冷痛。八角有强烈的香气，是兔肉加工必须的香辛料，它可去腥去膻，增加兔肉的香味。

2. 小茴香 含挥发油3%~8%，其主要成分为茴香醚5%~6%、右旋小茴香酮18%~20%。香味浓烈，加工牛羊肉时加入小茴香，味道更鲜美，是兔肉加工必不可少的香辛料之一。

3. 花椒 辛，温，归脾、胃、肾经。温中止痛，杀虫止痒，散寒止痛，止呕止泻，并有抗炎作用，其挥发油对皮肤癣菌有一定的抑制和杀灭作用。花椒具有强烈的芳香气味，辛麻而持久，是兔肉加工必须的香辛料。

4. 良姜 辛，热，归脾、胃经。有散寒止痛，温中止呕的功用。能健脾，消食、镇痛、抗炎。良姜含挥发油0.5%~1.5%，主要成分有桉油精、桂皮酸甲脂。良姜味辛，具有特殊的芳香气味，具去膻功能，为兔肉加工的主要调味料。

5. 丁香 辛，温，归脾、胃、肺。有温中降逆，散寒止痛，温肾助阳的功用。促进胃液分泌，增强消化，减轻恶心呕吐，缓解腹部气胀，对葡萄球菌、链球菌、变形杆菌、绿脓杆菌、大肠杆菌、痢疾杆菌、伤寒杆菌均有抑制作用，并有较好的杀虫螨虫作用，有抗凝、抗血拴形成，抗腹泻、抗缺氧等作用。丁香花蕾含发挥油（丁香油）14%~20%，油中含丁香酚、乙酰、丁香酚、丁香烯等，对亚硝酸盐有消色作用，香气特别浓烈，能掩盖其他香辛调味料的香味，故使用时要特别注意用量，不宜多用。

6. 肉桂 辛，甘，大热，归脾、肾、心肝经。有补火助阳，散寒止痛，温经通脉，引火归原的功用。可扩张血管，促进血液循环，增强冠状动脉及脑血流量，使血管阻力下降；增强消化功能，排除消化道积气，镇痛，解热，且降糖作用明显，桂皮的乙醚对多种致病菌有一定的抑制作用。肉桂是兔肉加工必不可少的香辛料之一，能增加兔肉的香气和风味，且能抑制微生物生长，延长兔肉制品的保存时间。

7. 荜拨 辛，热，归胃、大肠经。有温中散寒，下气，镇痛，解热等作用。兔肉加工中可减少其油腻性，抑制微生物生长，延长兔肉制品的保质期。

8. 砂仁 辛，温，归脾、胃、肾径。有化湿行气，温中止泻、安胎等功用。能增强胃功能，消食化积，促进肠道运动，可起到帮助消化，消除肠胀气症状。砂仁含挥发性香精油 1.7%~3%，油中主要成分为左旋樟脑、乙酸龙脑脂、芳樟醇等，其芳香气味浓烈，是兔肉加工制品的主要调味香料，能使产品清爽可口，风味别致，口感清凉。

9. 草果 辛，温，归脾、胃经。有燥湿温中，除痰截疟的功用。能解热、止痛、平喘，治痰饮胸满、心腹疼痛、脾虚、腹泻、反胃呕吐、痢疾等症。草果种子破碎时可散发出特异的香气，是兔肉加工去腥味的主要调味香料。

10. 白芷 辛，温，归肺、胃、大肠经。有解表散寒，祛风止痛，通鼻窍，燥湿止带，消肿排脓的功用，对大肠杆菌、痢疾杆菌、绿脓杆菌、伤寒杆菌、变形杆菌等有一定抑制作用，有解热、抗炎、镇痛、解痉抗癌、降血压的作用。白芷是酱卤制品常用的调味香料，其香味能除去兔肉中的草腥气味，亦能延长兔肉制品的保质期。

11. 肉豆蔻 辛，温，归脾、胃大肠经。能促进胃液的分泌及胃肠的蠕动，而有开胃促进食欲，消胀止痛的功效。种仁含芳香性挥发油 8%~15%，脂肪 25%~40%，挥发油中含有豆蔻醚，气味极其芳香，对兔肉制品有很强的增香调味作用。

12. 白豆蔻 辛，温，归肺、脾、胃经。化湿行气，温中止吐，能暖胃消食。白豆蔻气强烈而佳，味芳香辛辣，对兔肉制品有良好的调味作用，特别在肉类灌肠制品中广泛使用。

13. 红豆蔻 辛，温，归脾、胃经。有温中散寒，行气止痛的功用，亦能解酒毒。对兔肉加工亦有良好调味作用。

14. 草豆蔻 辛，温，归脾、胃经。有燥湿行气，温中止吐的功用，对金黄色葡萄球菌、痢疾杆菌及大肠杆菌有抑制作用。在兔肉加工中不但有良好的调味作用，亦能延长制品保质期。

15. 胡椒 辛，热，归胃、大肠经。有温中散寒，下气消痰的功用。能提高食欲并有很好的镇痛抗炎作用。胡椒是常用的调味品，用时磨碎，有很好的调味作用，酱卤制品一般用整粒，能增加兔肉的香味。

16. 陈皮 辛，温，归脾、肺经。能理气健脾，燥湿化痰。有扩张气管，刺激性祛痰的作用，亦有利胆，降低血清胆固醇的作用。在酱卤制品中能增加复合香味。

17. 木香 辛，温，归脾、胃、大肠、胆、三焦经。能行气止痛，健脾消食。有解痉降压，行气止痛，温中和胃，并有利尿和抑制链球菌、金黄色葡萄球菌生长的作用。酱卤兔肉时加入木香能增加复合香味。

18. 紫苏 辛，温，归肺、脾经。能解表散寒，行气宽中。有解热，促进消化液分泌，增进胃肠蠕动的作用，能减少支气管分泌，缓解支气管痉挛。对大肠杆菌、痢疾杆菌、葡萄球菌有抑制作用，紫苏是烹调马肉必不可少的调味香料，利用其特异香气烹调兔肉可增加风味。将干净的紫苏叶放到酱油中，不但可以起到防腐效果，而且可以增加酱油的醇香味。

19. 山柰 辛，温，归脾、肺经。有温中化湿，行气止痛的功用。能祛痰行气，对常见致病性皮肤真菌有抑制作用。山柰味辛辣，有樟脑味样香气，含挥发油3%~4%，挥发油有效成分为龙脑及桉油精。在兔肉加工中可增加复合香味。

20. 甘草 甘，平，归心、肺、脾、胃经。补脾益气，祛痰止咳，缓急止痛，清热解毒，调和诸药。有抗心律失常、抗溃疡的作用，能缓解胃肠平滑肌痉挛，平喘祛痰效果显著，并有抗菌、抗病毒、抗炎、抗过敏作用。保肝、降脂、解毒。甘草中含有6%~14%的草甜素（即甘草酸），在兔肉加工中作为矫味和甜味剂，纠正不良气味，使兔肉味变得柔和。

21. 山楂 酸、甘，温，归、脾、胃、肝经。有消食化积，行气散瘀的功用。能增加胃消化酶的分泌，促进消化，对胃肠功能有一定调节作用。所含脂肪酸能促进脂肪消化，可降血脂，抗动脉粥样硬化，增加冠脉流量，保护心肌，降血压，抗心律失常，还能抗血小板聚集，抗氧化，增强免疫、利尿、镇静、抑菌等。兔肉加工时可使肉熟烂，常在酱卤老兔肉时使用，按兔老嫩程度控制用量。

22. 辛夷 辛，温，归肺、胃经。有发散风寒，通鼻窍的功用。能收缩鼻黏膜血管，降低血压，兴奋呼吸中枢和抑制白色念株菌生长，并有镇静镇痛，抗过敏作用。用于酱卤兔肉时增加兔肉的复合芳香。

23. 栀子 苦，寒，归心、肺、三焦经。有泻火除烦、消热利湿的功用。能清热解毒、凉血、止血，对金黄色葡萄球菌、脑膜炎双球菌、卡他球菌等有抑制作用。栀子提取物有利胰及降胰酶作用，有减少动脉硬化发生率的作用，对多种皮肤真菌病有抑制作用。用于兔肉加工可增加兔肉色泽。

24. 当归 甘、辛，温，归肝、心、脾经。有补血调经，活血止痛，润肠通便的功用。治头痛，润肠胃，补血，排脓，止痛，且；有明显的抗血拴作用，能显著促进血红蛋白及红细胞生成。主要用于滋补保健兔肉的加工，增加肉汤鲜味。

25. 黄芪 甘，微温，归脾、肺经。有健脾补中，升阳举陷，益气固表，利尿，脱毒生津的功用。能升高低血糖，降低高血压糖，兴奋呼吸，增强和调解机体免疫功能，减少血栓形成，还有降血脂、抗衰老、抗缺氧、抗辐射保肝的作用。兔肉加工使用黄芪，不但可使肉汤鲜美，而且有很好的保健作用。

26. 党参 甘，平，归脾、肺经。有补脾肺气，补血，生津的功用。能调解胃肠运动，抗溃疡，增强免疫力，并有延缓衰老、抗缺氧、抗辐射的作用。兔肉加工中能提高兔肉的风味，并有滋补保健作用。

27. 姜黄 辛、苦，温，归肝、脾经。有行气活血，通经止痛的功用。姜黄中含挥发油 1%~5%，其主要成分姜黄等能降血脂，并有短而强烈的降压作用，能保护胃黏膜，保护肝细胞，降低血液中的胆固醇，利胆，收缩子宫，抑制肝炎病毒及皮肤真菌等。在兔肉中加工起着色及增加香味的作用。

28. 檀香 辛，温，归脾、胃、心、肺经。含挥发油 1.6%~6%，其主要成分是白檀油、白檀醇，檀香油且有利尿，抑制痢疾杆菌、结核杆菌的作用，行气止痛，散寒调中，理气和胃。用于酱卤兔肉，增加复合香味。

29. 木瓜 酸，温，归肝、脾经。能舒筋活络，和胃化湿。对肠道和葡萄球菌有抑制作用，且有利胆功效。用于兔肉加工时增加兔肉的复合香味。

30. 桂花 辛、甘、苦，温，归脾、肺经。有散寒破结，化痰止咳的功用。主治牙痛、咳喘痰多、经闭腹痛。可使兔肉制品有特殊的桂花清香味。

表 22 常用中药材香辛料入药及入肉剂量

药名	入药剂量（克）	入肉剂量（克/10 千克）	药名	入药剂量（克）	入肉剂量（克/10 千克）
八角	3~6	12.5	砂仁	3~6	5
良姜	3~6	12.5	荜拨	3~6	5
花椒	3~6	7.5	香叶	3~6	3
小茴香	3~6	7.5	木香	1.5~6	2
肉桂	1~4.5	7.5	檀香	1.5~3	3
陈皮	3~9	7.5	山楂	9~12	2
草果	3~9	7.5	山柰	6~9	7.5
甘草	1.5~9	7.5	黄芪	4~10	7.5
白芷	3~9	5	当归	5~15	7.5
肉豆蔻	3~9	5	党参	9~30	5
白豆蔻	3~6	5	胡椒	2~4	7.5
红豆蔻	3~6	5	紫苏	5~9	5
草豆蔻	3~6	5	桂花	1~5	2
丁香	1~3	5	姜黄	3~10	2
栀子	5~10	5	辛夷	3~9	5

（五）风干兔肉的加工工艺

通常所说的五香风干兔肉实际上是一种酱卤制品。酱卤是我国一种传统的肉制品加工方法。其主要特点是：成品都是熟的，可以直接食用；产品口感酥润；整只卤制或分割卤制，可以包装以延长保质期，也可带卤汁，即食。

根据各地的消费习惯，以及卤制过程中所用的配料和操作技术不同，五香风干兔肉的制品有很大差异。正宗的开封五香风干兔肉加工工艺独特，配料严谨，其关键技术有三个，一是中药材配料，二是风干，三是卤制。五香和风干兔肉又是两个不同的制品，五香兔肉一年四季可随时生产，配料仅加入八角茴香、花椒、丁香、桂皮、良姜等五种香料。而风干兔肉则经过“四火三晾”而成，配料不但有上述五种香料，而且有草果、白芷、砂仁、荜拨、肉蔻、山楂、木香等治病的，还有当归、党参、黄芪等滋补保健的，共二十余味香辛料，成本较高，对促进人体健康有很大作用。宋代曾受到皇帝赏封，也符合当今人们追求绿色消费、健康消费的理念，有很大的开发潜力和消费市场。我们要根据不同的社会消费层次，以及各地不同的口味的人群，来确定产品的加工方法。

1. 调味 可分为基本调味、定性调味和辅助调味。

（1）在兔肉整理后加热前或经腌制加入盐、酱油或其他配料，奠定兔肉制品的咸味，称基本调味。

（2）在加热卤制或红烧时，原料下锅后，同时加入主要香料、酱油、食盐、料酒等，决定兔肉制品的基本口味叫定性调味。

（3）在加热卤熟之后或即将出锅时，加入白糖、味精、麻辣粉、孜然粉，以增加产品的色泽与鲜味，称为辅助调味或特殊调味。

2. 卤制

（1）预煮：预煮也称为清煮或白烧，预煮汤中不加任何调味品，只是在开水中清煮，其目的是将加工合格的兔肉中的血沫或杂质清除。水开前后要不停地将漂浮在表面的沫撇去，一是使兔肉变得洁白卫生；二是兔肉在开水中短时间的预煮，可以使兔肉表面蛋白质立即收缩、凝固、变硬，形成保护层，减少营养成分的损失，提高出品率。兔肉在加热过程中的一个显著变化是：失水、重量减轻，兔肉产生香味。

（2）油炸：兔肉清煮后短时 150 ℃油炸，可使兔肉结实，表面封闭，色泽鲜艳，亦可增加保水性和防止有效成分的流失，增加香味。

（3）炼汤：将中草药香料按兔肉比例计算好，严格称重，装入双层纱布袋内将口扎紧，放水中炼制老汤。老汤的炼制方法，视卤水多少，用老母鸡、老鸭、猪蹄等一同煮 20～24 小时，炼成优质老汤。熬制老汤时先用旺火烧 10 分钟，然后用中火熬制。熬制好老汤后，再趁热捞出肉和残渣碎骨，妥善保管。红烧兔肉时，仅加一勺老汤即可使兔肉香美可口。

（4）卤制火候：炼好了老汤，即可酌清，将着色、油炸过的兔肉下锅，兔肉下锅时应先将老汤烧开，而后根据兔肉的老嫩大小分层下锅，先下老兔、大兔，后下嫩兔，老汤和兔肉平齐为宜。一下加够，卤制阶段不能中间加水。而后用竹箅压实，使老汤淹没兔肉，旺火（武火）烧开 5 分钟，而后改文火煮，半小时后用微火焖煮至出锅。

出锅时要将肉一块一块地摆在兔肉箅上，使汤汁滴在箅下的托盘里，并趁汤汁未干时抹上一层小磨香油，使色泽鲜艳，增加兔肉的芳香味和保水性。

3. 老汤的储存与保管

（1）要求每次卤制完毕后，要及时将漂浮在上面的沫去掉，称为清汤，清汤是卤制的最后一道工序。清浮沫时要开火将汤再加热（不要烧开），这样浮沫杂质即漂浮在上面，每煮一锅，就要清一次。

（2）撇净浮沫后烧开停火，出锅，最好是盛在陶瓷容器内，注意不可盛在塑料和铝制容器内，撇去浮沫杂质的老汤，红里透亮，像油一样透明鲜亮。

（3）一定要注意不要将出汤后的刷锅水倒在老汤内。

（4）注意老汤内不宜兑进生水或误入面粉杂质，以免坏汤。

（5）有条件的可将老汤放入冷库保存，夏季一定要在早晚各烧开一次，以防止老汤变质酸败。

（6）老汤的特点是越煮越浓，越老越香，其价格贵如油，一定要注意保管。

4. 风干兔肉具体操作工序

（1）水洗：将兔胴体掏尽内脏，在清水中冲洗，至洗到肉变成白色不再出血水为止，捞出控净水分。

（2）风干：将控净水分的兔胴体用细绳绑住一条后腿，倒挂在阴凉通风或专门的干燥房风干脱水，失去胴体原重量的1/3~1/2，肉由白变红起皱褶为止。风干时间一般为7~10天，风干过程中，要防止日晒、雨淋、雾滴。

（3）浸软：风干后将胴体取下，在50 ℃温水中浸软、洗净，发软、无皱褶为止，放入开水预煮3~5分钟后捞出晾干。

（4）涂蜜：将浸软预煮过的胴体逐个涂抹蜂蜜。

（5）过油：将涂过蜂蜜的兔胴体放入烧开的花生油锅中炸3~5分钟，使胴体发红即可。

（6）卤制：将配好的香辛料装入纱布袋，将口扎好放入预先炼好的老汤中烧开，注意料袋不可扎得过紧，然后将炸过油的兔胴体按个体大小、肉质老嫩头朝外放入卤汤中。注意要先放肉质老、个体大的，后放嫩而小的，卤汤的多少以正好淹没兔肉为宜。而后加一竹箅，上面压一青石，盖严锅盖。卤制时先用旺火煮5分钟，再用文火焖煮20~30分钟，而后用微火焖煮，卤制过程中要朝一个方向推动旋转2~3次，防止粘锅。

出锅后先将兔肉捞到箅子上控去汤汁，再用布擦净汤沫，用毛刷涂抹小磨香油，即可食用。正宗风干兔肉的口感是“细嚼慢咽，回味无穷，韧而不柴，香而不腻”。

风干兔肉也可将大腿、腰、肋及前腿分割后卤制。其卤汤煮过两锅后即俗称的“老汤”。老汤近似一锅中药汤，群众说“治病则苦，煮肉则香”。老汤用的次数越多越好。老汤煮肉的特点是色泽好看，肉易离骨，味道鲜美。每煮一次肉，要在老汤中加一些佐料和水，原来佐料可连续煮 4~5 次，每一次增加的数量为第一次的 20%~50%，水以每次淹没兔肉为宜，注意水要一次加够，中间不得续水。风干兔肉需在冬天进行。夏季天热招蝇，不宜风干卤制。现代加工工艺可在夏天生产，将兔胴体挂在专门风干屋内，钉上窗纱，防止苍蝇进入，用强力电风扇将兔肉吹干，一般 15 ~ 20 小时，可使兔肉失水 1/3~1/2。在加工风干兔肉时一定要牢记“风干皱褶红有度，四火三晾药适量，锅沸文武观火候，色香味美视老汤”，这是风干兔肉的基本要领。

（六）五香兔肉的加工工艺

五香兔肉的配料加工方法除无须风干以外，其他步骤同风干兔肉的加工方法。但五香兔肉的酱制时间较短，请在操作中酌情掌握。

（七）大筐兔的加工工艺

主料：鲜兔肉 1 000 克。

配料：八角 15 克，花椒 9 克，辣椒 15 克，油 125 克，糖 30 克，味精 6 克，老抽 25 克，二锅头白酒、啤酒各 15 克，姜、葱少许，五香料面 6 克。

工艺：将鲜兔肉制成 3.5 厘米大小的块→腌制→摔上劲（加水）→入冰箱半小时→淘一下→80 ℃飞水→控干水分→烹香锅底→下兔肉块→表皮水分干→下调料加汤煨，收 20 分钟→加味精，略带汁。

特点：麻、辣、鲜、香、兔肉离骨、色泽棕红。(何远生)

（八）干锅兔头的加工工艺

主料：兔头 6 个。

配料：红椒、洋葱、西芹、焦花生共 30 克，葱、姜各 5 克，香辣酱 30 克，豆瓣酱 10 克，料酒 5 克，鸡精、味精各 10 克，底油 200 克，干辣椒 8 克，腌制料 5 克。

工艺：泡→飞水→去眼、嘴、唇毛→卤制→炸→烹→成型。

特点：香辣味浓。(何远生)

（九）生氽兔丸的加工工艺

主料：鲜兔肉 200 克。

配料：葱姜水 17.5~20 克，猪油 25 克。

工艺：将鲜兔肉切片→泡→打成泥→加葱姜水→最后加猪油→下入 50~80 ℃水中→下油料。

特点：汤鲜、肉嫩。

（十）兔肉香肠的加工工艺

主料：新鲜兔肉 35 千克，肥猪肉 20 千克。

配料：精盐 1.25 千克，白糖 1.25 千克，料酒 1.5 千克，白酱油 2.5 千克，五香粉 80 克，味精 100 克，姜末 100 克。

加工方法：先将兔肉骨头剔除，然后和猪肉一起切成小肉丁搅和均匀，用 2 千克 50 ℃温水将配料溶化搅匀，与肉搅和在一起即可灌制。

灌前先将干制猪肠泡软洗净，沥出水分。灌好的肠衣每隔 20~25 厘米用细绳结扎一段，如遇有气泡出现，可用针扎排气。结扎好的香肠应在温水中将外表的肉脂洗净，然后挂在通风阴凉外晾干，有条件的可在烘炉中烘干。食用时蒸煮 20~30 分钟即可。

（十一）清炖兔肉的加工工艺

主料：约 2 千克肉兔胴体 1 只

配料：葱 15 克，姜片 10 克，花椒 2 克，味精 2 克，料酒 10 毫升，食盐适量。

加工方法：将洗净的兔肉剁成约 3 厘米的块，先清煮 3~5 分钟，捞出用清水洗净浮沫，连同葱、姜、花椒、食盐一同下锅，以开水浸没肉块为宜，用旺火煮 20~30 分钟后，再将料酒加入，用文火焖炖 40~50 分钟，加入味精连汤食用。爱吃辣椒者可酌情加入红辣椒 2~3 个即成川味。

（十二）辣炒兔肉丁的加工工艺

主料：兔腰窝或后腿肉 200~250 克。

配料：鲜红辣椒 4 个，鸡蛋清 1 个，姜片 3 克，葱 3 克，发好的木耳 10 克，玉兰片 10 克，料酒 15 毫升，香油 2 毫升，食盐 5 克，味精 5 克，湿生粉 10 克，粉芡汤适量。

加工方法：先将兔肉洗净切成丁，用鸡蛋清和湿生粉搅拌，再将芡汤倒入搅匀，而后一起倒进烧热的花生油锅中炸至八成熟，用笊篱捞出。炒锅里的油倒出，剩余少许，再将切好的辣椒、葱、姜等作料一起倒进锅中，经略炒后加入料酒、粉芡汤略炒，加入味精食用。

（十三）红烧兔肉的加工工艺

主料：约 2 千克的肉兔胴体 1 只。

配料：花生油或猪油 75 毫升，白糖 25 毫克，五香粉 5 克，料酒 10 毫升，食盐、葱花、姜片各 15 克，味精 3 克。

加工方法：将兔肉带骨剁成小块，洗净，在开水中清煮 3~5 分钟，捞出用清水洗净浮沫，将油与白糖炒成糖色，以起黄沫为宜，而后将兔肉倒入翻炒，炒成茶色时，加入适量的水，而后将配料（除味精之外）全部倒入，掌握火候先旺火后文火，将肉煮熟，加入味精即可食用。

十五、兔肉食疗方剂推荐

（一）山药枸杞兔肉汤

食疗配方：鲜兔肉500克，铁棍山药50克，枸杞子30克，山楂15克，食盐适量。

加工方法：将兔肉切成3.3厘米见方的小块，在开水中预煮2~3分钟捞出洗净，再将兔肉、山药、枸杞子、山楂一同入锅，加水适量，武火烧开煮3分钟，而后用文火炖煮1小时，待肉熟后加适量食盐、味精，即可食用。

功效：补气养血，安神益智，适用于头晕目眩、心悸气短、四肢无力、少气懒言者及糖尿病患者。

（二）当归黄芪兔肉汤

食疗配方：兔肉500克，当归、黄芪各5克，花椒20粒，食盐、味精适量。

加工方法：将兔肉切成小块，预煮2~3分钟，捞出洗净，将当归、黄芪一同入锅中，加水适量，武火煮2~3分钟，改文火炖煮1小时，放入适量味精、食盐即可，汤鲜肉香。

功效：养阴补血，活血化瘀，适用于脑动脉粥样硬化、头晕目眩、耳鸣、腰膝酸软者及冠心病、糖尿病患者。

（三）兔肝二子汤

食疗配方：兔肝脏2个，枸杞子30克，女贞子30克，精盐适量。

加工方法：将枸杞子、女贞子洗净，下锅煮沸45分钟，将洗净切成小片的兔肝入汤，加入适量精盐，煮至肝熟即可。

功效：补肝肾，且明目，适用于肝肾阴血不足所致的夜盲症患者及头晕眼花者。

（四）红枣枸杞炖兔肉

食疗配方：鲜兔肉500克，枸杞子35克，红枣10枚，生姜20克，大葱20克，白糖13克，精盐适量。

加工方法：将兔肉切成小片，枸杞、红枣洗净（去核）入铁锅或砂锅，加水2 500~3 000毫升，加入葱、姜、白糖、盐适量，武火烧沸3~5分钟，再用文火烧炖50分钟即可出锅。

功效：补中益气，美容健体。

（五）豆腐紫菜兔肉汤

食疗配方：兔肉100克，紫菜35克，豆腐100克，精盐、料酒、葱花、淀粉各适量。

加工方法：将紫菜撕成片放入碗中，将兔肉洗净，切成薄片与盐、料酒、淀粉拌匀，豆腐捏碎，锅中加水500毫升，加入豆腐，烧开后倒入兔肉，煮7~8分钟，倒入葱花即可，起锅倒入放有撕好紫菜的碗中搅匀，佐餐食用。

功效：适用于血脂黏稠及高血压患者。

（六）红花烧兔肉

食疗配方：鲜兔肉1 000克，红枣25枚，花生米100克，食盐、味精、鸡精等调味品适量。

加工方法：将兔肉洗净切成小块，花生米、红枣（去核）洗净与兔肉一起下锅，水适量，武火煮3分钟后用文火40~50分钟，煮熟炖烂，加入味精、鸡精等调味品即可出锅食用，早晚各食用一次。

功效：适用于贫血、面色蜡黄者。

（七）归芪兔脑汤

食疗配方：兔头2~3个，当归、黄芪各1.5克，葱、姜、味精适量。

加工方法：将兔头洗净劈开，葱、姜与当归、黄芪一同下锅，加水1 000毫升，武火烧开3~5分钟，改文火炖1小时，放入适量味精出锅即可食用，味道鲜美。

功效：润肠和胃，滋补保健，抗血栓，治头痛。

（八）枸杞百合兔肉汤

食疗配方：兔肉250克，百合25克，枸杞子20克，食盐、味精、小磨香油适量。

加工方法：将兔肉洗净切片，百合洗净并清水漂10~12小时备用，枸杞子洗净。将兔肉、百合、枸杞子一同下锅，旺火烧开5分钟，而后改文火炖至兔肉熟烂即可，加适量盐、味精、小磨香油即可食用。

功效：润肠、滋阴、和胃，消肿、止痛、护肤、养颜。